Hochschultext

Eberhard Zwicker

Psychoakustik

Mit 131 Abbildungen

Springer-Verlag
Berlin Heidelberg New York 1982

Professor Dr.-Ing. Eberhard Zwicker
Lehrstuhl für Elektroakustik, Technische Universität München,
Arcisstraße 21, D-8000 München 2

CIP-Kurztitelaufnahme der Deutschen Bibliothek
Zwicker, Eberhard:
Psychoakustik / E. Zwicker. –
Berlin ; Heidelberg ; New York : Springer, 1982.
(Hochschultext)
ISBN-13: 978-3-540-11401-7   e-ISBN-13: 978-3-642-68510-1
DOI: 10.1007/978-3-642-68510-1

Das Werk ist urheberrechtlich geschützt. Die dadurch begründeten Rechte, insbesondere die der Übersetzung, des Nachdruckes, der Entnahme von Abbildungen, der Funksendung, der Wiedergabe auf photomechanischem oder ähnlichem Wege und der Speicherung in Datenverarbeitungsanlagen bleiben, auch bei nur auszugsweiser Verwertung, vorbehalten. Die Vergütungsansprüche des § 54, Abs. 2 UrhG werden durch die "Verwertungsgesellschaft Wort", München, wahrgenommen.

© by Springer-Verlag Berlin Heidelberg 1982

Die Wiedergabe von Gebrauchsnamen, Handelsnamen, Warenbezeichnungen usw. in diesem Werk berechtigt auch ohne besondere Kennzeichnung nicht zu der Annahme, daß solche Namen im Sinne der Warenzeichen- und Markenschutz-Gesetzgebung als frei zu betrachten wären und daher von jedermann benutzt werden dürften.

2153/3130-543210

Im Gedenken an meine verehrten Lehrer

Richard Feldtkeller (1901 – 1981)
Georg von Békésy (1899 – 1972)
Stanley S. Stevens (1906 – 1973)

Vorwort

Unserem Gehör kommt bei der Aufnahme von Information neben dem Auge eine wesentliche Bedeutung zu. Da wir im Sprechorgan einen Schallsender besitzen, ist das Gehör für die Kommunikation fast unabdingbar. Trotz dieser so wichtigen Aufgabe steht Literatur darüber kaum zur Verfügung. Das vorliegende Buch soll helfen, diese Lücke zu schließen, und sowohl dem Ingenieur, dem Audiologen, dem Musiker und dem Schalltechniker als auch dem Studenten die erstaunlichen Fähigkeiten unseres Gehörs nahebringen. Dem Leserkreis entsprechend wurden einerseits die notwendigen Begriffe und die Zusammenhänge sehr veranschaulicht, andererseits die naturwissenschaftlichen Beschreibungsformen streng beibehalten.

Dem Inhalt dieses Buches liegt der Stoff der Vorlesung Psychoakustik zugrunde, einer Pflichtvorlesung aus dem Studienplan Kybernetik, der an der Technischen Universität München von der Fakultät Elektrotechnik innerhalb der Studienrichtung Informationstechnik angeboten wird. Neben der Darstellung der zur Aufnahme von Information wichtigen Eigenschaften des Gehörs spielen insbesondere biokybernetische Betrachtungen, d.h. die Diskussion der Zusammenhänge mit Hilfe von Funktionsschemata oder Funktionsmodellen, eine wesentliche Rolle.

Im ersten Teil werden Grundlagen aus dem Gebiet der Psychophysik und der Physiologie dargestellt; der zweite Teil beschreibt das menschliche Hörvermögen für quasistationäre Schalle, der dritte Teil dasselbe für stark zeitabhängige Schalle. Im vierten Teil folgen Funktionsschemata und Funktionsmodelle, wie sie aus biokybernetischen Betrachtungen abgeleitet werden können. Ihre Anwendung wird an Beispielen erläutert, die aufzeigen, wie die in der Vorlesung dargelegten Erkenntnisse technisch ausgewertet werden können. Die Trennung zwischen den psychoakustischen Fakten, d.h. den Meßergebnissen, und den Funktionsschemata und Modellen im vierten Teil ist deswegen durchgeführt, weil sich die gemessenen Daten kaum noch ändern, während Funktionsschemata und Funktionsmodelle, d.h. Hypothesen über die Funktionsweise des menschlichen Gehörs, noch Änderungen unterworfen sind. Eigentlich ist jedes neue Meßergebnis ein Grund, die Funktionsmodelle zu überprüfen und gegebenenfalls zu ändern.

Dem biokybernetisch interessierten Leser wird aber nahegelegt, die Funktionsschemata und Funktionsmodelle zu den einzelnen Kapiteln, welche die Meßergebnisse beschreiben, gleich nachzulesen. Die Zusammenhänge zwischen verschiedenen

Effekten und Daten werden dadurch einsichtig. Auch ist es viel leichter, die gemessenen Daten anhand der angegebenen Vorstellungen zu verstehen.

Psychoakustische Ergebnisse, die ja Hörempfindungen beschreiben, werden in dieser Abhandlung in naturwissenschaftlichen Gleichungen und entsprechenden graphischen Darstellungen ausgedrückt. Dies sollte den Leser nicht dazu verleiten, das Gehörorgan nur als einen einfachen Apparat zu betrachten, dessen "Datenblatt" kennenzulernen sei. Dem Autor ist es ein Anliegen, auf das im echten Sinne "Wunderbare" des Gehörs hinzuweisen. Die modernste Elektronik ist nicht in der Lage, auch nur einigermaßen das nachzubilden, was uns als gesundes Gehör geschenkt ist. Demnach darf und soll das Studium des menschlichen Gehörs und seiner Eigenschaften auch dazu dienen, sich im Wundern zu üben.

In der Vorlesung werden sowohl psychoakustische Experimente als auch akustische Darbietungen "live" durchgeführt, eine Ergänzung, die für das Verständnis der zu beschreibenden Empfindungen sehr nützlich ist. Um dieses didaktische Hilfsmittel nicht völlig entbehren zu müssen, wurden einige wesentliche Darbietungen auf Band aufgenommen und auf eine Schallplatte übertragen. Sie kann gegen Einsendung der am Ende des Buches abgedruckten Anforderungskarte zuzüglich Verpackungs- und Portokosten (DM 2,--) vom Lehrstuhl Elektroakustik bezogen bzw. von den Hörern dort abgeholt werden. Im Text sind Hinweise auf die auf der Platte gespeicherten akustischen Darbietungen in derselben Schriftart wie dieser Paragraph eingefügt. Eine ausführlichere Inhaltsbeschreibung liegt der Platte selbst bei. Wir hoffen, daß damit die "Veranschaulichung" des behandelten Stoffes wesentlich gesteigert werden konnte.

Eine Zusammenstellung der benützten Größen und Einheiten soll ebenso wie die Liste der wichtigsten Begriffe in Deutsch und in Englisch die Möglichkeit schaffen, Unbekanntes nachzuschlagen oder sich über Bekanntes zu vergewissern. Demselben Zweck dient das Stichwortverzeichnis. Die Literaturzitate weisen auf Bücher auch aus benachbarten Gebieten hin und geben die Titel einiger wichtiger Tagungsberichte sowie fachspezifischer Zeitschriften an.

Allen, die an diesem Buch mitgewirkt haben, danke ich sehr herzlich, Herrn Dr. *Fastl* für wertvolle Hinweise beim Abfassen des Manuskripts und großzügige Unterstützung bei den Vorarbeiten für die Schallplatte, den Herren Dipl.-Ing. *Christoph Dallmayr* und Dipl.-Ing. *Georg Lumer* für große Hilfe bei den Korrekturen, Frau *Anna Schumann* für das Schreiben des Textes und Frau *Angelika Kabierske* für die Erstellung der Zeichnungen. Dem Springer-Verlag danke ich für die verständnisvolle Zusammenarbeit. Ohne die unverbrüchliche und opferbereite Fürsorge meiner lieben Frau wäre das Buch weder begonnen noch vollendet worden.

München, Januar 1982   *Eberhard Zwicker*

Inhaltsverzeichnis

Teil I: Einführung

1. Grundlagen 1
   1.1 Reiz und Empfindung 1
      1.1.1 Reizgrößen und Empfindungsgrößen 1
      1.1.2 Reizstufen und Empfindungsstufen 4
      1.1.3 Intensitätsempfindungen und Positionsempfindungen 5
   1.2 Meßwerte, Meßmethoden, Mittelungsverfahren 7
      1.2.1 Grenzwerte, Vergleichswerte, Verhältniswerte 7
      1.2.2 Meßmethoden 10
      1.2.3 Mittelungsverfahren 13
   1.3 Schallarten, ihre Zeitfunktion und spektrale Darstellung 15
   1.4 Physiologie des Gehörs 20
      1.4.1 Außenohr 21
      1.4.2 Mittelohr 21
      1.4.3 Innenohr 22
      1.4.4 Neuronale Verarbeitung 27

Teil II: Quasistationäre Vorgänge

2. Ruhehörschwelle und Hörfläche 31
   2.1 Ruhehörschwelle 31
   2.2 Hörfläche 34
3. Verdeckung 35
   3.1 Verdeckung durch Rauschen 36
      3.1.1 Mithörschwelle für maskierende Breitbandrauschen 38
      3.1.2 Mithörschwelle für maskierende Schmalbandrauschen 40
      3.1.3 Mithörschwellen für maskierende Tiefpaß- und Hochpaßrauschen 41
   3.2 Verdeckung durch Töne 42
      3.2.1 Mithörschwelle für maskierende Sinustöne 42
      3.2.2 Mithörschwelle für maskierende Töne und Klänge 44

3.3	Frequenzgruppe und Verdeckung	46
	3.3.1 Frequenzgruppe an der Ruhehörschwelle oder an der Mithörschwelle bei Verdeckung durch Gleichmäßig Verdeckendes Rauschen	47
	3.3.2 Frequenzgruppe bei Verdeckung in Frequenzlücken	50
	3.3.3 Die Frequenzgruppenbreite	51
4. Skalen der Tonhöhenempfindung		54
	4.1 Eben wahrnehmbare Frequenzänderungen	54
	4.2 Verhältnistonhöhe	57
	4.3 Spektrale Tonhöhe	60
	4.4 Virtuelle Tonhöhe	62
	4.5 Zusammenhänge zwischen den Skalen der Tonhöhe	64
5. Skalen der Lautstärkeempfindung		68
	5.1 Eben wahrnehmbare Schallpegeländerungen	68
	5.2 Lautstärke	72
	5.3 Verhältnislautheit	79
	5.4 Gedrosselte Lautheit	82
6. Schärfe		84
7. Phaseneffekte		86
8. Nichtlineare Verzerrung des Gehörs		89

Teil III: Zeitabhängige Vorgänge

9. Zeitliche Struktur der Verdeckung		93
	9.1 Simultanverdeckung	94
	9.2 Nachverdeckung	97
	9.3 Vorverdeckung	98
	9.4 Mithörschwellen-Periodenmuster	98
	9.5 Mithörschwellen-Zeitmuster	100
10. Lautheit zeitabhängiger Schalle		102
	10.1 Lautheit von Schallimpulsen und Schallimpulsfolgen	102
	10.2 Folgegedrosselte Lautheit	104
11. Rauhigkeit		106
12. Subjektive Dauer		109

Teil IV: Funktionsschemata und Funktionsmodelle

13. Anregung und Erregung		112
14. Schwellenfunktionsschema für langsame Schalländerungen		121
	14.1 Gerade wahrnehmbare Amplitudenmodulation	122

14.2	Gerade wahrnehmbare Frequenzmodulation	124
14.3	Schwellenfunktionsschema an der Ruhehörschwelle und bei Mithörschwellen	126
15.	Funktionsschema der Lautheit	128
15.1	Spezifische Lautheit	130
15.2	Lautheit stationärer Schalle	133
15.3	Lautheit stark zeitabhängiger Schalle	134
15.4	Berechnungs- und Meßverfahren der Lautheit	138
16.	Bildung der Rauhigkeit	146
17.	Bildung der Schärfe	148
18.	Bildung der Subjektiven Dauer	150

Literatur 152

Größen und Einheiten 154

Indizes und Abkürzungen 156

Sachverzeichnis 157

Teil I: **Einführung**
1. Grundlagen

Die Psychophysik beschreibt die Zusammenhänge zwischen physikalischen Reizen und den durch sie beim Menschen hervorgerufenen Empfindungen. Jede physikalische Größe wird zum Reiz, wenn sie bei einem Menschen das adäquate Sinnesorgan trifft. Während wir gewohnt sind, physikalische Größen sehr eindeutig in Größengleichungen zu beschreiben und damit die notwendige Voraussetzung schaffen, um Zusammenhänge in Gleichungen oder Funktionen graphischer Art darzustellen, drücken wir uns bei der Beschreibung von Empfindungen meistens in Adjektiven aus. Eine der schwierigsten Aufgaben der Psychophysik liegt darin, Empfindungen, die Versuchspersonen normalerweise recht ungenau mit Worten beschreiben, quantitativ zu erfassen. Dazu sind spezielle Meßmethoden notwendig, und auch die Größen, die gemessen werden sollen, d.h. die Empfindungen, sind sehr genau zu charakterisieren bzw. gegebenenfalls einzuschränken. Auch auf die Art der Darstellung von Ergebnissen mit Hilfe von statistischen Angaben muß sorgfältig geachtet werden.

1.1 Reiz und Empfindung

1.1.1 Reizgrößen und Empfindungsgrößen

Für die Psychoakustik ist der Schall, der das Gehör trifft, der Reiz und die Hörempfindung, die er hervorruft, die zugehörige Empfindung. Man könnte den Schallreiz definieren als den Schalldruck, der am Trommelfell herrscht. Dies ist die äußerste Stelle, an der wir den Schallreiz noch physikalisch messen können, bevor er vom Sinnesorgan aufgenommen wird. Die Messung des Schalldrucks am Trommelfell kann nur recht aufwendig mit Hilfe von Sondenmikrofonen durchgeführt werden. Man hat sich daher darauf geeinigt, den Schalldruck im ungestörten ebenen Schallfeld an derjenigen Stelle anzugeben, an der sich während des Versuches der Kopf der Versuchsperson befindet. Zwischen dem Schalldruck am Trommelfell und dem Schalldruck in der ungestörten Welle besteht ein fester, nur von der Frequenz abhängiger Zusammenhang. Dieser Zusammenhang ist sowohl für das ebene

Schallfeld als auch für das diffuse Schallfeld ausgemessen worden, so daß sich in vielen Fällen die Messung des Schalldrucks am Trommelfell erübrigt. Angegeben wird der Schalldruck in der ungestörten ebenen Welle oder aber im diffusen Schallfeld. Er wird gemessen an derjenigen Stelle, an welcher sich später bei der Versuchsdurchführung der Kopf der Versuchsperson befindet. Ein ebenes oder ein diffuses Schallfeld kann - wetterunabhängig - nur in reflexionsarmen Räumen bzw. Hallräumen erzeugt werden. In normal möblierten Zimmern entstehen auch bei Verwendung sehr guter Lautsprecher wegen der Raumresonanzen stark frequenzabhängige Übertragungsmaße, die zudem vom Ort abhängig sind. Um den großen Aufwand von Spezialräumen zu vermeiden, wird bei vielen psychoakustischen Messungen der Versuchsperson, die in einer schallisolierten ruhigen Kabine sitzt, der Schall über Kopfhörer zugeführt. Damit bei der Versuchsperson frequenzunabhängig die gleiche Lautstärkeempfindung wie im ebenen Schallfeld hervorgerufen wird, muß dem Kopfhörer ein entsprechender Entzerrer vorgeschaltet werden. Der Schalldruck eines Tones wird dann frequenzunabhängig durch die Spannung am Eingang des Entzerrers definiert und der Schalldruckpegel durch den Logarithmus dieser Spannung. Die Übertragungsart mit Kopfhörer ist zwar nicht ganz so exakt wie das mit sehr guten Lautsprechern im echoarmen Raum erzeugte ebene Schallfeld, sie ist jedoch sehr ökonomisch. Da die erreichte Genauigkeit für die meisten Untersuchungen ausreicht, werden Kopfhörer häufig benutzt.

Als Schalldruck im ungestörten Schallfeld oder auch als diesem Wert entsprechende Spannung am Kopfhörerentzerrer kann der Reiz eindeutig beschrieben werden. Um zu unterstreichen, daß wir es mit einer physikalischen Größe zu tun haben, geben wir von solch einem Reiz die verschiedenen Reizgrößen an. Dies sind z.B. der Schallpegel eines Tones, seine Frequenz, seine Dauer, sein Modulationsgrad, wenn es sich um einen modulierten Ton handelt, seine Modulationsfrequenz usw. All diese Komponenten des Reizes sind *Reizgrößen*. Sie sind mit physikalischen Methoden meßbar, voneinander unabhängig und werden in Größengleichungen als Produkte aus Zahlenwert und Einheit angegeben; z.B. ist der Schallpegel $L = 60$ dB, die Frequenz $f = 1$ kHz, die Dauer $T_i = 0,5$ s, der Modulationsgrad $m = 60$ %, die Modulationsfrequenz $f_{mod} = 50$ Hz usw. Die Beschreibung der Komponenten des Reizes in Reizgrößen ist uns geläufig, weil wir diese Beschreibungsform in der Naturwissenschaft allgemein benützen.

Empfindungen werden von den Reizen nur dann ausgelöst, wenn ihre einzelnen Komponenten, d.h. die einzelnen Reizgrößen, hörbare Werte erreichen. Für Frequenzen und Schalldruckpegel ist dies für uns einsichtig, weil wir wissen, daß das Gehör nur in einem Frequenzbereich zwischen 20 Hz und etwa 20 kHz eine Empfindung auslösen kann und sehr kleine Schalldruckpegel unhörbar sind. Das gleiche gilt aber auch für andere Empfindungen. Als Beispiel möge die Rauhigkeit aufgeführt werden, eine Hörempfindung, die entsteht, wenn wir z.B. ein rollendes "r" sprechen. Ein Sinuston mit dem Schallpegel von 60 dB und der Frequenz von 1 kHz ist zwar hörbar, aber nicht rauh. Wird er mit einer Modulationsfrequenz von 50 Hz und einem Modulationsgrad von 5 % moduliert, so ist er immer noch nicht rauh, obwohl der Reiz diese Reizgrößen besitzt. Erst wenn der Modulationsgrad auf 10 % und mehr gesteigert wird, wird der Ton rauh: die Empfindung Rauhigkeit wird ausgelöst. Erst bei einem Mindestwert der Reizgröße Modulationsgrad wird also die zugehörige Empfindung, nämlich die Rauhigkeit, hervorgerufen.

Für die Beschreibung der Empfindungen besitzen wir auf dem Sektor des Hörens nur wenige Adjektive, z.B. laut/leise, schrill, murmelnd, dröhnend. Abgesehen von laut und leise sind Worte aus anderen Gebieten der Wahrnehmung, die eigentlich hörunspezifisch sind, häufig in Gebrauch, z.B. tief/hoch, hell/dunkel, weich/hart. Mit diesen spezifischen bzw. unspezifischen Worten aus dem Gebiet der Hörwahrnehmung Empfindungen beschreiben zu wollen, ist sehr schwierig, weil die Genauigkeit nicht ausreicht. Es wäre am zweckmäßigsten, die bei der physikalischen Beschreibung der Reizgrößen angewandten Methoden auch hier zu benützen, nämlich die Empfindungen in Größengleichungen als Produkt aus Zahlenwert und Einheit anzugeben. Dies erscheint zunächst nicht möglich, weil Empfindungen - so auch die Hörempfindungen - in der Regel sehr komplex sind. Bei sehr vielen Hörempfindungen besitzen Versuchspersonen allerdings eine Fähigkeit, die für die Beschreibung der Empfindungen ausgenutzt werden kann: Sie können nämlich auf die einzelnen Komponenten der Empfindungen getrennt achten und dabei von den anderen Komponenten abstrahieren. Ein Beispiel möge dies erläutern: Wir sind in der Lage, getrennt darauf zu achten, wie hoch ein Ton ist, wie laut ein Ton ist oder wie rauh ein Ton ist. Die Aussage "der leisere Ton war höher" ist uns durchaus geläufig, verständlich und sinnvoll ebenso wie "der tiefe Ton hat länger gedauert". Komponenten der Gesamtempfindung sind also z.B. die Empfindung der Lautstärke, die Empfindung der Tonhöhe, die Empfindung der Dauer oder auch die der Rauhigkeit. Auf all diese Komponenten der Gesamtempfindung können wir getrennt achten, wir können sie beurteilen und die jeweils anderen Empfindungen außer acht lassen.

Die Fähigkeit der Versuchsperson, sich auf einzelne Komponenten der Empfindungen konzentrieren und sie getrennt beurteilen zu können, nützen wir aus und bezeichnen die Empfindungskomponenten als *Empfindungsgrößen*. Dabei wird absichtlich der Größenbegriff der Naturwissenschaften eingeführt, den wir oben bereits bei den Reizgrößen verwendet haben. Genau wie die Reizgrößen sollen auch die Empfindungsgrößen als Produkte aus Zahlenwert und Einheit verstanden werden, d.h. wir geben z.B. die Reizgrößen eines Tones mit dem Schallpegel L = 60 dB und der Frequenz f = 1 kHz an. Bei den Empfindungsgrößen gilt Entsprechendes: Dieser Ton erzeugt im Durchschnitt bei den Versuchspersonen eine Lautstärkeempfindung N = 4 sone und eine Tonhöhenempfindung H_V = 850 mel. Die Empfindungsgröße Lautstärkeempfindung ist also quantitativ ausgedrückt in Form eines Zahlenwertes und einer Einheit, nämlich N = 4 sone, wobei das "sone" die Einheit für die Lautstärkeempfindung ist. Unter Zuhilfenahme der Empfindungsgrößen sind wir in der Lage, die Empfindungen nicht nur in Worten, sondern auch in Zahlen und Kurven als Zusammenhang zwischen Reiz und Empfindung anzugeben, genauso wie wir Zusammenhänge zwischen physikalischen Größen in der Naturwissenschaft beschreiben.

Die Beschreibung der Zusammenhänge zwischen Reizgrößen und Empfindungsgrößen wird dadurch erschwert, daß jede Empfindungsgröße von allen Reizgrößen beeinflußt wird. Zum Glück sind diese Beeinflussungen sehr verschieden groß. Im allgemeinen ist eine Reizgröße von dominierendem Einfluß auf eine Empfindungsgröße. Der Schalldruckpegel ist z.B. die dominierende Reizgröße für die Lautstärkeempfindung, und die Frequenz ist die dominierende Reizgröße für die Tonhöhenempfindung. Die Empfindungsgröße Rauhigkeit ist dagegen sowohl sehr stark von der Modulationsfrequenz als auch sehr stark vom Modulationsgrad abhängig.

Der Zusammenhang zwischen einer dominierenden Reizgröße und der zugehörigen Empfindungsgröße wird als Empfindungsfunktion bezeichnet. Der Zusammenhang zwischen dem Schalldruckpegel eines 1 kHz-Tones und der von diesem Ton hervorgerufenen Lautstärkeempfindung, die auch als Lautheit bezeichnet wird, ist z.B. eine solche Empfindungsfunktion. Die durchgezogene, gekrümmte Kurve in Abb.1.1 stellt beispielhaft einen solchen Zusammenhang zwischen einer Empfindungsgröße und der zugehörigen Reizgröße dar. Zu jeder Reizgröße A, z.B. A_0 oder A_2, gehört eine Empfindungsgröße B_0 oder B_2. Wie solche Zusammenhänge gemessen werden können, wird im nächsten Kapitel zu diskutieren sein. Die Zusammenhänge zwischen den verschiedenen Reizgrößen und den verschiedenen Empfindungsgrößen in eindeutiger Form anzugeben, ist die wichtigste Aufgabe der Psychoakustik. Damit diese Aufgabe gelöst werden kann, muß sehr sorgfältig zwischen Reizgrößen und Empfindungsgrößen unterschieden werden.

1.1.2 Reizstufen und Empfindungsstufen

Der Zusammenhang zwischen Reizgröße und Empfindungsgröße, die Empfindungsfunktion, wird - wie Abb.1.1 zeigt - durch eine kontinuierliche Kurve dargestellt. Dies darf aber nicht darüber hinwegtäuschen, daß sehr kleine Reizgrößenänderungen

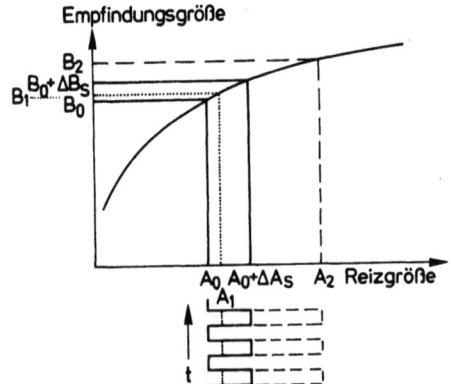

Abb.1.1. Empfindungsfunktion, d.h. Zusammenhang zwischen Reizgröße A und Empfindungsgröße B. Die gerade wahrnehmbare Reizänderung ΔA_S, die Reizstufe, führt zur Empfindungsstufe ΔB_S

nicht auch zu kleinen Empfindungsänderungen führen. Vielmehr ist es so, daß sich
die Empfindung dann nicht ändert, wenn eine einzelne Reizgröße nur sehr wenig geändert wird, oder anders ausgedrückt: Obwohl die Reizgröße sich ändert (nur um
einen sehr kleinen Wert), ändert sich die Empfindungsgröße nicht, und die Wahrnehmung bleibt dieselbe. In Abb.1.1 ist dies folgendermaßen dargestellt: Wird
- wie in der Abbildung unten skizziert - als Funktion der Zeit die Reizgröße A
vom Wert A_0 nach A_1 geändert, also um einen verhältnismäßig kleinen Wert, so würde dies bei der Empfindungsgröße, wenn die Empfindungsfunktion (durchgezogene
Kurve) Gültigkeit besitzt, den Wert B_1 als Empfindungsgröße hervorrufen. Die Werte der Empfindungsgröße, die bei B_0 und B_1 liegen, sind jedoch so nahe beieinander, daß die Änderung der Empfindungsgröße nicht wahrgenommen wird, obwohl sich
die Reizgröße von A_0 nach A_1 deutlich meßbar geändert hat. Eine Reizgrößenänderung von A_0 nach A_2 (eine große Änderung) führt andererseits zu einer deutlich
hörbaren Veränderung der Empfindungsgröße von B_0 nach B_2. Der Wert der Empfindungsgröße B_2 unterscheidet sich demnach deutlich von dem Wert B_0. Zwischen den
Reizgrößenänderungen von A_0 nach A_1 bzw. von A_0 nach A_2 liegt eine Grenze, bei
der die Reizgrößenänderung von A_0 nach $A_0 + \Delta A_S$ gerade so groß ist, daß die Reizgrößenänderung zu einer Empfindungsgrößenänderung führt. Die zugehörige Empfindungsgröße besitzt dann den Wert $B_0 + \Delta B_S$. Auf der Reizgrößenseite wird die gerade wahrnehmbare Reizgrößenänderung als Reizstufe bezeichnet. In unserem Beispiel ist die Reizstufe ΔA_S. Zu dieser Reizstufe gehört eine Empfindungsstufe,
die aus der Transformation der Reizstufe über die Empfindungsfunktion hervorgeht. Die Empfindungsstufe ist in unserem Fall die Größe ΔB_S. Sie kann nicht
direkt gemessen werden. Sie geht vielmehr aus der Reizstufe und der als bekannt
vorausgesetzten Empfindungsfunktion hervor.

Dieselbe Messung kann auch bei anderen Ausgangswerten der Reizgröße A durchgeführt werden, so daß schließlich die Reizstufen und die zugehörigen Empfindungsstufen als Funktion einer Empfindungsgröße ausgemessen werden können. Die
Messung der Reizstufen und der Empfindungsstufen ist eine sehr einfache Messung;
sie wird häufig durchgeführt. Die dabei gefundenen Ergebnisse sind auch für die
Fernsprechübertragungstechnik sehr wichtig.

1.1.3 Intensitätsempfindungen und Positionsempfindungen

Die Empfindungsgrößen lassen sich in zwei Arten unterteilen. Diejenigen Empfindungen bzw. Empfindungsgrößen, die anwachsen können, werden als Intensitätsempfindungen bezeichnet. Diejenigen Empfindungsgrößen, die mit Orten zusammenhängen,
an denen sie wahrgenommen werden, tragen die Bezeichnung Positionsempfindungen.
Beide Empfindungsarten zeigen sehr charakteristische Unterschiede. Es ist jedoch
darauf zu achten, daß die Zuordnung der Empfindungsgrößen nicht nach dem äußeren
Anschein, sondern nach der Art des Zustandekommens der Empfindung durchgeführt wird.

Typische Intensitätsempfindungen aus anderen Wahrnehmungsbereichen sind die Vibrationsstärke für die Vibrationsempfindung oder die Helligkeit, die das Auge empfindet. Auf dem Sektor der Hörempfindungen ist die Lautstärkeempfindung, d.h. die Lautheit, eine typische Intensitätsempfindung. Wir können uns durchaus vorstellen, daß die Lautstärkeempfindung eine anwachsende Empfindung ist. Wir sagen ja auch, wenn ein Ton lauter wird, er wächst in seiner Stärke.

Positionsempfindungen aus anderen Wahrnehmungsbereichen sind z.B. der Ort der Vibrationsempfindung oder auch der Raumwinkel, der im Auge auf einen bestimmten Ort projiziert wird. Aus dem Bereich der Hörwahrnehmungen gibt es nun eine Überraschung: Die Tonhöhenempfindung gehört zur Kategorie der Positionsempfindungen, obwohl wir im Sprachgebrauch davon reden, daß ein Ton höher oder tiefer wird, wir also geneigt sein könnten, die Tonhöhenempfindungen der Kategorie der Intensitätsempfindungen zuzuordnen. Wie oben erwähnt, müssen wir bei der Zuordnung davon ausgehen, wie die Empfindungsgröße zustandekommt. Die Frequenz wird nämlich im Innenohr einem bestimmten Ort der Basilarmembran zugeordnet. Mit Hilfe dieser Frequenz-Orts-Transformation wird also die Zuordnung der Tonhöhenempfindung zur Kategorie der Positionsempfindungen verständlich. Die Zuordnung eines auf einer Linie wandernden Punktes, der beim Auge auf der Netzhaut an verschiedene Orte transformiert wird, würde beim Gehör der auf verschiedene Orte transformierten, sich ändernden Frequenz entsprechen.

Die Unterscheidung zwischen Intensitätsempfindungen und Positionsempfindungen ist deswegen wichtig, weil die Empfindungsstufen für die verschiedenen Arten von Empfindungsgrößen verschiedenen Gesetzen gehorchen. Während die Empfindungsstufen für die Intensitätsempfindungen von der Empfindungsgröße selbst abhängig sind, ist die Empfindungsstufe bei den Positionsempfindungen konstant. Das in Abb.1.1 dargestellte Beispiel könnte also für die Tonhöhenempfindung (eine Positionsempfindung) wie folgt benützt werden: Die Änderung der Reizgröße Tonheit von dem Wert A_0 bis zum Wert $A_0 + \Delta A_S$ entspricht einer Empfindungsstufe von B_0 nach $B_0 + \Delta B_S$. Die Reizgrößenänderung von $A_0 + \Delta A_S$ bis nach A_2, die deutlich größer ist als die erste Änderung von A_0 nach $A_0 + \Delta A_S$, ergibt - über die Empfindungsfunktion transformiert - die nächste Empfindungsstufe, die von $B_0 + \Delta B_S$ bis nach B_2 reichen würde. Während die beiden Reizstufen von A_0 nach $A_0 + \Delta A_S$ bzw. von $A_0 + \Delta A_S$ nach A_2 verschieden sind, sind die Empfindungsstufen von B_0 nach $B_0 + \Delta B_S$ bzw. $B_0 + \Delta B_S$ nach B_2 gleich groß. Dieses Gesetz der Gleichheit der Empfindungsstufen gilt - wie erwähnt - nur für Positionsempfindungen. Die Reizstufen sind im allgemeinen sowohl für Positionsempfindungen als auch für Intensitätsempfindungen von der Reizgröße selbst stark abhängig.

Für Positionsempfindungen kann mit Hilfe des Ansatzes der Gleichheit der Empfindungsstufen die Empfindungsfunktion direkt aus den Reizstufen ermittelt werden. Eine Reizgrößenänderung um zwei Stufen entspricht - wie oben dargestellt - nicht nur einer Empfindungsgrößenänderung um zwei Stufen, sondern einer Empfindungsgrößenänderung um den doppelten Wert einer Stufe. Von dieser Eigenschaft der Positionsempfindungen wird bei der Beschreibung der Tonhöhenempfindung ausführlich Gebrauch gemacht werden.

1.2 Meßwerte, Meßmethoden, Mittelungsverfahren

Die Zuordnung von Empfindungsgrößen zu Reizgrößen ist die Aufgabe, die wir uns gestellt haben. Die Reizgrößen sind physikalische Größen und daher physikalisch meßbar und beschreibbar. Die Empfindungsgrößen dagegen können nicht physikalisch gemessen werden. Sie sind auf Aussagen von Versuchspersonen gegründet. Soll die Aussage von Versuchspersonen nicht nur qualitativ, sondern auch quantitativ beschrieben werden, so müssen sinnvolle und zweckmäßig auswertbare Fragen an die Versuchspersonen gestellt werden, die zusätzlich auch noch leicht beantwortbar sein sollten. Die Methoden, die benützt werden, um Versuchspersonen quantitative Aussagen zu ermöglichen, sind sehr verschieden. Sie hängen zum Teil davon ab, ob eine einzelne Versuchsperson befragt wird oder gleichzeitig eine ganze Gruppe von Versuchspersonen. Die Art der Auswertung der vielen Versuchsergebnisse in Mittelwerten ist ebenfalls wichtig, weil sie die quantitativen Zusammenhänge zwischen Reizgrößen und Empfindungsgrößen beeinflussen kann.

1.2.1 Grenzwerte, Vergleichswerte, Verhältniswerte

Grenzwerte

Diejenige Reizgröße, bei der eine zu untersuchende Empfindungsgröße überhaupt erst ausgelöst wird, bezeichnen wir als Grenzwert. Der Grenzwert ist also diejenige Reizgröße, bei der die Empfindungsgröße gerade noch Null ist. Solche Grenzwerte werden auch Schwellenwerte genannt. Ein Grenzwert ist kein fest fixierter Wert. Er ist - bei lebenden Systemen verständlich - ein klein wenig von den jeweiligen Meßbedingungen abhängig. Ein und dieselbe Versuchsperson gibt z.B. an verschiedenen Tagen unterschiedliche Grenzwerte der Ruhehörschwelle an. Der Streubereich ist meist nicht sehr groß, aber vorhanden. Die Hörschwelle, wie jede andere Reizgrenze, ist nicht durch einen Sprung definiert. Sie wird vielmehr dargestellt durch einen Übergang der Wahrscheinlichkeit von Null nach Eins. Dieser Übergang ist nicht abrupt, sondern stetig. Für die Ruhehörschwelle wird er in einem Bereich von etwa ±5 dB durchlaufen. Der eigentliche Grenzwert wird definiert durch die Angabe, daß in 50 % der Fälle der Ton nicht gehört wird und in den restlichen 50 % der Fälle gehört wird. Auf diese Art und Weise ist der Grenzwert trotz der Schwankungen, denen er unterliegt, eindeutig festgelegt. In Abb.1.2 ist links die Empfindungsgröße und ihre Schwelle dargestellt. Rechts ist der Zusammenhang zwischen der Reizgröße und der Häufigkeit h der Hörbarkeit skizziert. Die zum 50 %-Wert gehörende Reizgröße ist der gesuchte Grenzwert.

Nicht nur die Ruhehörschwelle ist ein Grenzwert, sondern auch die Mithörschwellen sind Grenzwerte. Sie entstehen dadurch, daß laute Störschalle dargeboten werden und die Grenze des Mithörens eines zusätzlichen Testtones gemessen wird. Eine andere Art von Grenzwert ist die Grenze einer wahrnehmbaren Änderung, wie wir sie schon bei den Reizstufen kennengelernt haben. Im allgemeinen werden diese Grenzwerte als Unterschiedsschwellen bezeichnet. Es gibt z.B. die Pegelunterschiedsschwelle oder auch die Frequenzunterschiedsschwelle.

Unterschiedsschwellen können auch dadurch gemessen werden, daß die interessierende Reizgröße sinusförmig moduliert wird. Bei sehr schwacher Modulation kann die Versuchsperson die Modulation nicht wahrnehmen, bei starker Modulation dagegen wird die Empfindung im Rhythmus der Modulation geändert. Die Grenze zwischen gleichförmigen und modulierten Empfindungen ist der gesuchte Grenzwert der Reizänderung. So gemessene Unterschiedsschwellen werden als Modulationsschwellen bezeichnet. Für sie gilt Abb.1.2 in entsprechender Weise.

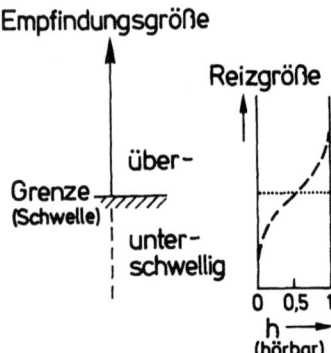

Abb.1.2. Bestimmung des Grenzwertes, d.h. derjenigen Reizgröße, bei welcher in 50 % der Fälle die gefragte Empfindungsgröße hörbar ist

Grenzwerte sind leicht zu bestimmende Werte. Sie werden deshalb bei der Prüfung des kranken Gehörs in den audiologischen Abteilungen der Kliniken sehr gerne herangezogen. Sie spielen bei der Beurteilung der Schädigung des Gehörs eine wesentliche Rolle.

Vergleichswerte

Nicht ganz so einfach wie Grenzwerte werden von Versuchspersonen Vergleichswerte bestimmt. Abbildung 1.3 zeigt schematisch, was dabei von der Versuchsperson erwartet wird. Sie gibt Aussage darüber ab, ob zwei verschiedene Reize, der Schall 1 und der Schall 2, gleich oder ungleich sind. Dabei wird der eine Reiz zeitlich versetzt zum anderen Reiz dargeboten. Die Versuchsperson soll nur auf die Empfindungsgröße, die gefragt wird, achten und aussagen, ob die beiden alternierend dargebotenen Schalle ungleich bezüglich der gefragten Empfindung sind oder gleich. Ein Beispiel, das häufige Anwendung gefunden hat, ist die Lautstärkeempfindung. Ein Geräusch erzeugt eine bestimmte Lautstärkeempfindung, die größer oder kleiner sein kann als die Lautstärkeempfindung, die von einem gebräuchlichen Standardschall (1 kHz-Ton) hervorgerufen wird. Anstelle von ungleich nach oben bzw. ungleich nach unten wird die Versuchsperson dann, wenn die Empfindungsgröße definiert ist, eine qualifizierte Aussage machen können, z.B. in einem Fall "zu laut" und im anderen Fall "zu leise". Die Versuchsperson hat also die Aufgabe, ausschließlich auf die Lautstärkeempfindung zu achten und von allen anderen Empfindungsgrößen zu abstrahieren. Diese Aufgabe ist nicht ganz einfach. Sie wird dadurch erleichtert, daß der Versuchsperson immer wieder "deutlich zu laute" und "deutlich zu leise" Schalle dargeboten werden. Dadurch wird die Versuchsperson in ihren Aussagen viel sicherer, hat "Erfolgserlebnisse" und ermüdet weniger. In einem Übergangsbereich wird die Versuchsperson allerdings in ihren Aussagen schwanken. Häufig wird nur die Aussage "zu laut" und die Aussage "zu leise" zugelassen. In diesem Fall (Abb.1.3) wird diejenige Reizgröße, bei der die Wahrscheinlichkeit 50 % erreicht ist, als gleich laut bezeichnet. Zwar ist die Wahrscheinlichkeitsverteilung bei der Messung von Vergleichswerten flacher als bei den Grenzwerten, in verschiedenen Laboratorien durchgeführte Untersuchungen mit anderen Versuchspersonengruppen ergeben jedoch fast immer überraschend ähnliche Werte.

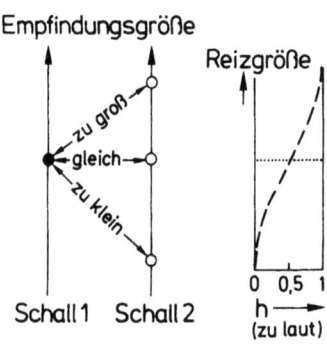

Abb.1.3. Bestimmung des Vergleichswertes, d.h. derjenigen Reizgröße, bei welcher in 50 % der Fälle die gefragte Empfindungsgröße im Vergleich zu derjenigen des Vergleichswertes zu groß (zu laut) ist

Verhältniswerte

Die Bestimmung von Verhältniswerten verlangt noch mehr von der Versuchsperson. Sie hat die Aufgabe, Angaben über das Verhältnis zweier Werte einer vorgegebenen Empfindungsgröße zu machen. Dies kann auf zwei Arten geschehen. Entweder die Versuchsperson macht eine Aussage darüber, welches Verhältnis sie den von zwei nacheinander dargebotenen Schallen hervorgerufenen Empfindungsgrößen zuordnen würde, oder aber die Versuchsperson bekommt die Aufgabe, einen vorgegebenen Wert von Empfindungsverhältnissen einzustellen, indem sie die Reizgröße eines Schalles so ändert, daß der gewünschte Verhältniswert erreicht wird. Eine wichtige Rolle spielt derjenige Verhältniswert, der bei der Verdopplung oder der Halbierung (Abb.1.4) der Lautstärkeempfindung erreicht wird. Die Versuchsperson hat

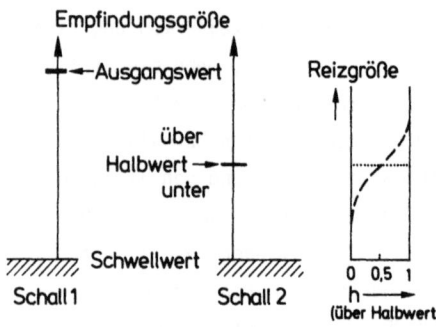

Abb.1.4. Bestimmung des Verhältniswertes, d.h. derjenigen Reizgröße, bei welcher in 50 % der Fälle die gefragte Empfindungsgröße im Vergleich zu derjenigen des Vergleichsschalles über dem Halbwert liegt

im letztgenannten Fall die Aufgabe, den Schalldruckpegel eines 1 kHz-Tones (Schall 2) so zu verändern, daß sich die vom Ausgangswert (Schall 1, ebenfalls ein 1 kHz-Ton) hervorgerufene Lautstärkeempfindung auf den halben Wert ändert. Die eingestellten Reizgrößen zeigen eine Häufigkeitsverteilung. Der 50 %-Wert wird als Halbwert definiert. Mit Hilfe so gewonnener Daten kann die Empfindungsfunktion von Intensitätsempfindungen - wie z.B. der Lautstärkeempfindung - bestimmt werden.

Eine zweite Möglichkeit besteht darin, daß der Versuchsperson nacheinander zwei Reize dargeboten werden, die verschiedene Werte einer bestimmten Empfindungsgröße hervorrufen. Die Versuchsperson hat die Aufgabe, den beiden hervorgerufenen Empfindungsgrößen Zahlenwerte zuzuordnen. Aus diesen Angaben läßt sich ebenfalls die Empfindungsfunktion konstruieren.

Andere Möglichkeiten zur direkten Bestimmung der Empfindungsfunktion von Intensitätsempfindungen sind nicht bekannt. Bei den Positionsempfindungen dagegen gibt es noch die Möglichkeit, mit Hilfe der Reizstufen, denen (siehe Abschn.4.1) gleichbleibende Empfindungsstufen zugeordnet werden können, Empfindungsfunktionen zu gewinnen.

Die Auswertung vieler Meßergebnisse hat gezeigt, daß die Bestimmung des Verhältniswertes der Verdopplung einer Empfindungsgröße einen etwas anderen Wert ergibt als die Bestimmung eines Verhältniswertes einer Halbierung. Beide Meßergebnisse müssen deswegen gemeinsam ausgewertet werden.

1.2.2 Meßmethoden

Die vielen zur Messung von Empfindungsgrößen verwendeten Meßmethoden können in zwei Gruppen eingeteilt werden. Als Kriterium wird dabei angesehen, ob die Versuchsperson selbst aktiv in die Messung eingreift, d.h. also eine Reizgröße verändern kann oder aber ob sie vom Versuchsleiter die Reizgrößen angeboten bekommt und lediglich eine Aussage über ihre Wahrnehmung machen muß. Erfahrungen haben gezeigt, daß viele Versuchspersonen die erstgenannte Art als angenehmer empfinden. Allerdings muß dabei in Kauf genommen werden, daß wegen der Aktivität der Ver-

suchsperson auftretende systematische Fehler das Meßergebnis etwas beeinflussen
können.

Einregeln

Die Einregelungsmethode ist ein Verfahren, bei welchem die Versuchsperson die gesuchte Reizgröße aufgrund ihrer Empfindungen selbst einstellen kann. Grenzwerte,
Vergleichswerte oder auch Verhältniswerte werden mit diesem Verfahren bestimmt.
Ein Lautstärkevergleich zwischen einem 1 kHz-Standardton und einem Geräusch kann
z.B. in der Art durchgeführt werden, daß die beiden Schalle der Versuchsperson
abwechslungsweise dargeboten werden. Während der Schallpegel des Geräusches vom
Versuchsleiter konstant gehalten wird, kann die Versuchsperson den Schallpegel
des 1 kHz-Tones über einen Regler verändern und ihn so einstellen, daß die Lautstärkeempfindung beider Schalle gleich groß ist. In einer zweiten Messung wird
der Versuchsleiter den 1 kHz-Ton im Pegel konstant halten und der Versuchsperson
die Möglichkeit geben, den Schallpegel des Geräusches so zu verändern, daß bei
ihr der Eindruck gleicher Lautstärkeempfindung für beide Schalle entsteht. Beide
Ergebnisse sind nicht identisch. Sie müssen gemeinsam ausgewertet werden.

Beim Einregelungsverfahren verändert die Versuchsperson die Reizgröße so, wie
sie es selbst haben möchte. Sie kann sich mehrere Einstellungen der beiden zu
beurteilenden Schalle anhören und sich jeweils ein Urteil bilden. Schließlich
wird die Versuchsperson denjenigen Wert einstellen, bei dem sie im Mittel den
Eindruck hat, die gestellte Aufgabe am besten erfüllt zu haben, so daß sich z.B.
bei einer Lautstärkevergleichsmessung die beiden Lautstärkeempfindungen gerade
die Waage halten.

Eine Variante des Einregelungsverfahrens ist die Methode des pendelnden Einregelns. Dabei hat die Versuchsperson lediglich die Möglichkeit, die Richtung,
mit der ein Regler eine Reizgröße verändert, umzuschalten. Ein typisches Beispiel
ist dafür die Messung der Ruhehörschwelle oder der Mithörschwelle. Das Verfahren
des pendelnden Einregelns wird auch als Bêkêsy-Methode nach G. von Bêkêsy, der
diese Meßmethode eingeführt hat, bezeichnet. Bei der Messung der Hörschwelle wird
z.B. von der Versuchsperson der Schalter so betätigt, daß zunächst der Schallpegel des Tones langsam nach größeren Werten verändert wird, d.h. ein zunächst un-
hörbarer Ton wird durch langsame Änderung des Pegels mehr und mehr in Richtung
"hörbar" verschoben. Im vorliegenden Fall ist die veränderbare Reizgröße der Pegel des Tones. Wird der Ton nach Überschreiten der Hörschwelle hörbar, so betätigt die Versuchsperson den Schalter in der Weise, daß der Schallpegel kleiner
wird. Dadurch wird der Ton wieder unhörbar. Sobald der Ton verschwunden ist,
wird die Versuchsperson den Schalter wieder umlegen, so daß der Pegel langsam
wieder steigt: Der Ton wird wieder hörbar. Mit dieser Verfahrensweise erreicht
die Versuchsperson durch die Betätigung des Schalters, daß der Pegel des Tones
zwischen "hörbar" und "nichthörbar" hin- und herpendelt. Mit Hilfe einer Regi-

striereinrichtung wird dieser Vorgang aufgezeichnet. Ein Beispiel dafür ist in Abb.2.1 dargestellt. Soll, wie dies bei der Ruhehörschwelle oder der Mithörschwelle häufig der Fall ist, die Grenze der Wahrnehmbarkeit als Funktion der Frequenz gemessen werden, so kann die Frequenz des Tonfrequenzgenerators in Abhängigkeit von der Zeit langsam weitergeführt werden. Auf diese Weise wird die Ruhehörschwelle direkt als Funktion der Frequenz registriert. Der Mittelwert zwischen den Umkehrpunkten wird dabei als Hörschwelle bezeichnet. Diese Methode hat den großen Vorteil, daß sich die Versuchsperson aktiv an der Messung beteiligt und der Zeitaufwand gering ist. Die Methode des pendelnden Einregelns wird mit Erfolg auch zur Messung von Grenzwerten, von Vergleichswerten oder von Verhältniswerten herangezogen. Sinnvoll kann die Methode jedoch nur für eine einzelne Versuchsperson eingesetzt werden. Für Messungen mit Gruppen von Versuchspersonen eignet sie sich nicht.

Abfragen

Die Abfragemethoden können in viele Varianten unterteilt werden. Ihnen gemeinsam ist, daß die Versuchsperson keine Möglichkeit hat, den Reiz zu verändern. Sie kann lediglich Aussagen über ihre Empfindung machen. In einfachen Fällen wird die Aussage der Versuchsperson nur in der Aussage "ja" oder "nein" bestehen. Bei der Darbietung von zwei aufeinanderfolgenden verschiedenen Schallen wird z.B. die Frage lauten: Ist Schall 1 lauter als Schall 2? Die Versuchsperson kann bloß mit "ja" oder "nein" antworten. Allgemein läßt sich sagen, daß die Versuchsperson bei der Anwendung der Abfragemethode umso leichter eine Antwort findet, je einfacher die Frage ist, die ihr gestellt wird.

Eine etwas andere Fragestellung ist die, ob z.B. bei alternierend dargebotenen Schallen Schall 1 oder Schall 2 lauter ist. Dabei muß die Versuchsperson zwischen 1 und 2 entscheiden. In manchen Fällen wird der Versuchsperson zusätzlich noch die Aussage "gleichlaut" gestattet. Grenzwerte werden durch Antworten auf die Frage "Hören" oder "Nichthören" gewonnen. Verhältniswerte ergeben sich z.B. aus Antworten auf die Frage: Ist der zweite Schall mehr als doppelt so laut oder weniger als doppelt so laut wie der erste, der Vergleichsschall. Viele solcher Aussagen bei verschiedenen Werten der Schallpegel sind notwendig, um die Ergebnisse statistisch auswerten zu können, wie dies in Abb.1.4 in der Häufigkeitsverteilung angedeutet ist.

Die Methode des Abfragens hat den Vorteil, daß sie gleichzeitig für eine große Zahl von Versuchspersonen durchgeführt werden kann. Wird sowohl der erste als auch der zweite Schall zufällig geändert, gleichen sich mögliche Einflüsse der Reihenfolge und der Veränderung nur eines Schalles schon in der Meßreihe aus. Nimmt nur eine Versuchsperson an der Messung teil, ist diese Methode im Vergleich zur Einregelungsmethode allerdings viel zeitaufwendiger.

Speziellere Methoden, auf die hier hingewiesen werden soll und die zu den Abfragemethoden gehören, sind der Paarvergleich und die Größenschätzung. Beim Paarvergleich werden zwei Paare von Reizen dargeboten. Dabei gilt es nicht, jeden einzelnen Schall zu beurteilen, sondern z.B. herauszufinden, in welchem Schallpaar sich die beiden Schalle bezüglich einer bestimmten Empfindungsgröße am wenigsten unterscheiden. Die Größenschätzung kann sowohl mit der Einregelungs- als auch mit der Abfragemethode durchgeführt werden. Dabei werden zwei oder mehr Schallen Zahlenwerte zugeordnet, die im gleichen Verhältnis stehen sollen, wie die in Frage stehenden, von den Schallen hervorgerufenen Empfindungsgrößen. Die Zahlen können entweder völlig frei von der Versuchsperson gewählt werden, oder aber der Versuchsleiter gibt eine Zahl, die zu einem sogenannten Ankerschall gehört, vor.

1.2.3 Mittelungsverfahren

Normalerweise ist die Genauigkeit, mit der die Werte der Reizgrößen angegeben werden können, sehr viel größer als die der Empfindungsgrößen. Daher spielen bei sorgfältiger Eichung der Geräte die Meßgenauigkeiten für die Reizgrößen eine untergeordnete und fast immer zu vernachlässigende Rolle. Die Genauigkeit dagegen, mit der eine einzelne Versuchsperson eine Empfindungsgröße bestimmen kann, ist meistens viel schlechter. Schon die Reproduzierbarkeit des Ergebnisses ein und derselben Versuchsperson ist nicht ausreichend, als daß aus einer einzigen Messung schon ein endgültiger Wert angegeben werden könnte. Die Messungen müssen daher mehrmals wiederholt und aus den Ergebnissen muß ein Mittelwert gebildet werden. Dieser Mittelwert gilt jedoch nur für die gerade genannte Versuchsperson. Andere Versuchspersonen erreichen Mittelwerte, die vom Mittelwert der obengenannten Versuchsperson abweichen. Um einen repräsentativen Wert angeben zu können, müssen daher sowohl von einer Versuchsperson viele Messungen durchgeführt als auch viele Versuchspersonen zur Messung herangezogen werden. Dies bedeutet, daß eine große Zahl von Meßergebnissen vorliegt, die mehr oder weniger stark voneinander abweichen, je nachdem wie groß die Schwierigkeit der Messungen ist. Dementsprechend wird zwischen der Abweichung der von ein und derselben Versuchsperson gemessenen Werte einerseits und der Abweichung der Mittelwerte verschiedener Versuchspersonen andererseits unterschieden.

Stehen viele Meßwerte zur Verfügung, so wird als repräsentativer Wert meist ein Mittelwert und die Abweichungen von diesem Mittelwert durch eine Streuung angegeben. In den meisten Fällen liegen die Daten als Werte für die Reizgrößen vor. Für die Bildung des Mittelwertes ist die gewählte Größe (z.B. Schallpegel, Schalldruck oder Schallintensität) wichtig. Ein Beispiel für die Hörschwelle mit acht Meßwerten soll dies verdeutlichen. In Abb.1.5 sind in der oberen Skala diese Werte als Punkte auf der Schallpegelachse eingetragen. Für diese acht Werte ist

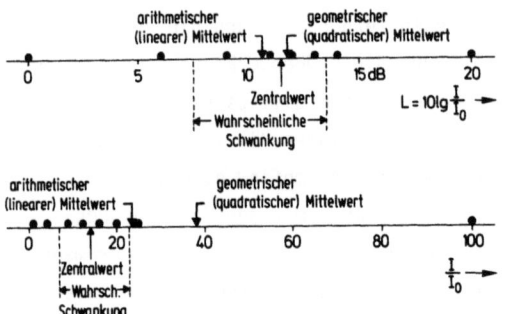

Abb.1.5. Mittelung von Meßdaten: Nur der Zentralwert ist gegen nichtlineare Transformation (hier Umrechnung von Pegelwerten in relative Intensitätswerte) invariant. Arithmetischer und geometrischer Mittelwert sind es nicht. Beispiel mit 8 Meßwerten

oberhalb der Linie sowohl der arithmetische Mittelwert als auch der geometrische Mittelwert eingetragen. Der Zentralwert mit der Wahrscheinlichen Schwankung - einer weiteren Möglichkeit, Mittelwerte zu bilden - ist unter der Linie dargestellt. Anstelle des Schallpegels könnte genauso der Schalldruck oder die Schallintensität als Reizgröße aufgetragen werden. Die Meßwerte des oberen Teils der Darstellung von Abb.1.5 sind - auf relative Schallintensitäten umgerechnet - im unteren Teil von Abb.1.5 dargestellt. Für die längs einer Intensitätsachse aufgetragenen Meßwerte sind wiederum der arithmetische Mittelwert, der geometrische Mittelwert und der Zentralwert angegeben. Die Umrechnung der Schallpegelwerte in entsprechende Werte der Schallintensität ist eine nichtlineare Transformation. Die Lage der Zentralwerte in der oberen Darstellung in Abb.1.5 im Vergleich zu derjenigen in der unteren Darstellung macht deutlich, daß nur der Zentralwert gegen nichtlineare Transformation invariant ist. Sowohl der arithmetische als auch der geometrische Mittelwert ändern ihre Lage im Vergleich zu den einzelnen Meßpunkten sehr erheblich. In vielen Fällen, z.B. bei der Bestimmung einer Empfindungsfunktion, ist die zweckmäßigste Art der Darstellung nicht vorhersagbar. Die Frage, ob die verschiedenen Meßwerte über dem Schalldruck, über der Schallintensität oder über dem Schallpegel aufgetragen werden sollen, kann erst dann geklärt werden, wenn die Funktion, für die man sich interessiert, gefunden ist. Es darf daher bei der Auswertung der vielen Meßergebnisse nur mit demjenigen Mittelwert gearbeitet werden, der gegen nichtlineare Transformation invariant ist. Der Zentralwert besitzt diese Eigenschaft. Über und unter ihm liegt jeweils die Hälfte aller Meßwerte. Durch Abzählen kann er sehr leicht gefunden werden. Alle Angaben über Grenzwerte, Vergleichswerte oder Verhältniswerte, die in diesem Buch gemacht werden, sind solche Zentralwerte.

Die Abweichung der Meßergebnisse von Versuchsperson zu Versuchsperson ist zum Teil recht erheblich. Zur Bezeichnung solcher Abweichungen müssen ebenfalls Werte benützt werden, die gegenüber nichtlinearen Transformationen invariant sind. Aus diesem Grunde wird die Wahrscheinliche Schwankung der Standardabweichung und der Mittleren Schwankung vorgezogen. Die Wahrscheinliche Schwankung gibt denjenigen Bereich an, in dem zu beiden Seiten des Zentralwertes je ein

Viertel der Meßwerte liegt. Demnach können der Zentralwert und die Wahrscheinliche
Schwankung leicht dadurch bestimmt werden, daß man die Meßwerte abzählt. Ist die
Gesamtzahl aller Meßwerte bekannt, so wird, von kleinen nach großen Werten fort-
schreitend, das erste Viertel (untere Grenze der Wahrscheinlichen Schwankung),
das zweite Viertel (Zentralwert) und das dritte Viertel (obere Grenze der Wahrscheinlichen Schwankung) abgezählt. Bis zum größten Meßwert verbleibt dann das
letzte Viertel (vergl.Abb.1.5). Ist die Zahl der Meßpunkte durch 4 teilbar - wie
im vorliegenden Fall -, so ergeben sich sowohl für die Wahrscheinlichen Schwankungen als auch für den Zentralwert jeweils Werte, die zwischen zwei Meßpunkten
liegen, also nicht von einem einzigen Meßwert abhängen.

Zentralwert und Wahrscheinliche Schwankungen können demnach nicht nur sehr
leicht bestimmt werden, sie haben darüber hinaus den für die Psychophysik un-
schätzbaren Vorteil, daß sie gegen nichtlineare Transformation invariant sind.

1.3 Schallarten, ihre Zeitfunktion und spektrale Darstellung

Die verschiedenen Schallarten und ihre Beschreibungsformen sollen nur in knapper
Form anhand der Darstellungen von Abb.1.6 in Erinnerung gerufen werden.

Am einfachsten kann der Schall in allen Schallfeldern und an jedem beliebigen Ort durch den Schalldruck $p(t)$ als Funktion der Zeit beschrieben werden. Der
Schalldruck gibt an, wie sich am Ort der Messung der Luftdruck ändert. Im Vergleich zum Atmosphärendruck ändert sich der Luftdruck bei Schallübertragungen nur
um äußerst geringe Werte. Die Einheit, in der der Schalldruck gemessen wird,
ist das Pascal (Pa). Es gilt die Gleichung

$$1 \text{ Pa} = 1 \text{ N/m}^2 \ (= 10 \ \mu b = 10 \text{ dyn/cm}^2). \tag{1.1}$$

Die in Klammer angegebenen Werte wurden früher benützt. Zu unterscheiden ist wie
bei allen Feldgrößen, so auch beim Schalldruck, der Augenblickswert $p(t)$ und
der Effektivwert $\tilde{p}$. Der kleinste Schalldruck, der vom menschlichen Gehör noch
wahrgenommen werden kann, liegt in der Nähe von 10^{-5} Pa, der größte Schalldruck,
der ohne Schmerz ertragen werden kann, bei etwa 10^{-2} Pa. Um so große Wertebere1-
che in einem einzigen Diagramm darstellen zu können, wird eine logarithmische
Skale verwendet. In der Luftschall-Akustik wird der Zehnerlogarithmus (lg) verwendet. Es gilt die Gleichung für den Schalldruckpegel

$$L = 20 \cdot \lg(p/p_0) \text{ dB}. \tag{1.2}$$

Die Einheit ist das Dezibel, ein Zehntel der Einheit Bel, und als Bezugsgröße wurde der Wert

$$p_0 = 2 \cdot 10^{-5} \text{ Pa} = 20 \text{ μPa} \tag{1.3}$$

festgelegt.

Neben dem Schalldruck spielt auch die Schallintensität, insbesondere bei Rauschvorgängen, eine wichtige Rolle. Für die ebene Welle hängt die Schallintensität I mit dem Schalldruck $\tilde{p}$ über die Gleichung

$$I = \tilde{p}^2/Z_0 \tag{1.4}$$

zusammen. Dabei ist

$$Z_0 = 415 \text{ Ns/m}^3 = 415 \text{ Pa·s/m} \tag{1.5}$$

der Schallwellenwiderstand der Luft. Wird für den Effektivwert des Schalldruckes der Bezugsschalldruck $2 \cdot 10^{-5}$ Pa eingesetzt, so ergibt sich mit

$$1 \text{ W} = 1 \text{ Nm/s} \tag{1.6}$$

eine Bezugsschallintensität I_0, die mit sehr guter Näherung 10^{-12} W/m^2 beträgt:

$$I_0 = 10^{-12} \text{ W/m}^2. \tag{1.7}$$

Diese sehr kleine Schallintensität von 10^{-16} W/cm^2 (der Gehörgang hat etwa 1 cm Querschnitt) entspricht bei mittleren Tönen etwa der Ruhehörschwelle. In der ebenen Welle kann der Schalldruckpegel wegen Gl.(1.4) und Gl.(1.5) auch als Schallintensitätspegel angegeben werden. Dort gilt für den Schallpegel L die Gleichung

$$L = 20 \cdot \lg(p/p_0) \text{ dB} = 10 \cdot \lg(I/I_0) \text{ dB}. \tag{1.8}$$

Bei kohärenten Schallen (z.B. reinen Tönen derselben Frequenz oder Schallen aus derselben Quelle) wird mit dem Schalldruck gerechnet, um den Schallpegel zu bestimmen. Bei inkohärenten Schallen (z.B. Geräuschanteilen aus einem kontinuierlichen Frequenzspektrum) wird mit der Schallintensität gerechnet.

Bei reinen Tönen gehorcht der Schalldruck der Beziehung

$$p(t) = \hat{p} \cdot \cos \omega t. \tag{1.9}$$

Die Schalldruckamplitude $\hat{p}$ ist der $\sqrt{2}$-fache Wert des Effektivwertes. Das Spektrum eines reinen Tones beschränkt sich auf eine einzelne Linie. Unter einem Ton wird in vielen Fällen ein Grundton mit harmonischen Teiltönen verstanden, wie er z.B. von einem Musikinstrument abgegeben wird. Die spektrale Zusammensetzung ist demnach harmonisch aufgebaut. Der Schalldruckverlauf ist dann eine periodische Funktion der Zeit, die jedoch nicht sinusförmig verläuft.

Unter einem Klang verstehen wir zwei reine Töne oder aber auch zwei Töne. Die spektrale Zusammensetzung solcher Klänge ist das ineinandergeschachtelte Spektrum zweier Töne, die jeweils aus harmonischen Teiltönen aufgebaut sind.

Amplitudenmodulierte Töne sind solche, deren Schalldruckspitzenwert sich als Funktion der Zeit periodisch ändert. Bei sinusförmiger Änderung setzt sich ihr Spektrum aus einer Trägerfrequenzlinie und zwei Seitenlinien zusammen, die im Abstand der Modulationsfrequenz neben der Trägerfrequenz liegen.

Frequenzmodulierte Töne sind Töne, deren Frequenz sich periodisch als Funktion der Zeit ändert. Bei sinusförmiger Änderung ergibt sich für kleinen Modulationsindex (Quotient aus Frequenzhub und Modulationsfrequenz) ein Spektrum, das demjenigen eines amplitudenmodulierten Sinustones ähnlich ist. Die Phasenlage der Seitenlinien ist jedoch um $90°$ verschoben. Bei großem Modulationsindex ist das Spektrum ein Besselspektrum. Als Anhaltspunkt für die Zahl der wesentlichen Seitenlinien kann gelten, daß auf jeder Seite der Trägerschwingung die Anzahl der Seitenlinien um 1 größer ist als der Modulationsindex.

Unter Schwebung werden zwei Töne mit ähnlichem Schallpegel und dicht benachbarter Frequenz verstanden. Sie verschmelzen im Gehör zu einem einzigen Ton, der jedoch in der Amplitude schwankt. Eigentlich ist die Schwebung eine Kombination aus Amplitudenmodulation und Frequenzmodulation, wie sich aus dem Zeigerdiagramm leicht ersehen läßt. Da das Gehör jedoch bei gleicher spektraler Zusammensetzung des Schalles gegen Frequenzmodulation wesentlich weniger empfindlich ist als gegen Amplitudenmodulation, wird die Amplitudenschwankung, die bei Schwebungen entsteht, vor allem wahrgenommen.

In Abb.1.6 sind neben der im ersten Bild links oben dargestellten Zeitfunktion eines Sinustones und seiner Spektralfunktion auch die Zeitfunktionen und Spektralfunktionen von einer Tonimpulsfolge und von einem einzelnen Tonimpuls dargestellt. Die Tonimpulsfolge besteht aus je vier 2 kHz-Schwingungen (Periode 0,5 ms), die im Abstand von 6 ms (Pause 4 ms) wiederholt werden. Das zugehörige Spektrum besitzt ein Maximum bei 2 kHz und ist eigentlich symmetrisch aufgebaut. Da die Spektrallinien jedoch in den negativen Frequenzbereich reichen würden, klappt sich dieser Anteil in das Positive um (negative Frequenzen gibt es in dieser Darstellung nicht). Deswegen erscheint das Spektrum etwas unsymmetrisch. Die einzelnen Spektrallinien haben einen Frequenzabstand von 167 Hz, wie es dem Kehrwert der Periode von 6 ms entspricht. Jeweils 500 Hz von der Mittenfrequenz 2 kHz entfernt ergeben sich Nullstellen. Dies entspricht der Impulsdauer von 2 ms.

Ähnliche Verhältnisse finden wir bei einem einzelnen Tonimpuls. Das Spektrum kann jedoch nur als kontinuierliches Spektrum angegeben werden. Deshalb wird die spektrale Dichte dp/df als Funktion der Frequenz für die spektrale Darstellung häufig benützt. Der einzelne Tonimpuls hat eine Spektralfunktion, die bei 2 kHz ein Maximum hat, während links und rechts von dieser Frequenz Nullstellen und Maxima abwechseln. Die Nullstellen liegen wie vorher bei der Tonimpulsfolge wieder in einem Frequenzabstand von jeweils 500 Hz von der 2 kHz-Frequenz entfernt.

Weißes Rauschen besitzt eine Zeitfunktion, die nur statistisch angegeben werden kann. Wird die Bandbreite - wie in der Psychoakustik üblich - auf 20 kHz beschränkt, so ergibt sich eine Zeitfunktion der in der Abbildung dargestellten Art. Das zugehörige Langzeitspektrum kann im Frequenzbereich zwischen 20 Hz und 20 kHz als von der Frequenz unabhängig angesehen werden.

Die Zeitfunktion aller aus Rauschen abgeleiteten Schalle ist nichtperiodisch. Dementsprechend kann die für Bandpaßrauschen (Abb.1.6 links unten) angegebene Zeitfunktion nur ein typischer Ausschnitt sein. Sie wiederholt sich nicht. Genau wie für Weißes Rauschen gilt auch für Bandpaßrauschen und für Schmalbandrauschen das Gesetz, daß die zu beliebigen Zeitaugenblicken ausgewählte Amplitude nur mit einer bestimmten Wahrscheinlichkeit angegeben werden kann, die jedoch einer Gaußschen Verteilung gehorchen muß. Die Spektralfunktion hat den erwarteten Verlauf. Nur in einem Frequenzbereich von 1000 Hz ± 100 Hz hat das 200 Hz breite Bandpaßrauschen spektrale Anteile. Die Zeitfunktion stellt sich dar als ein statistisch in der Amplitude modulierter 1 kHz-Ton. Die Amplitude kann nur so rasch schwanken, wie es die Bandbreite des Bandpaßrauschens zuläßt.

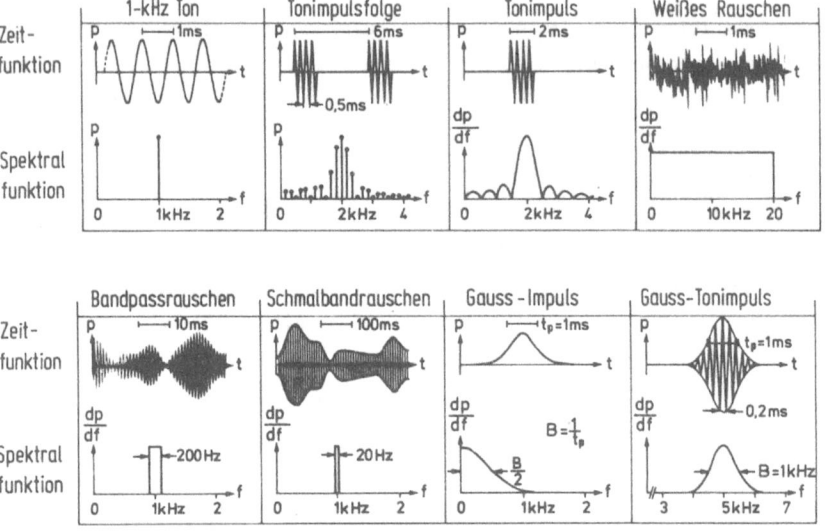

Abb.1.6. Zeitfunktionen und Spektralfunktionen verschiedener Schallarten

Dieser Zusammenhang wird noch deutlicher, wenn die Bandbreite des Ausschnittes aus Weißem Rauschen weiter verkleinert und die Spektralfunktion von Schmalbandrauschen mit einer Bandbreite von 20 Hz im Zusammenhang mit der Zeitfunktion des Schalldruckes betrachtet wird. (Man beachte, daß die Zeitmarke um den Faktor 10 größer ist als beim Bandpaßrauschen mit 200 Hz Bandbreite!) Die Bandbreite von 20 Hz bewirkt, daß die Umhüllende des Schalldruckzeitverlaufs nur sehr langsam schwankt, wie dies in der Zeitfunktion dargestellt ist. Die senkrechte Schraffur repräsentiert nicht die Schwingungen eines 1000 Hz-Tones. Sie soll lediglich andeuten, daß näherungsweise eine in der Amplitude schwankende 1 kHz-Schwingung eingelagert ist. Auch hier kann die Zeitfunktion nur als ein Ausschnitt aus einem sich nicht wiederholenden, d.h. nichtperiodischen Ablauf angesehen werden.

In Darbietung 1.6 sind Weißes Rauschen sowie 300 Hz- und 3 Hz-breites Bandpaßrauschen auf der Schallplatte gespeichert.

Gerne benützt werden in der Psychoakustik Gaußimpulse und Gaußtonimpulse bzw. entsprechende Impulsfolgen. Solche Gaußimpulse besitzen den Vorteil schnellster Einschwingzeit bei geringster Bandbreite. Für einen Gaußdruckimpuls ist der Zeitverlauf und die Spektralfunktion angegeben. Sie gehorchen beide demselben Gesetz, nämlich einer Gaußverteilung. Die Bandbreite und die Impulsdauer hängen direkt über den Kehrwert miteinander zusammen. Für einen Gaußtonimpuls gelten dieselben Gesetze. Nur ist das Spektrum dorthin verschoben, wo die Trägerfrequenz liegt, die zur Erzeugung eines Gaußtonimpulses gaußförmig in der Amplitude moduliert wurde. Auch hier sind die Bandbreite und die Impulsdauer t_p, wie ersichtlich, direkt miteinander verknüpft. Dabei ist zu beachten, daß t_p so definiert wurde, daß ein dem gaußförmigen Schalldruckverlauf flächengleiches Rechteck der Größe $\hat{p} \cdot t_p$ entsteht. Die Amplitude des Schalldruckes ist bei t_p bereits auf 0,456 $\hat{p}$, also etwas weniger als die Hälfte des Spitzenwertes, abgefallen.

Für Gaußimpulsfolgen oder Gaußtonimpulsfolgen gelten entsprechende Gesetze, wie sie oben bei Tonimpulsfolgen und Tonimpulsen angegeben worden sind. Der Verlauf des kontinuierlichen Spektrums dp/df von Impulsen wird für Impulsfolgen zur Umhüllenden der Amplituden der einzelnen diskreten Spektrallinien. Bei vielen psychoakustischen Untersuchungen, z.B. bei der Messung von Hörschwellen oder bei Vergleichsmessungen, werden Töne kurzzeitig oder/und alternierend dargeboten. Rasches Ein- und Ausschalten sind erwünscht, aber Knacke sollen nicht hörbar werden, d.h. das Spektrum soll möglichst schmal bleiben. Gaußförmige Umschaltvorgänge und Anstiegs- und Abfallzeiten von 10 bis 30 ms haben sich für die genannten Fälle sehr gut bewährt.

Bei psychoakustischen Experimenten, bei denen Ausschnitte aus Rauschen benützt werden, spielt die verzerrungsfreie Übertragung von Rauschspannungen eine große Rolle. Eine Spitzenamplitude solcher Rauschspannungen kann nicht angegeben werden, da die Amplitudenverteilung der Gaußschen Verteilung gehorcht. Demnach kann lediglich die Wahrscheinlichkeit W angegeben werden, mit der eine Spannung bzw. ein bestimmter Wert p des Schalldrucks überschritten wird. Mit dem Effektivwert $\tilde{p}$, d.h. dem über lange Zeit quadratisch gemittelten Schalldruck, ergibt sich der in Abb.1.7 dargestellte Zusammenhang. Die Wahrscheinlichkeit W nimmt mit wachsendem Verhältnis $p/\tilde{p}$ zunächst sehr langsam, dann rascher ab. Kann nur in 1 % der Fälle (d.h. der Zeit) eine Übersteuerung zugelassen werden, so muß ein Schalldruck mit der 2,6fachen Amplitude des Effektivwertes noch übertragen werden können. Für psychoakustische Experimente sind die Forderungen in den meisten Fällen schärfer. Nur in 0,1 % der Fälle wird eine Übersteuerung, d.h. eine falsche Übertragung der Zeitfunktion, zugelassen. Dies bedeutet, daß der Schalldruck bzw. die Spannung, die ohne erkennbare Verzerrung noch übertragen wird, dem 3,4fachen Wert des Effektivwertes entsprechen muß. Die sichere Seite wird erreicht, wenn der bei psychoakustischen Experimenten übliche Wert einer Pegelreduktion benützt wird. Dieser besagt, daß Ausschnitte aus Weißem Rauschen dann noch richtig übertragen werden, wenn die Aussteuerungsgrenze um 10 dB geringer gewählt wird als für einen Sinuston gleichen Effektivwertes.

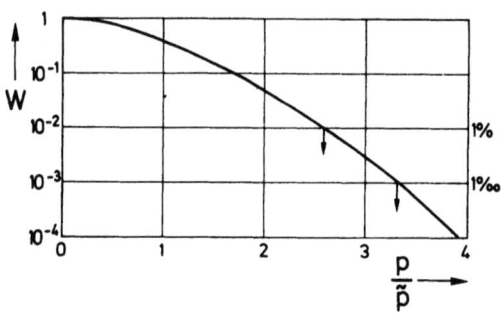

Abb.1.7. Wahrscheinlichkeit W, mit der bei gegebenem Effektivwert $\tilde{p}$ eines Weißen Rauschens ein Wert p des Schalldrucks überschritten wird

1.4 Physiologie des Gehörs

Wie bei fast allen Sinnesorganen werden auch beim Gehör zwei verschiedene Bereiche der Reizverarbeitung unterschieden. In einem ersten Bereich werden die Schallschwingungen unter Beibehaltung des Schwingungscharakters weiterverarbeitet. Dieser Teil wird als Antransportorgan bezeichnet. Die vorverarbeiteten Schwingungen werden am Ende des Antransportorganes den Sinneszellen zugeführt, welche die mechanischen Schwingungsvorgänge in elektrische Aktionspotentiale umcodieren. Dies ist der Beginn des zweiten Teils des Gehörorganes, in welchem die neuronale Verarbeitung von Aktionspotentialen durchgeführt wird. Diese Verarbeitung führt in höheren Ebenen letztlich zur Hörempfindung. Dem Antransportorgan werden Außen-, Mittel- und Innenohr zugerechnet.

1.4.1 Außenohr

Was im allgemeinen Sprachgebrauch als Ohr bezeichnet wird, ist das Außenohr. Es hat die Aufgabe, möglichst viel Schallenergie und diese möglichst aus den interessierenden Richtungen aufzufangen und über den Gehörgang dem Trommelfell weiterzuleiten. Abbildung 1.8 zeigt das Außenohr, das Mittelohr und das Innenohr des Menschen in schematischer Darstellung. Der Gehörgang hat nicht nur die Aufgabe, das Trommelfell zu schützen. Er ist auch deswegen sinnvoll, weil das Mittelohr möglichst klein gehalten werden soll, damit auch hohe Frequenzen übertragen werden. Darüber hinaus soll das Innenohr dem Gehirn möglichst nahe sein, damit bei kurzer Nervenleitung die Informationsübertragung sehr rasch vor sich gehen kann. Der Schall gelangt über den Gehörgang zum Trommelfell. In demjenigen Frequenzbereich, in welchem die Länge des Gehörganges etwa 1/4 der Wellenlänge der Schwingung in Luft entspricht, ist die Aufnahme von Schallschwingungen durch das Trommelfell besonders gut. Dies ist der Grund, weswegen der Mensch bei etwa 4 kHz eine große Hörempfindlichkeit besitzt, aber auch eine sehr große Anfälligkeit gegen Schädigung.

1.4.2 Mittelohr

Das Mittelohr hat die Aufgabe, Luftschall in Flüssigkeitsschall zu transformieren. Im Außenohr besteht der Schall aus Schwingungen von Luftteilchen. Im Innenohr dagegen befindet sich Lymphflüssigkeit, welche auch die Sinneszellen umgibt. Zur Anregung der Sinneszellen sind also Schwingungen in Lymphflüssigkeit nötig. Demnach müssen Schwingungen in Luft, die mit kleinen Kräften und großen Auslenkungen Energietransport durchführen, in Schwingungen in wasserähnlicher Lymphe, in der die Energie durch große Kräfte und kleine Auslenkungen übertragen wird, transformiert werden. Der Schallwellenwiderstand von Luft ist etwa viertausendmal kleiner als der von Wasser. Im Mittelohr sollte also eine möglichst frequenzunabhängige Transformation stattfinden, so daß die beiden Widerstände einander angepaßt werden. Entsprechend den Transformatoren zur Widerstandsanpassung in der Elektrotechnik werden bei mechanischen Schwingungen Hebelübersetzungen benützt. Dies wird auch im Mittelohr durchgeführt. Die vom Trommelfell aufgenommenen Luftschwingungen werden über die Gehörknöchelchen Hammer, Amboß und Steigbügel auf das ovale Fenster des Innenohres übertragen. Der Hammerstiel liegt am Trommelfell an, setzt den Hammer in Bewegung, dessen Auslenkung wird über das Hebelchen Amboß auf den Steigbügel weitergeleitet (vergl.Abb.1.8). Die Hebelübersetzung ist aber nicht die einzige für die Transformation ausgenützte Größe. Ebenso wichtig ist die Flächentransformation vom Trommelfell (große Fläche) zum ovalen Fenster (kleine Fläche). Dies entspricht der Kraftumsetzung, die bei hydraulischen Pressen benützt wird. Die durch diese beiden Mechanismen bewirkte Widerstandsanpassung ist

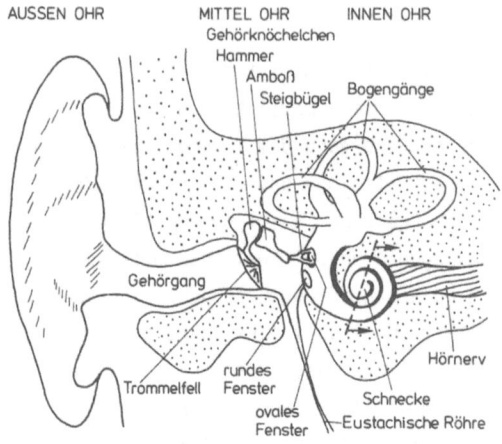

Abb.1.8. Schematische Darstellung von Außen-, Mittel- und Innenohr

so gut, daß im mittleren Frequenzbereich um 1 kHz das mit Gehörknöchelchen und Innenohr belastete Trommelfell genau dem akustischen Wellenwiderstand der Luft angepaßt ist.

Der Mittelohrraum ist über die Eustachische Röhre mit dem Rachenraum verbunden (Abb.1.8). Diese Verbindung ist normalerweise geschlossen, so daß bei Änderung des Atmosphärendruckes, z.B. beim Benützen eines Aufzuges, ein Über- bzw. Unterdruck am Trommelfell entsteht. Dadurch wird die Mittelohrkette aus ihrem normalen Arbeitspunkt verlagert, und das Übertragungsmaß wird schlechter. Nur beim Schlucken öffnet sich die Eustachische Röhre kurzzeitig. Dies genügt jedoch, um einen Druckausgleich durchzuführen und die normale Lage des Arbeitspunktes wiederherzustellen.

1.4.3 Innenohr

Das Innenohr des Menschen ist in einen sehr harten Knochen, das sogenannte Felsenbein, eingelagert. In demselben Knochen ist auch das Gleichgewichtsorgan mit seinen drei senkrecht zueinander stehenden Bogengängen untergebracht. Das Gleichgewichtsorgan ist ebenfalls mit Flüssigkeit gefüllt, die mit der Flüssigkeit des Innenohres in Verbindung steht. Im Innenohr werden Funktionen ausgeführt, die für das Hören sehr wichtig sind. Es hat die Form einer Schnecke und ist bei allen höheren Wirbeltieren in ähnlicher Form aufgebaut.

Das Innenohr des Menschen besitzt etwa 2 1/2 Windungen. Ein Schnitt durch die Cochlea (Schnecke) ist in Abb.1.9 dargestellt. Die Cochlea besteht aus 3 parallelen Kanälen, auch Skalen genannt. Diese drei Skalen laufen nebeneinander von der Basis bis zur Spitze. Die Fußplatte des Steigbügels ist in direkter Verbindung mit der Scala vestibuli, in unserem schematischen Schnitt (Abb.1.9) der obere Kanal. Die Scala vestibuli ist von der Scala media (dem mittleren Kanal) nur durch

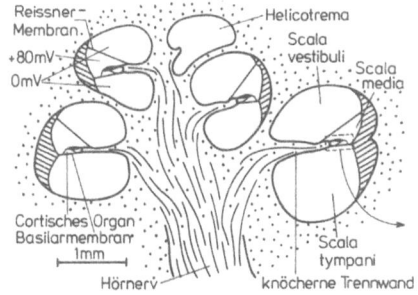
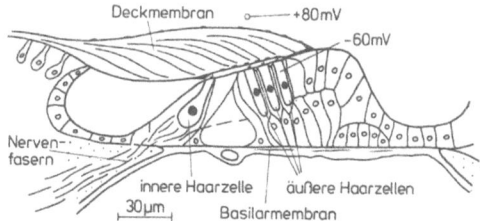

Abb.1.9. Schnitt durch das Innenohr (schematisch)

Abb.1.10. Querschnitt durch das Cortische Organ (schematisch)

eine sehr dünne Membran, die sogenannte Reissner-Membran, getrennt. Für hydromechanische Betrachtungen kann diese Membran als nicht vorhanden angesehen werden. Die Reissner-Membran ist jedoch sehr wichtig, weil - wie wir sehen werden - in der Scala media sich eine andere Flüssigkeit befindet als in der Scala vestibuli und in der Scala tympani. Für die hydromechanischen Schwingungen von Bedeutung ist die Basilarmembran. Auf ihr liegt auch das Cortische Organ, in dem sich die Sinneszellen befinden. Die Basilarmembran grenzt an die Scala tympani, den dritten Kanal der Schnecke. Scala tympani und Scala vestibuli sind an der Schneckenspitze über das sogenannte Helicotrema miteinander verbunden. Die Scala media dagegen ist ein in sich völlig abgeschlossener Teil, der gegenüber der Umgebung ein Potential von +80 mV besitzt. Die natriumhaltige Flüssigkeit der Scala tympani und der Scala vestibuli (die Perilymphe) ist den anderen Körperflüssigkeiten sehr ähnlich und steht mit der Flüssigkeit des Gehirnraumes in Verbindung. Die Flüssigkeit der Scala media (die Endolymphe) dagegen ist eine Lymphe mit hohem Kaliumgehalt. Die sehr unterschiedliche Ionenkonzentration ist der Grund für die Potentialdifferenz von 80 mV. Die knöcherne Schneckentrennwand, welche die Scala vestibuli und die Scala tympani voneinander trennt, ist in der dem Steigbügel nahegelegenen basalen Windung (Schneckeneingang) sehr breit. Die Basilarmembran und das Cortische Organ sind daher dort sehr schmal. An der Schneckenspitze, d.h. in der apikalen Windung, ist die Basilarmembran etwa dreimal so breit wie am Schneckeneingang. Der harte Knochen ist ebenso inkompressibel wie die Flüssigkeit der Schnecke. Dies bedeutet, daß irgendwo ein Druckausgleich stattfinden muß, wenn der Steigbügel und damit das ovale Fenster in Schwingungen versetzt wird. Dies geschieht durch das runde Fenster, das in Abb.1.8 eingetragen ist.

Die wichtigsten Teile der Scala media, die Basilarmembran, das Cortische Organ und die Deckmembran, sind in Abb.1.10 vergrößert dargestellt. Im Cortischen Organ befinden sich die Sinneszellen. Sie sind in einer Reihe innerer Haarzellen und in drei Reihen äußerer Haarzellen angeordnet. Die inneren und die äußeren

Haarzellen zeigen verschiedenen Aufbau. Die äußeren Haarzellen sind schmal, säulenförmig und nicht, wie die inneren Haarzellen, von speziellen Stützzellen umhüllt. Auch die Versorgung mit Nervenfasern ist für die inneren und die äußeren Haarzellen sehr unterschiedlich. Es wird daher vielfach angenommen, daß diese beiden Haarzellentypen verschiedene Funktionen haben. Im Innern der Haarzellen herrscht ein Potential von etwa 60 mV. Durch einen wirksamen Reiz entsteht in der Haarzelle ein Rezeptorpotential, das sowohl eine Gleich- als auch eine Wechselspannungskomponente (mindestens bei tiefen Frequenzen) besitzt. Der Gleichspannungsanteil ist positiv. Er entspricht einer Depolarisation der Sinneszelle. Über den Haarzellen liegt die Deckmembran. Sie ist nicht aus Zellen aufgebaut, sondern aus Fibrillen.

Die Auslenkungen der Basilarmembran sind bei normalen Schalldrucken, wie sie z.B. bei Umgangssprache entstehen, sehr klein. Zu Schallpegeln von 60 dB gehören Schwingungsamplituden der Basilarmembran von nur etwa 10^{-10} m. Solche Größen kommen bei Atomdurchmessern vor. Dies macht deutlich, wie außerordentlich empfindlich unser Gehör ist. Auf welche Weise diese große Empfindlichkeit zustandekommt, ist noch nicht vollständig erforscht. Durch Untersuchungen an Haarzellen, wie sie bei Fischen im Seitenlinienorgan vorkommen, konnte jedoch festgestellt werden, daß eine Verbiegung der Haare die Sinneszelle aktiviert. Da Deckmembran bzw. Basilarmembran mit Cortischem Organ an verschiedenen Stellen der knöchernen Trennwand befestigt sind, ergibt sich bei Auf- und Abbewegung der Basilarmembran bei den Haaren der Sinneszellen eine ausgeprägte Scherbewegung (vgl.Abb.1.10). Diese Scherkräfte verbiegen die Haare der Sinneszellen und aktivieren sie periodisch mit der Schwingungsfrequenz des Reizes. Diese Vorstellung ist vom Prinzip her recht einsichtig. Quantitative Überlegungen über die Größe der Verbiegung der Haare führen jedoch zu Bedenken, da bei kleinen Schalldrucken die Verbiegungen schon endlich groß sein müßten, um eine Erregung hervorzurufen. Bei großen Amplituden (das Gehör nimmt Schalldruckamplituden im Verhältnis $10^6:1$ wahr) würden die Verbiegungen jedoch so groß werden, daß sie zur Zerstörung des Reizmechanismus führen müßten. Aus diesem Grunde wird angenommen, daß starke Nichtlinearitäten am Reizvorgang beteiligt sind.

Vor allem der Nobelpreisträger Georg von Békésy hat viele Untersuchungen über die Schwingungsform der Basilarmembran bei Anregung des ovalen Fensters durchgeführt. Er konnte die Vorstellungen von Helmholtz bestätigen, daß tiefe Frequenzen die Basilarmembran in der Nähe des Helicotremas, hohe Frequenzen die Basilarmembran dagegen in der Nähe des ovalen Fensters in Querschwingungen versetzen. Völlig neu war jedoch die Entdeckung, daß nicht die stehende Welle, sondern die Wanderwelle diejenige Wellenform ist, die im Innenohr vorherrscht. Diese Wanderwellen der Querauslenkung der Basilarmembran beginnen beim ovalen Fenster mit sehr kleiner Amplitude, wachsen in Richtung Schneckenspitze an und erreichen an einer bestimmten Stelle ein Maximum. Nach Erreichen des Maximums nehmen sie gegen

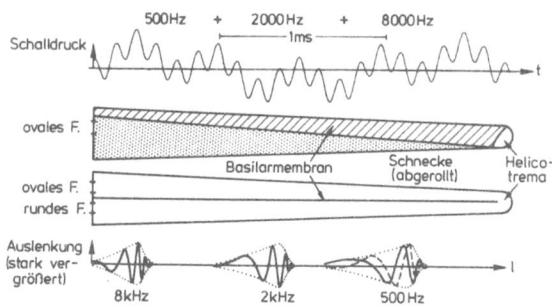

Abb.1.11. Schematische Darstellung der Frequenz-Orts-Transformation im Innenohr: Drei gleichzeitig dargebotene Töne mit verschiedenen Frequenzen (Zeitfunktion oben angegeben) führen zu Wanderwellen, die an verschiedenen Orten ihr Maximum erreichen

das Helicotrema hin sehr rasch ab, wie dies in Abb.1.11 auf der unteren Achse (Länge l der abgerollten Schnecke) dargestellt ist.

An dieser Stelle befindet sich also die in Abschn.1.1.3 angegebene Frequenz-Orts-Transformation. Sie kann verdeutlicht werden, wenn, wie in Abb.1.11 oben angegeben, eine Schalldruckzeitfunktion auf das Innenohr gegeben wird, die drei Schwingungen (500 Hz, 2000 Hz und 8000 Hz) enthält. In den mittleren beiden Darstellungen der Abb.1.11 ist die Cochlea abgerollt und in ausgestrecktem Zustand in zwei Ansichten skizziert, so daß die Basilarmembran und die knöcherne Trennwand (punktiert eingezeichnet) deutlich werden. In ausgestreckter Form reicht die Cochlea vom ovalen Fenster bis zum Helicotrema. Der Querschnitt der Schnecke nimmt zwar gegen das Helicotrema hin ab, die Basilarmembran verbreitert sich jedoch vom ovalen Fenster bis zum Helicotrema - wie oben angegeben - um etwa den Faktor 3. Die Frequenz 8 kHz erregt die Basilarmembran in wanderwellenförmiger Auslenkung nahe dem ovalen Fenster, die Frequenz 2 kHz etwa in der Mitte und die Frequenz 500 Hz nahe dem Ende der abgerollten Schnecke. Wie kommt diese sehr wichtige Frequenz-Orts-Transformation zustande? Wird das ovale Fenster mit einer hohen Frequenz in Schwingung versetzt, so kann nur wenig Masse bewegt werden. Dies bedeutet, daß die Flüssigkeitssäule, die zwischen dem ovalen und dem runden Fenster hin und her bewegt werden kann, sehr klein sein muß. Da die Basilarmembran am Schneckeneingang auch verhältnismäßig schmal, d.h. verhältnismäßig steif ist, werden hohe Frequenzen am Schneckeneingang zu Auslenkungen der Basilarmembran führen. Tiefe Frequenzen führen zu Auslenkungen in der Nähe des Helicotremas, wo die Basilarmembran breit und wenig steif ist. Der Unterschied zwischen stehenden Wellen und den im Innenohr beobachteten Wanderwellen ist sehr wesentlich. Die Wanderwelle erzeugt an keiner Stelle einen Schwingungsbauch oder einen Schwingungsknoten, so daß überall innerhalb der Umhüllenden der Auslenkung eine gleichmäßige Verteilung der Schwingungsamplituden existiert. Die Wellen wandern vom ovalen Fenster kommend in Richtung zum Helicotrema. Für 500 Hz ist in Abb.1.11 ein zweiter Zeitpunkt der Auslenkung der Wanderwelle (um $\pi/2$ verschoben) gestrichelt eingetragen. Zusammen mit den punktiert eingetragenen Umhüllenden wird ersichtlich, wie die Amplituden der Querauslenkung der Basilarmembran, vom ovalen

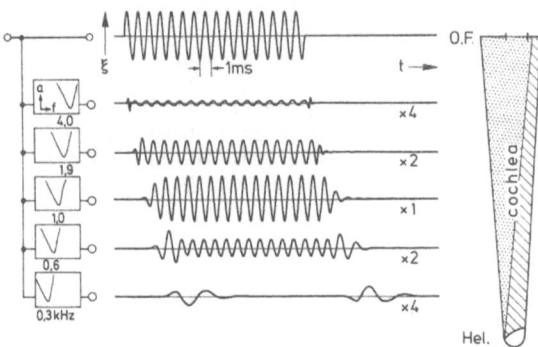

Abb.1.12. Reaktion der Basilarmembranauslenkung auf einen 1 kHz-Tonimpuls (oben) an 5 Stellen der Cochlea in Form von Selektivität und Laufzeit. Links: Veranschaulichung in Bandpässen. Man beachte die angegebenen Vergrößerungsfaktoren

Fenster her kommend, gegen das Helicotrema hin zunächst anwachsen und dann nach Erreichen eines Maximums rasch abfallen. Besonders deutlich ist die Transformation der Frequenzen in verschiedene Orte.

Am Beispiel eines Tonimpulses soll das Frequenzauflösungsvermögen des Innenohres weiter verdeutlicht werden. In Abb.1.12 ist links ein Schaltschema angegeben, mit dessen Hilfe sich der Elektrotechniker den Vorgang der Frequenzauflösung im Innenohr veranschaulichen kann. Eine Schaltung mit verschiedenen parallel geschalteten Bandpässen (oben hohe, unten tiefe Durchlaßfrequenzen) teilt den Frequenzbereich in verschiedene Abschnitte auf. Welche Signalanteile diese Bandpässe durchlassen, wird jeweils für sich betrachtet. Auf der rechten Seite von Abb.1.12 ist die Cochlea in ausgestreckter Form dargestellt. In ihr wird die links dargestellte Aufteilung in einzelne Frequenzbänder durchgeführt. Der 1 kHz-Tonimpuls, der auf das ovale Fenster gegeben wird, erzeugt am Ausgang des ersten Bandpasses zunächst einen kurzen Stoß und dann eine Schwingung, die der hohen Dämpfung dieses ersten Bandpasses für die Frequenz 1 kHz entspricht. Die kurzen Impulse am Anfang und am Ende der Zeitfunktion entsprechen dem Kurzzeitspektrum, das beim Einschalten und beim Abschalten des Tonimpulses im Frequenzbereich um 4 kHz erzeugt wird. An der dem zweiten Bandpaß (1,9 kHz) entsprechenden Stelle der Basilarmembran ist die Schwingung schon sehr viel größer, und der Einschwing- und Ausschwingvorgang gliedert sich fast normal an die Schwingungsform an. Bei 1 kHz ist die maximale Schwingungsamplitude erreicht. Der Einschwingvorgang geht dem Einschwingen der Mittenfrequenz entsprechend vor sich, ebenso der Ausschwingvorgang. Bei den Bandpässen für 0,6 kHz bzw. 0,3 kHz ist die eigentliche Tonfrequenz von 1 kHz wieder kleiner geworden bzw. völlig verschwunden. Die Ein- und Ausschwingvorgänge sind jedoch deutlich sichtbar.

Abbildung 1.12 zeigt darüber hinaus, daß die Antwort der Bandpässe und entsprechend die Auslenkung der Basilarmembran in der Cochlea mit Laufzeit verbunden ist. Hohe Töne und hohe Frequenzanteile, welche die Cochlea am Eingang in Schwingung versetzen, besitzen kleine Laufzeiten, tiefe Töne, die bis zum Helicotrema hin laufen müssen, brauchen länger und besitzen dementsprechend große

Laufzeiten. Bis zur Mitte der Cochlea (etwa 1,5 kHz) betragen die Laufzeiten etwa 1,5 ms, bis zum Ende etwa 5 ms. Abbildung 1.11 und Abbildung 1.12 veranschaulichen die Wirkung des Innenohres bei der Frequenzauflösung und die damit verbundenen Laufzeiteffekte besonders deutlich.

1.4.4 Neuronale Verarbeitung

Der Informationsfluß vom Innenohr in Richtung Gehirn läuft über den Hörnerv (Abb.1.8), der etwa 30 000 Hörnervenfasern enthält. Diese Fasern zeigen unterschiedliche Spontanaktivität, unterschiedliche Amplitudenübertragung und unterschiedliche Frequenzcharakteristik.

Die Entstehung von Aktionspotentialen wird dadurch eingeleitet, daß die Potentiale in der Sinneszelle die Abgabe von Neurotransmittersubstanzen der afferenten Synapsen beeinflussen. Diese chemischen Synapsen sind normalerweise auch ohne Reiz aktiv und geben in zufälliger zeitlicher Verteilung kleine Mengen des Transmitterstoffes ab. Diese Menge genügt hin und wieder, um ein Aktionspotential in der postsynaptischen Membran auszulösen, d.h. die sogenannte Spontanaktivität der primären Hörnervenfasern hervorzurufen. Das durch den Reiz erzeugte Rezeptorpotential erhöht die Abgabe von Transmittersubstanz, so daß eine erhöhte Rate von Aktionspotentialen zu beobachten ist. Bei tiefen Frequenzen wird das Entstehen des Aktionspotentiales synchron zum Verlauf der Schwingungen der erregenden Frequenz entstehen. Bei hohen Frequenzen sind diese schwingungssynchronen Muster jedoch nicht mehr vorhanden. Die Spontanaktivität einzelner Nervenfasern liegt zwischen 1 und mehr als 100 Potentialen pro Sekunde.

Meist wird gefunden, daß die Fasern mit höherer Spontanaktivität empfindlicher sind als die Fasern mit niedriger Spontanaktivität. Alle Fasern besitzen jedoch einen dynamischen Bereich von nur etwa 40 dB. Abbildung 1.13 zeigt solch einen Bereich für eine Faser, deren charakteristische Frequenz (d.i. diejenige Frequenz, bei der die Faser noch bei kleinster Erregung antwortet) bei 1,5 kHz liegt. Aufgezeichnet ist die Entladungsrate, die gemessen wird, wenn der Pegel von kleinen nach großen Werten steigt. Von einer Spontanaktivität bei etwa 20 Aktionspotentialen/s steigt die Entladungsrate bis nach etwa 150/s an. Für 1,5 kHz ist dieser Sättigungswert schon bei etwa 50 dB Schallpegel erreicht. Wird dieselbe Faser mit einem Ton der Frequenz 0,7 kHz angeregt, so fängt der Anstieg erst bei 50 dB an und reicht bis 80 dB. Für hohe Frequenzen oberhalb der charakteristischen Frequenz (hier 2,5 kHz) ist der Anstieg etwas flacher, aber auch hier ist eine Sättigung nach etwa 50 dB vorhanden. Verschiedene Fasern haben verschiedene Sättigungsentladungsraten. Sie können Werte bis etwa 300/s erreichen. Wegen der starken nichtlinearen Effekte wird die Frequenzabhängigkeit der Nervenfaser meist an der Schwelle gemessen. Dazu wird der Schalldruckpegel in Abhängigkeit von der Frequenz gerade so weit gesteigert, daß die Spontanaktivität um einen kleinen Wert, der konstant gehalten wird, anwächst. Der zur Erreichung dieses Schwellenkriteriums als Funktion der Frequenz gemessene Schalldruckpegel (siehe Abb.1.14) charakterisiert die Frequenzabhängigkeit und wird als Tuningkurve bezeichnet. Der tiefste Punkt, also diejenige Frequenz, bei der der kleinste Pegel zum Erreichen des Kriteriums notwendig ist, wird als charakteristische Frequenz bezeichnet. Die Tuningkurve der in Abb.1.14 dargestellten Nervenfaser besitzt eine charakteristische Frequenz von 5 kHz. Ihr Verlauf ist typisch. Mit besonders kleinen Elektroden konnten auch Tuningkurven in Haarzellen gemessen werden. Sie zeigen einen gleichartigen Verlauf. Ähnliche Tuningkurven können auch mit psychoakustischen Meßmethoden gefunden werden. Dies läßt den Schluß zu, daß das Frequenzauflösungsvermögen des Hörsystems sehr peripher verursacht wird.

Bei tiefen Frequenzen werden die Aktionspotentiale zeitlich synchron zur periodischen Schwingung des Reizes abgegeben. Abbildung 1.15 zeigt ein Beispiel für eine Frequenz von 200 Hz. Eine Nervenfaser, deren charakteristische Frequenz bei 300 Hz liegt, zeigt eine Verteilung der Häufigkeit der Antwort über der Periodendauer T des erregenden Reizes dergestalt, daß innerhalb der Dauer eines

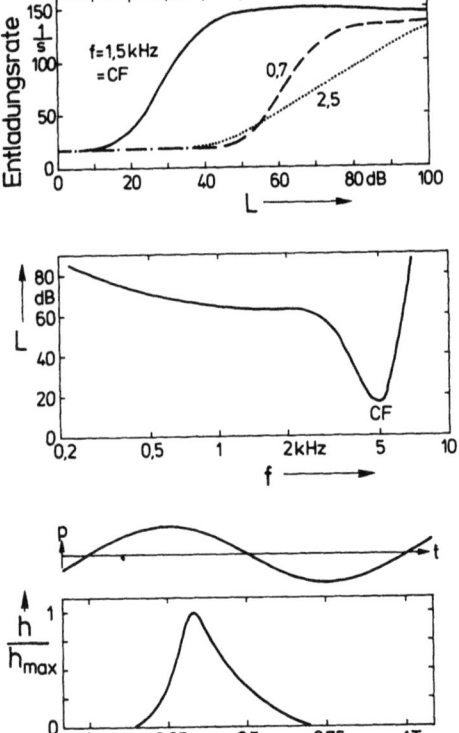

Abb.1.13. Dynamikbereich (Entladungsrate als Funktion des Schalldruckpegels) einer Nervenfaser mit der charakteristischen Frequenz (CF) von 1,5 kHz für drei Frequenzen

Abb.1.14. Tuningkurve (zum Erreichen eines Schwellenkriteriums notwendiger Schallpegel als Funktion der Frequenz) einer Nervenfaser

Abb.1.15. Schalldruck-Zeitfunktion und Häufigkeitsverteilung der Aktionspotentiale innerhalb einer Periode T

Viertels der Periode über 80 % der Aktionspotentiale abgegeben werden. Da der Schalldruckzeitverlauf noch nichts über den Verlauf des adäquaten Reizes der Sinneszelle aussagt, kann aus diesem Zusammenhang zwar auf eine reizsynchrone Aktivität geschlossen werden, nicht aber auf eine exakte Zuordnung der Zeitfunktion des adäquaten Reizes zum Zeitpunkt der Auslösung von Aktivität.

Das Auftreten von Aktionspotentialen ist nicht nur von der Amplitude des Reizes, sondern auch von der Vorgeschichte abhängig. Ein Amplitudenanstieg wird mit einer vermehrten Aktivität, eine Amplitudenreduktion mit einer verminderten Aktivität beantwortet. Letztere kann so stark sein, daß sogar die Spontanaktivität aufhört. Wie diese Vorgänge mit dem Synchronismus der Aktionspotentiale bei tiefen Frequenzen zusammenwirken, ist in Abb.1.16 erläutert. Dort sind Ergebnisse eines Funktionsmodells dargestellt. Der Schalldruckpegel eines 300 Hz-Tones wird periodisch um 20 dB abgesenkt. Die Zeitfunktion der dem Reiz der Sinneszelle entsprechenden Größe ist sowohl zeitlich verzögert als auch verschliffen (vergl.Abb.1.12). Die Aktionspotentiale treten reizsynchron aber trotz gleicher Amplitude des Reizes unterschiedlich häufig auf.

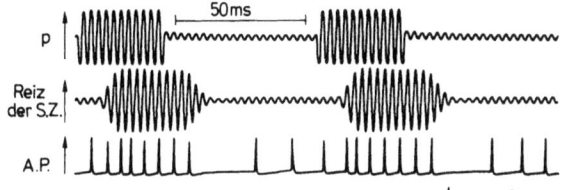

Abb.1.16. Reizsynchrone Aktionspotentiale, die von einem zeitlich strukturierten Schall hervorgerufen werden. (Ergebnisse aus einem Modell, zur Veranschaulichung)

Die neuronale Innervation der Sinneszellen ist recht kompliziert. Es gibt afferente (die Information läuft zum Gehirn) und efferente (die Information läuft vom Gehirn weg zu den Sinneszellen) Fasern. Fast alle afferenten Fasern des Gehörnervs finden Kontakt zu den inneren Haarzellen. Die Zuordnung ist so, daß jede Faser mit nur einer Haarzelle in Verbindung steht. Jede innere Haarzelle ist jedoch mit etwa 20 afferenten Nervenfasern verbunden. Nur 5 % der afferenten Fasern des Hörnervs kommen von äußeren Haarzellen. Sie laufen im Cortischen Organ etwa einen halben Millimeter in Richtung des Helicotrema bei verschiedenen äußeren Haarzellen vorbei, mit denen sie auch innervieren, bevor sie in Richtung Gehirn in den Gehörnerv abbiegen. Wohin sie gehen und ob sie überhaupt zum Gehirn weiterführen, ist noch unklar.

Die äußeren Sinneszellen haben jedoch eine sehr starke efferente Innervation. Sie ist wesentlich größer als diejenige der inneren Sinneszellen. Dies macht wahrscheinlich, daß die äußeren Haarzellen über einen Regelungs- oder Rückkopplungsprozeß auf die inneren Haarzellen einwirken. Eindeutige Ergebnisse darüber liegen jedoch noch nicht vor.

Die Frequenz-Orts-Transformation wurde als eine der wichtigsten Charakteristiken der Cochlea bezeichnet. Die regelmäßige und systematische Orts-Frequenzzuordnung, die auch als tonotopische Organisation bezeichnet wird, findet sich in allen höheren Zentren der Verarbeitung wieder. Selbst in der Hirnrinde ist diese tonotopische Zuordnung noch zu finden. Auf die einzelnen Schaltstellen und die verschiedenen Verarbeitungszentren soll hier jedoch nicht näher eingegangen werden.

Teil II: **Quasistationäre Vorgänge**
2. Ruhehörschwelle und Hörfläche

Wie wir später sehen werden, sind für unser Gehör stationäre Vorgänge solche, die länger als etwa 200 ms dauern. Ein Einfluß der Zeitstruktur ist dann meßbar, wenn die Schalle kürzer sind als 200 ms, was häufig der Fall ist. Im eigentlichen Sinne können sie dann nicht mehr als stationäre Schalle bezeichnet werden. Bei der Sprache z.B. ist die Dauer der einzelnen Laute meist deutlich kürzer als 200 ms. Lediglich die Vokale sind bei verhältnismäßig langsamer Sprechweise vereinzelt bis zu 200 ms lang. In vielen Fällen wird trotzdem auch bei Sprachsignalen von der Vorstellung eines quasistationären Zustands Gebrauch gemacht. Dies ist eine brauchbare Näherung, die für Schalle, welche eine Dauer von 50 ms nicht unterschreiten, gerne angewandt wird.

2.1 Ruhehörschwelle

Die Ruhehörschwelle ist derjenige Schalldruckpegel eines Sinustones, der in Abhängigkeit von seiner Frequenz gerade noch wahrgenommen wird. Üblicherweise wird die Frequenzachse logarithmisch beziffert. Die Ruhehörschwelle wird auch als absolute Hörschwelle bezeichnet. Sie kann von Versuchspersonen - auch wenn sie nicht geübt sind - mit großer Sicherheit und deswegen auch gut reproduzierbar angegeben werden.

Zur Messung der Ruhehörschwelle wird häufig die Methode des pendelnden Einregelns (vergl.Abschn.1.2.2) benützt. Mit Hilfe eines Schalters kann die Versuchsperson den Schallpegel so steuern, daß der Ton abwechselnd mit Sicherheit eben hörbar und mit Sicherheit eben unhörbar wird. Während die Versuchsperson dies tut, ändert sich die Frequenz langsam von tiefen nach hohen Frequenzen oder auch umgekehrt von hohen nach tiefen Frequenzen. Die Zu- und die Abnahme des Schalldruckpegels als Funktion der Zeit, d.h. als Funktion der Frequenz, wird aufgezeichnet. So entsteht eine Registrierung, wie sie in Abb.2.1 dargestellt ist. Der Durchlauf von tiefen nach hohen Frequenzen dauert etwa 15 Minuten. Der Pegel muß eine feine Stufung von 2 dB oder weniger besitzen. Ist die Stufung größer,

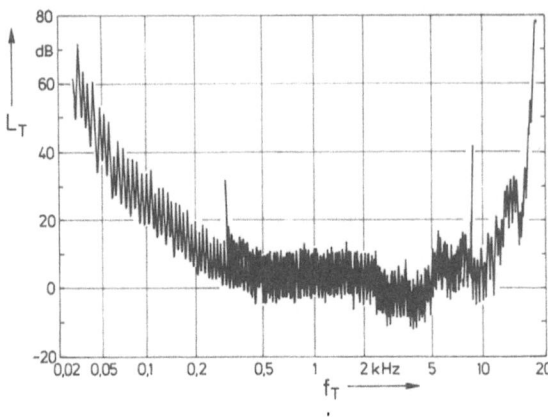

Abb.2.1. Mit der Methode des pendelnden Einregelns registrierte Ruhehörschwelle L_T als Funktion der Frequenz f_T (zwischen 300 Hz und 8 kHz zweimal gemessen)

so werden bei mittleren und hohen Pegeln Knacke beim Umschalten von Stufe zu Stufe wahrnehmbar. Um zu zeigen, wie reproduzierbar die Ruhehörschwelle auch in all ihren Feinheiten ist, wurde in Abb.2.1 die Ruhehörschwelle mit dem Audiometer im Frequenzbereich zwischen 300 Hz und 8 kHz zweimal geschrieben.

Die in Abb.2.1 angegebene Ruhehörschwelle gehört zu einer bestimmten Versuchsperson. Sie zeigt jedoch den charakteristischen Verlauf, wie er bei vielen Versuchspersonen mit normalem Gehör gemessen wird. Bei tiefen Frequenzen liegt die Ruhehörschwelle verhältnismäßig hoch. Sie erreicht bei 50 Hz einen Pegel von etwa 40 dB und bei 200 Hz einen Pegel von etwa 15 dB. Zwischen 500 Hz und 2 kHz ist die Ruhehörschwelle für die gewählte Versuchsperson fast unabhängig von der Frequenz. Dies ist verhältnismäßig selten; meist sinkt die Ruhehörschwelle etwas ab. Im Bereich zwischen 2 und 5 kHz zeigt fast jede Versuchsperson mit normalem Gehör einen deutlich empfindlicheren Bereich, in dem auch Werte unter 0 dB erreicht werden. Oberhalb dieses Frequenzbereiches schwankt die Ruhehörschwelle individuell unterschiedlich zunächst etwas auf und ab und verbleibt dabei im Bereich zwischen 0 und 10 dB. Oberhalb 12 kHz steigt die Ruhehörschwelle jedoch in den meisten Fällen zügig an, um bei etwa 16 kHz eine Grenze zu erreichen, oberhalb der Hörempfindungen von Tönen auch bei großen Pegeln nicht mehr hervorgerufen werden. Voraussetzung dabei ist, daß es sich um Versuchspersonen handelt, die das Alter von etwa 25 Jahren nicht überschritten haben und die noch keinen gehörschädigenden Schallen ausgesetzt wurden.

Als Verlauf der mit der Methode des pendelnden Einregelns gemessenen Ruhehörschwelle einer einzelnen Versuchsperson wird der Mittelwert zwischen den Maxima und den Minima des registrierten Schalldruckpegelverlaufes bezeichnet.

Wird eine große Zahl von Versuchspersonen - im vorliegenden Falle über einhundert - zur Registrierung ihrer Ruhehörschwellen herangezogen, so kann aus den gewonnenen Ergebnissen ein Mittelwert für die Ruhehörschwelle abgeleitet werden. Abbildung 2.2 zeigt den Zentralwert der Ergebnisse als durchgezogene Kurve. Außerdem sind noch die Kurven angegeben, unter denen 10 % bzw. 90 % der Hörschwellen liegen. Ruhehörschwellen, die unter dem letztgenannten Wert liegen, werden üblicherweise noch als normal angesehen. Der Schalldruckpegel von 0 dB und der Wert 1 kHz für die Frequenz des Testtones sind in Abb.2.2 besonders markiert. Es zeigt sich, daß die mittlere Ruhehörschwelle bei 1000 Hz nicht durch den Wert 0 dB hindurchgeht, sondern bei etwa 3 dB verläuft. Zwischen 2 kHz und 5 kHz ist die Empfindlichkeit des Gehörs am größten, nach tiefen Frequenzen steigt die Ruhehörschwelle langsamer an als nach hohen Frequenzen. Die Differenz zwischen dem 90 %-Wert und dem 10 %-Wert ist bei mittleren Frequenzen am kleinsten. Sie wächst nach tiefen Frequenzen etwas an. Bei höheren Frequenzen ist dieser Unterschied größer. Insbesondere ist auffällig, daß der 90 %-Wert die Empfindlichkeitssteigerung zwischen 2 kHz und 5 kHz praktisch nicht zeigt. Vermutlich hängt das damit zusammen, daß ein kleiner Teil der jungen Versuchspersonen bereits eine geringe Hörschädigung in diesem Frequenzbereich erfahren hat. Dies kann auch als Hinweis darauf angesehen werden, daß das gesunde Gehör im Frequenzbereich zwischen 2 kHz und 5 kHz zuerst geschädigt wird, wenn bei lauter Schalleinwirkung die Schädigungsgrenze überschritten wurde.

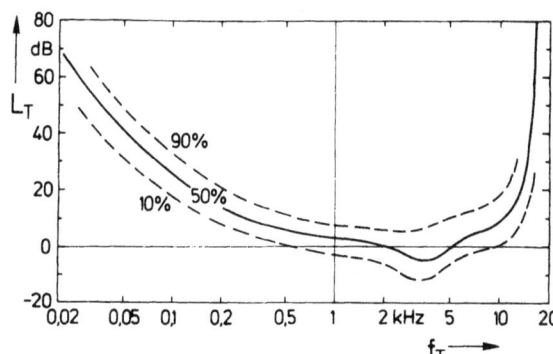

Abb.2.2 Zentralwert (sowie 10 %- und 90 %-Wert) der Ruhehörschwelle L_T von Versuchspersonen unter 25 Jahren in Abhängigkeit von der Frequenz f_T

Mit fortschreitendem Alter hört der Mensch schlechter. Die Abnahme der Empfindlichkeit konzentriert sich jedoch vor allem bei hohen Frequenzen. Im Alter von 60 Jahren ist die Ruhehörschwelle bei 10 kHz etwa um 30 dB, bei 5 kHz etwa um 15 dB angehoben. Bei 2 kHz und bei tieferen Frequenzen ist die Empfindlichkeit auch im Alter von 60 Jahren noch genauso groß wie für das Alter von 20 Jahren. Dabei muß jedoch vorausgesetzt werden, daß das Gehör nicht (z.B. durch tägliches Arbeiten in lärmerfüllten Räumen) geschädigt wurde. Im Alter von 40 Jahren ist die Verschiebung der Ruhehörschwelle nach größeren Werten etwa halb so groß wie bei 60jährigen.

2.2 Hörfläche

Die Ruhehörschwelle gibt einen unteren Grenzwert für das Hören von reinen Tönen in Abhängigkeit von der Frequenz an. Die Darstellung im doppeltlogarithmischen Maßstab hat sich dabei sehr gut bewährt, weil das Gehör einen Frequenzbereich von etwa 3 Dekaden und einen Schalldruckbereich von etwa 7 Dekaden umfaßt. In linearen Maßstäben läßt sich dieser große Bereich kaum darstellen. Die Ebene, die vom Schalldruckpegel und von der Frequenz (in logarithmischem Maßstab) aufgespannt wird, kann zur Darstellung der sogenannten Hörfläche benützt werden. Als Hörfläche wird das Gebiet zwischen der Ruhehörschwelle (Grenzwert nach kleinen Pegeln) und der Schmerzgrenze (Grenzwert nach hohen Pegeln) angesehen. In der Abb.2.3. sind diese Grenzwerte angegeben. Als Ordinatenmaßstäbe sind neben demjenigen des Schallpegels noch die Intensität und der Schalldruck angegeben. Sie machen den großen Bereich deutlich, innerhalb dessen das Gehör arbeiten kann. Durch verschiedene Schraffur sind diejenigen Bereiche angedeutet, in denen die Komponenten der Sprache bzw. die Komponenten der Musik liegen. Die Frequenzanteile dieser beiden Schallarten treten im unteren Bereich der Hörfläche auf. Beide liegen noch deutlich unter dem in Abb.2.3 ebenfalls angegebenen Grenzwert der Gefährdung. Dieser Grenzwert gilt für eine Beschallung von 8 Stunden pro Arbeitstag.

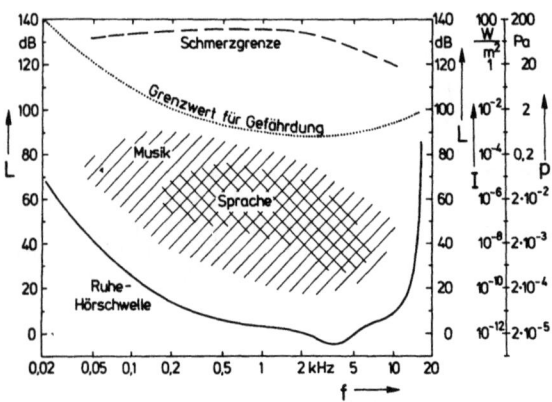

Abb.2.3. Hörfläche, d.h. Bereich zwischen Ruhehörschwelle und Schmerzgrenze

3. Verdeckung

Den Effekt der Verdeckung kennen wir aus dem Alltag. Unterhalten wir uns mit einem Partner in ruhiger Umgebung, so ist dazu nicht allzu große Lautstärke notwendig. Tritt jedoch plötzlich ein Störschall auf, wie z.B. beim Abladen eines mit Steinen beladenen Lastwagens oder beim Betätigen eines Preßluftbohrers, so wird der Sprachschall des Partners plötzlich unhörbar. Erst wenn der Partner seinen Sprachpegel erheblich steigert, kann die Sprache wieder wahrgenommen werden. Diesen Effekt bezeichnet man als Verdeckung. Die Sprache wird von dem Störschall verdeckt. Die Schwelle für die Hörbarkeit des Sprachschalles ist durch den Störschall angehoben worden. Erst durch erhebliche Steigerungen des Pegels des Sprachschalles wird die Hörbarkeitsgrenze wieder überschritten, so daß der Sprachschall erneut hörbar wird. Um die wichtigen Effekte der Verdeckung quantitativ genau angeben zu können, wird die sogenannte Mithörschwelle gemessen. Die Mithörschwelle gibt denjenigen Schalldruckpegel eines Testschalles (meist eines sinusförmigen Testtones) an, den dieser haben muß, damit er neben dem Störschall gerade noch wahrgenommen werden kann, d.h. gerade noch mitgehört wird. Nach dem obengenannten Beispiel wird deutlich, daß die Mithörschwelle immer oberhalb der Ruhehörschwelle liegt. Lediglich in Frequenzgebieten, in denen der Störschall keine wesentlichen Frequenzkomponenten enthält, geht die Mithörschwelle in die Ruhehörschwelle über.

Weil die Verdeckung ein wichtiger Teil der Psychoakustik ist, sollen damit zusammenhängende Effekte bereits hier erwähnt werden. Neben der vollständigen Verdeckung gibt es eine unvollständige Verdeckung. Sie ist immer vorhanden, wenn neben dem Testschall (Nutzschall) ein hörbarer Störschall wirkt, der die Lautstärkeempfindung des Testschalles mehr oder weniger stark reduziert. Ist der Störschall sehr leise, so ist seine Wirkung auf den Testschall sehr gering, die Lautstärkeempfindung des Testschalles bleibt erhalten. Ist der Störschall dagegen laut, so wird die Lautstärkeempfindung des Testschalles reduziert oder gedrosselt. Da der Testschall hörbar bleibt, also noch nicht vollständig verdeckt wird, sprechen wir von einer Drosselung der Lautstärkeempfindung. Wird der Störschall sehr laut, so wird der Testschall schließlich vollständig verdeckt, die Lautstärkeempfindung des Testschalles wird null, weil er nicht mehr hörbar ist. Der Übergang von ungestörter Hörbarkeit des Testschalles zu vollständiger Verdeckung verläuft nicht sprunghaft, sondern stetig. Die dabei auftretende Drosselung wird in Abschn.5.4 ausführlich beschrieben.

Neben diesen Effekten, bei denen Testschall und Störschall gleichzeitig, d.h. simultan dargeboten werden, gibt es auch nichtsimultane Effekte. Wird der Testschall (meist als kurzer Schallimpuls) zeitlich nach dem Störschall dargeboten, so bezeichnen wir dies als Nachverdeckung und die Grenze der Hörbarkeit des Testschalles als Nachhörschwelle. Wird dagegen der Testschall zeitlich vor dem Störschall dargeboten, so sprechen wir von Vorverdeckung und Vorhörschwelle (vergl. Kap.9). Die unvollständige Vorverdeckung wird - der oben benutzten Nomenklatur entsprechend - als Folgedrosselung bezeichnet (vergl.Abschn.10.2).

In den folgenden Abschnitten wollen wir uns jedoch zunächst ausschließlich mit der simultanen Verdeckung, meist vereinfacht Verdeckung genannt, beschäftigen. Im allgemeinen wird zur quantitativen Beschreibung der Verdeckung die Mithörschwelle von Sinustönen angegeben. Es können jedoch in besonderen Fällen auch noch andere Schalle, wie z.B. Schmalbandrauschen oder auch Klänge, als Testschalle benützt werden. Dies wird jedoch jeweils speziell angegeben. Wir wollen also im Regelfall unter Mithörschwelle den Schalldruckpegel von reinen Tönen verstehen, die neben einem Störschall gerade noch mitgehört werden können.

Ein anderer Ausdruck für Verdeckung ist Maskierung. Der Störschall wird als Maskierer bezeichnet, der den Testschall maskiert. Dies führte auch zu den Indizes bei Maskiererpegel (L_M) und Maskiererfrequenz (f_M).

3.1 Verdeckung durch Rauschen

Da Rauschen hier zum erstenmal vorkommt, soll eine knappe Zusammenstellung der für Rauschen gültigen Gesetzmäßigkeiten angegeben werden. Unter Weißem Rauschen wird ein Geräusch verstanden, das keine Tonhöhe und keinen Rhythmus besitzt und bei dem sich kein Frequenzabschnitt vom andern und auch kein Zeitabschnitt vom andern unterscheidet. Man kann sich das Weiße Rauschen aus sehr vielen, sehr dicht benachbarten Sinusschwingungen zusammengesetzt denken. Die Amplituden dieser Teilschwingungen sind sehr klein, aber gleich groß, ihre Frequenzen liegen zwischen der unteren Grenzfrequenz (etwa 20 Hz) und der höchsten vorkommenden Frequenz (etwa 20 kHz) gleichmäßig dicht. Die Nullphasenwinkel dieser Teilschwingungen müssen unabhängig voneinander und statistisch gleichmäßig über den ganzen Winkelbereich von $0°$ bis $360°$ verteilt sein. Wichtig für uns ist, daß sich für einen solchen Schall nicht die Amplituden der Schalldrucke, sondern die Schallintensitäten aller Teilschwingungen zur Gesamtintensität des Rauschens addieren, weil die einzelnen Teilschwingungen voneinander unabhängig, d.h. inkohärent sind.

Die Augenblicksamplituden von Rauschen (auch die von Schmalbandrauschen) gehorchen der Gaußschen Amplitudenverteilung. Demnach ist es auch nicht möglich, einen Spitzenwert, wie er z.B. bei Sinustönen angegeben wird, für Rauschen anzugeben. Vielmehr wird die Schallintensität oder der Effektivwert des Schalldruckes benützt (vergl.Abschn.1.3). In vielen Fällen ist es zweckmäßig, anstelle der Schallintensität I des Rauschens seine spektrale Schallintensitätsdichte dI/df anzugeben. Diese Dichte ändert sich bei den vorkommenden Schallen um einige Zehnerpotenzen. Dementsprechend ist es zweckmäßig, auch für diese Dichte einen Pegel, d.h. ein logarithmisches Maß zu benützen. Dazu wird anstelle des Differentialquotienten der Differenzenquotient $\Delta I/\Delta f$ herangezogen und daraus die Bezugsdichte abgeleitet, bei der für ΔI die kleine Bezugsintensität I_0 und für die Bandbreite Δf die Einheit 1 Hz eingesetzt wird. Somit wird die Bezugsdichte

$$I_0 = \frac{10^{-12} \text{ W/m}^2}{1 \text{ Hz}} . \tag{3.1}$$

Daraus ergibt sich der Schallintensitätsdichtepegel, der zur Unterscheidung vom Schallpegel L mit l gekennzeichnet wird.

$$l_R = 10 \cdot \lg \frac{d(\tilde{p}/20 \text{ }\mu\text{Pa})^2}{df/\text{Hz}} \text{ dB}. \tag{3.2}$$

Die Schallintensität ist proportional dem Quadrat des Effektivwertes des Schalldruckes. Dementsprechend kann der Schallintensitätsdichtepegel auch angegeben werden als

$$l_R = 10 \cdot \lg \frac{dI/(10^{-12} \text{ W/m}^2)}{df/\text{Hz}} \text{ dB}. \tag{3.3}$$

Wenn keine Verwechslungen auftreten können, wird der Schallintensitätsdichtepegel auch kurz als Dichtepegel bezeichnet.

Sehr häufig wird neben breitbandigem Rauschen auch schmalbandiges Rauschen bzw. Bandpaßrauschen benützt. Dabei wird mit Hilfe eines Schalldruckmessers der Effektivwert des Schalldruckes als einzige sinnvolle, das Rauschen charakterisierende Größe gemessen. Sind die Frequenzen f_o und f_u, zwischen denen Weißes Rauschen vorhanden ist, bekannt, kann der Dichtepegel aus dem Effektivwert des Schalldruckes wie folgt bestimmt werden:

$$l_{WR} = \left(20 \cdot \lg \frac{\tilde{p}}{20 \text{ }\mu\text{Pa}} - 10 \cdot \lg \frac{f_o - f_u}{\text{Hz}}\right) \text{ dB}. \tag{3.4}$$

Ist der Dichtepegel bekannt und soll der Schalldruckpegel L des zwischen zwei Frequenzgrenzen liegenden Bandpaßrauschens bestimmt werden, so gelingt dies über folgende Gleichung:

$$L = \left(l_{WR} + 10 \cdot \lg \frac{f_o - f_u}{Hz}\right) dB. \qquad (3.5)$$

Unter der Annahme, daß Weißes Rauschen zwischen 20 Hz und 20 kHz vorliegt, ergibt sich

$$L_{WR} = l_{WR} + 10 \cdot \lg(20000-20) \text{ dB} \approx l_{WR} + 43 \text{ dB}. \qquad (3.6)$$

Wird die Bandbreite des Rauschens in Δf angegeben, so gilt

$$L_{BPR} = l_{WR} + 10 \cdot \lg \frac{\Delta f}{Hz} \text{ dB}. \qquad (3.7)$$

Für die Bandbreite von 1 Hz geht L_{BPR} in l_{WR} über, wie dies entsprechend der Definition des Dichtepegels nach Gl.(3.2) zu erwarten ist.

Diese wenigen Gleichungen werden uns bei der quantitativen Beschreibung der Wirkung von Rauschen sehr nützlich sein.

3.1.1 Mithörschwelle für maskierende Breitbandrauschen

Weißes Rauschen besitzt eine von der Frequenz unabhängige Schallintensitätsdichte. Die von ihm durch Verdeckung erzeugten Mithörschwellen verlaufen - wie Abb.3.1 zeigt - nur bei tiefen Frequenzen horizontal. Oberhalb 500 bis 1000 Hz steigen sie mit der Frequenz an. Der Anstieg beträgt, wie die punktierte Linie zeigt, 10 dB/Dekade. Parameter in Abb.3.1 ist der Schallintensitätsdichtepegel l_{WR}. Wir entnehmen der Bezifferung, daß kleine Dichtepegel mit negativen Werten bereits eine Verdeckung hervorrufen können. Die Mithörschwellen liegen in dem frequenzunabhängigen Bereich bis 500 Hz bei Testtonpegeln, die etwa 17 dB höher sind als der Dichtepegel, der als Parameter angegeben ist. Die individuellen Unter-

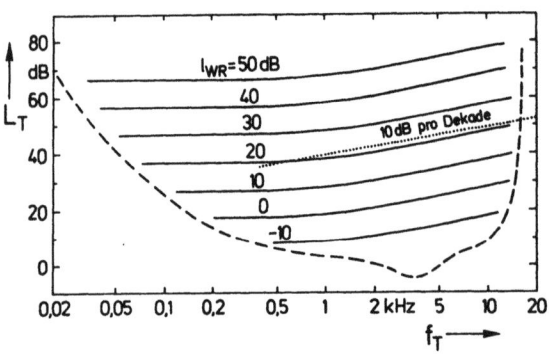

Abb.3.1. Mithörschwelle L_T von Testtönen verdeckt durch Weißes Rauschen (WR) mit verschiedenem Dichtepegel l_{WR} als Funktion der Testtonfrequenz f_T. Gestrichelt: Ruhehörschwelle

schiede zwischen den Mithörschwellen von verschiedenen Versuchspersonen sind
sehr klein. Schwankungen der Ruhehörschwelle als Funktion der Frequenz bilden
sich bei den Mithörschwellen nicht mehr ab. Eine Erhöhung des Dichtepegels um
10 dB verschiebt auch die Mithörschwelle um 10 dB. Bei tiefen und bei hohen Frequenzen gehen die Mithörschwellen in die Ruhehörschwelle über.

*In Darbietung 3.1 wird die Mithörschwelle für maskierendes Weißes Rauschen
bei Testtonfrequenzen von 500 Hz und 5 kHz bestimmt.*

Für manche Untersuchungen ist es sinnvoll, in einem weiten Frequenzbereich
eine horizontale, d.h. von der Frequenz unabhängige Mithörschwelle zu erzeugen.
Dies wird am einfachsten dadurch erreicht, daß im Frequenzgebiet oberhalb etwa
500 Hz das Rauschen in seinem Dichtepegel so abgesenkt wird, wie die Mithörschwelle von Weißem Rauschen ansteigt. In Abb.3.2 oben ist der Dämpfungsverlauf a_{GVR},
der dazu notwendig ist, aufgetragen. Wird Weißem Rauschen ein Dämpfungsglied
mit dieser Frequenzabhängigkeit der Dämpfung nachgeschaltet, so entsteht ein
Rauschen, das eine gleichmäßige, d.h. von der Frequenz unabhängige Verdeckung
hervorruft. Dieses Rauschen wird als Gleichmäßig Verdeckendes Rauschen bezeichnet. Die Mithörschwellen, die von solch einem Gleichmäßig Verdeckenden Rauschen
erzeugt werden, sind in Abb.3.2 unten dargestellt. Parameter ist der Dichtepegel l_{WR}, von dem die Dämpfung a_{GVR} abgezogen wird. Die Mithörschwellen sind in
weiten Bereichen von der Frequenz unabhängig und münden nur bei tiefen oder sehr
hohen Frequenzen in die frequenzabhängige Ruhehörschwelle ein.

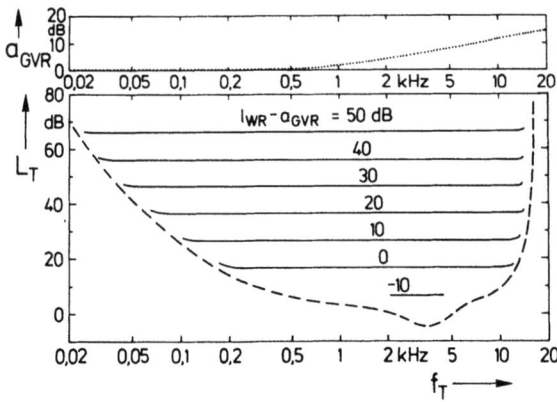

Abb.3.2. Frequenzabhängigkeit der Dämpfung a_{GVR} zur Erzeugung von Gleichmäßig Verdeckendem Rauschen (GVR) als Funktion der Frequenz (oben). Mithörschwelle L_T verdeckt durch Gleichmäßig Verdeckendes Rauschen verschiedenen Dichtepegels

3.1.2 Mithörschwelle für maskierende Schmalbandrauschen

Unter Schmalbandrauschen verstehen wir in diesem Zusammenhang Rauschen mit Bandbreiten, die gleich oder kleiner sind als die Frequenzgruppe, die wir später kennenlernen werden. Es ist zweckmäßiger, bei Schmalbandrauschen anstelle des Dichtepegels mit dem Pegel des Schmalbandrauschens zu rechnen. Umrechnungen sind mit Hilfe von Gl.(3.7) leicht möglich. Für frequenzgruppenbreites Rauschen (Δf_G = 100 Hz, 160 Hz, 800 Hz) mit den Mittenfrequenzen 0,25 kHz, 1 kHz und 4 kHz als maskierender Schall sind die Mithörschwellen in Abb.3.3 dargestellt. Der Pegel des Störrauschens beträgt in allen Fällen L_G = 60 dB. Zwei Effekte sind auffällig. Während der Verlauf der Mithörschwellen bei 4 kHz und 1 kHz ziemlich ähnlich ist, erscheint der Verlauf der Mithörschwelle bei 0,25 kHz deutlich verbreitert. Nach tiefen Frequenzen hin setzt offenbar eine Veränderung der Form der vom Schmalbandrauschen verursachten Mithörschwelle ein. Ein zweiter Effekt besteht darin, daß das erreichte Maximum nach höheren Frequenzen hin ein wenig an Höhe verliert, obwohl der Pegel der Störrauschen immer gleich gewählt wurde. Während die Differenz zu der gestrichelt eingetragenen 60 dB-Linie bei 0,25 kHz im Maximum nur 2 dB beträgt, wächst sie bei 1 kHz Bandmittenfrequenz auf 3 dB und bei 4 kHz Bandmittenfrequenz sogar auf 5 dB an.

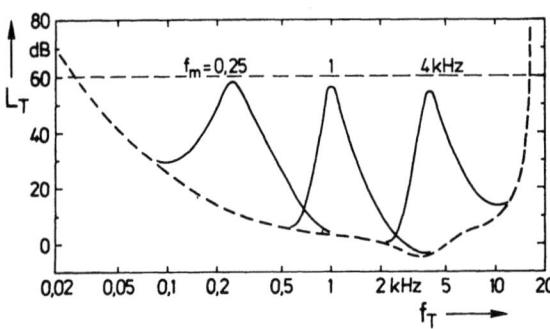

Abb.3.3. Mithörschwellen L_T verdeckt durch frequenzgruppenbreites Schmalbandrauschen des Pegels L_G = 60 dB und der Mittenfrequenzen f_m = 0,25 kHz, 1 kHz und 4 kHz.

Die Mithörschwellen steigen, von tiefen Frequenzen her kommend, steiler an als sie nach hohen Frequenzen hin abfallen. Der Anstieg ist verhältnismäßig steil und beträgt etwa 100 dB/Oktave. Damit dieser Anstieg überhaupt in der Mithörschwelle ausgemessen werden kann, müssen sehr steile Filter, d.h. sehr eindeutig begrenzte Schmalbandrauschen benützt werden. Andererseits macht die Steigung der Mithörschwellen deutlich, wie groß das Frequenzauflösungsvermögen des Gehörs ist.

In Abb.3.4 ist für ein Schmalbandrauschen mit der Mittenfrequenz von 1 kHz und 160 Hz Bandbreite als Störschall die Mithörschwelle für verschiedene Pegel des Störschalles aufgetragen. Alle Mithörschwellen zeigen einen sehr steilen Anstieg, der vom Pegel des Störrauschens weitgehend unabhängig ist. Sie erreichen ein Maximum, das jeweils um 3 dB unter dem Pegel des Störrauschens liegt. Nach höheren Frequenzen fallen die Mithörschwellen bei kleinen Pegeln steil ab, bei mittleren Pegeln und noch ausgeprägter bei hohen Pegeln wird dieser Abfall flacher. Die Frequenzabhängigkeit der Mithörschwelle hängt also vom Pegel des Störschalles ab. Diese Abhängigkeit ist ein nichtlinearer Effekt, der als nichtlineare Auffächerung der oberen Flanke bezeichnet wird. Bei 80 dB und 100 dB des Störrauschens ergeben sich oberhalb von 1000 Hz Einsattelungen in der Mithörschwelle, die auf das Hörbarwerden von Differenzrauschen zurückgeführt werden müssen. Die punktiert eingezeichneten Kurvenzüge geben denjenigen Verlauf wieder, der für die Hörbarkeit des Testtones maßgeblich ist.

In Darbietung 3.4 wird der Verlauf der Mithörschwelle für Bandpaßrauschen bei 1 kHz mit Hilfe von Tönen verschiedenen Pegels und verschiedener Frequenz abgeschätzt.

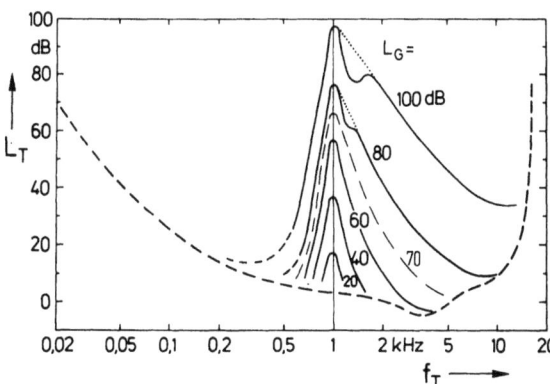

Abb.3.4. Mithörschwelle L_T verdeckt durch frequenzgruppenbreites Schmalbandrauschen der Mittenfrequenz 1 kHz mit verschiedenen Pegeln L_G

3.1.3 Mithörschwellen für maskierende Tiefpaß- und Hochpaßrauschen

Für einen Störschall, der aus Weißem Rauschen durch Begrenzung mit einem Tiefpaß bzw. mit einem Hochpaß der Grenzfrequenz 1 kHz entsteht, sind in Abb.3.5a bzw. 3.5b die zugehörigen Mithörschwellen dargestellt. Parameter ist in diesem Falle wieder - wie bei breitbandigem Rauschen - der Dichtepegel. Zur Erzeugung des Tief- bzw. Hochpaßrauschens wurden Filter mit sehr steiler Flanke (≥ 200 dB/Okt.) benützt. Trotzdem fallen - wie beim Schmalbandrauschen auch - die Flanken der Mithörschwelle nicht senkrecht bei 1 kHz ab. Sie verlaufen vielmehr ähnlich wie diejenigen von Schmalbandrauschen mit einer endlichen Steigung. Unterhalb der Grenzfrequenz (für Tiefpaßrauschen) entstehen Mithörschwellen, wie wir sie für Weißes Rauschen schon kennengelernt haben. Die Begrenzung des Rauschens beeinflußt offensichtlich den Verlauf der Mithörschwelle nur in der Umgebung der Grenzfrequenz. Demnach kann der Verlauf der Mithörschwellen von Hochpaß- und Tiefpaß-

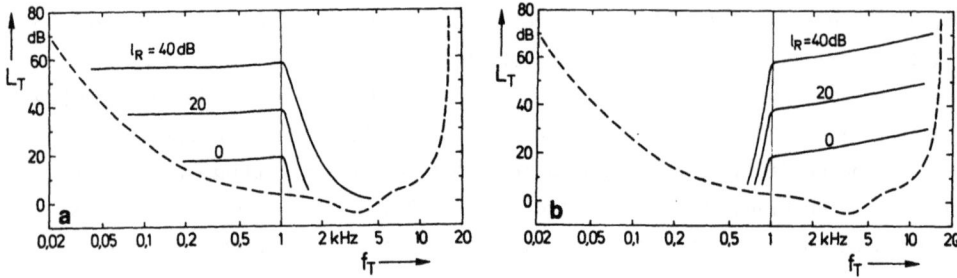

Abb.3.5. Mithörschwellen L_T von Teiltönen verdeckt durch Tiefpaßrauschen (a) bzw. Hochpaßrauschen (b) der Grenzfrequenz von 1 kHz für drei verschiedene Dichtepegel l_R in Abhängigkeit von der Testtonfrequenz (- - - = Ruhehörschwelle)

rauschen dadurch konstruiert werden, daß von Weißem Rauschen ausgegangen wird und an der Stelle der Grenzfrequenz des Rauschens die untere bzw. die obere Flanke der von Schmalbandrauschen erzeugten Mithörschwelle angegliedert wird. Dies macht deutlich, wie wichtig die Mithörschwellen von Schmalbandrauschen sind. Sie werden später häufig benützt werden.

3.2 Verdeckung durch Töne

3.2.1 Mithörschwelle für maskierende Sinustöne

Die Messung der Mithörschwelle eines Testtones, der durch einen einzelnen Sinusstörton verdeckt wird, macht insbesondere bei mittleren und großen Pegeln des Störtones einige Schwierigkeiten. In Abb.3.6 ist der Verlauf der Mithörschwelle eines Testtones in Abhängigkeit von seiner Frequenz bei Verdeckung durch einen 1 kHz-Störton mit 80 dB Pegel aufgetragen. Bei der Messung zeigt sich, daß die Versuchsperson in der Umgebung des 1 kHz-Tones das Zusetzen des Testtones nicht durch eine getrennte Tonhöhe wahrnimmt, sondern durch Schwebungen. Das Auftreten dieser Schwebungen, die ja ein ganz anderes Kriterium, nämlich die Hörbarkeit von Schwankungen, zur Anwendung kommen lassen, macht die Aussagen der Versuchsperson fragwürdig. Solche Schwebungsbereiche treten in der Umgebung von 1 kHz, bei 2 kHz und in geringem Maße bei 3 kHz auf. Neben diesen Schwebungen tritt ein weiterer Effekt auf, der noch schwieriger zu handhaben ist, weil er von der Versuchsperson, die in Hörversuchen nicht geübt ist, kaum erkannt wird. Bei einer Testtonfrequenz von z.B. 1,4 kHz gibt die Versuchsperson die Hörbarkeit des zugeschalteten Testtones schon bei kleinen Pegeln (etwa 40 dB) an. Eine genauere Nachprüfung zeigt aber, daß die Versuchsperson den Testton gar nicht gehört hat, sondern auf die Hörbarkeit eines Differenztones bei 600 Hz geachtet hat. Dieser Differenzton wird durch nichtlineare Verzerrungen - nicht identisch mit der nichtlinearen Auffächerung der oberen Flanke - im Gehör erzeugt. Sein Hörbarwerden entspricht

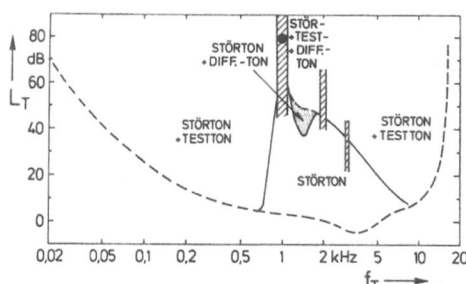

Abb.3.6. Mithörschwelle verdeckt durch einen Ton (1 kHz, 80 dB) mit den bei der Messung auftretenden Bereichen unterschiedlicher Wahrnehmung. Schraffiert: Schwebungsbereiche

nicht der gesuchten Mithörschwelle für den Testton. Der Testton selbst und insbesondere seine Tonhöhe wird erst dann erkannt, wenn der Pegel des Testtones (1400 Hz) auf etwa 50 dB gesteigert wird. Nur sehr geübte Versuchspersonen können unterscheiden zwischen der Schwelle für den Differenzton und der Schwelle für den Testton. In Abb.3.6 sind die Frequenz-Pegelbereiche markiert durch die Angabe der Schalle, die innerhalb der jeweiligen Flächen gehört werden. Die gesuchte Mithörschwelle ist diejenige Schwelle, die Bereiche voneinander trennt, in denen der Testton nicht bzw. in denen der Testton gehört wird.

Mit gut trainierten Versuchspersonen und unter Zuhilfenahme von apparativen Mitteln, welche die Hörbarkeit der Differenztöne vermindern, kann die Mithörschwelle von einzelnen Tönen gemessen oder wenigstens geschätzt werden. Im Bereich der Schwebungen ist keine eindeutige Messung möglich. Ein Meßpunkt in der Mitte des Hauptschwebungsbereiches wird bei der Identität von Testfrequenz und Störfrequenz dadurch erreicht, daß der Testton 90° phasenverschoben im Vergleich zum Störton zugesetzt wird. Abbildung 3.7 zeigt die unter Zuhilfenahme des genannten Verfahren erzielten Mittelwerte. Auch hier wird die steile untere Flanke deutlich. Im Gegensatz zu Abb.3.4 zeichnet sich jedoch die Tendenz ab, daß die untere Flanke bei kleinen Pegeln flacher ist als bei großen Pegeln. Die obere Flanke dagegen wird, wie in Abb.3.4, von kleinen nach großen Pegeln des Störers immer flacher. Das ausgeprägte Verdeckungsmaximum in der Umgebung des Störtones bleibt erhalten.

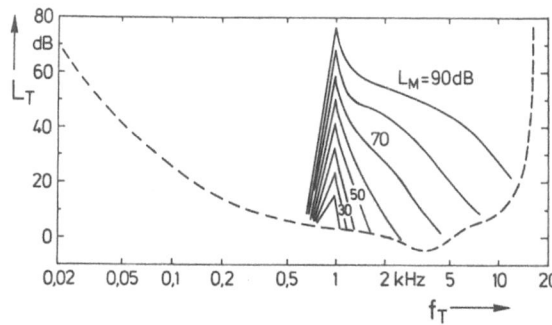

Abb.3.7. Mithörschwelle L_T verdeckt durch 1 kHz-Töne verschiedenen Pegels L_M. Der Verlauf kann in der Nähe von 1 kHz bis etwa 1,7 kHz bei mittleren und großen Pegeln L_M nur abgeschätzt werden

Die nichtlineare Auffächerung tritt auch bei Verdeckung durch Töne auf. Sie wird insbesondere deutlich, wenn Abszisse und Parameter in Abb.3.7 vertauscht werden, so daß Abb.3.8 entsteht. Die Mithörschwelle, d.h. der Pegel des Testtones, ist wiederum Ordinate. Parameter ist jetzt die Frequenz des Testtones, während der Pegel des Maskierers Abszisse ist. In dieser Darstellung entspricht zahlenmäßig gleiches Anwachsen von Maskiererpegel und Testtonpegel einer 45°-Geraden. Dies wird in brauchbarer Näherung für den 1 kHz-Testton über der Schwelle gefunden. Je höher die Testtonfrequenz gewählt wird, umso mehr weichen die Kurven in Abb.3.8 jedoch von der 45°-Geraden ab. Sie sind zunächst horizontal und entsprechen dort dem Wert der Ruhehörschwelle. Bei größeren Maskiererpegeln steigen sie sehr steil an und werden dann bei sehr großen Maskiererpegeln wieder flacher. Die Steigung dieser Kurven erreicht bei großem Abstand zwischen Testtonfrequenz und Maskiererfrequenz an den steilsten Stellen den Wert 3. Dort wächst der Testtonpegel dreimal stärker an als der Störschallpegel. Die in Abb.3.8 angegebenen Werte sind Mittelwerte. Individuelle Daten für eine einzelne Versuchsperson liefern Steigungen, die zum Teil deutlich größer sind, so daß der Zuwachs des Maskiererpegels um 1 dB eine Änderung der Mithörschwelle um bis zu 6 dB zur Folge hat.

Die in Abb.3.7 und Abb.3.8 angegebenen Werte gelten in entsprechender Form auch für andere Maskiererfrequenzen. Dabei gilt das gleiche, was für Schmalbandrauschen als verdeckenden Schall (Abb.3.3) bereits gesagt wurde: Bei tiefen Frequenzen der Maskierer werden die Mithörschwellen als Funktion der Testtonfrequenz etwas breiter, oberhalb von 500 Hz können die Kurven im wesentlichen durch horizontale Verschiebung gewonnen werden. Das Maximum tritt an der Stelle auf, an welcher die Frequenz des Maskierers liegt.

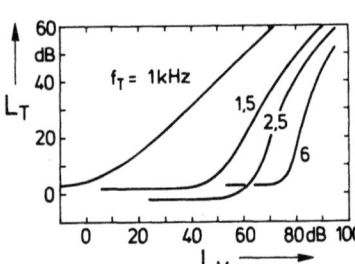

Abb.3.8. Mithörschwelle L_T als Funktion des Pegels L_M des Maskierers (1 kHz-Ton) für verschiedene Frequenzen f_T des Testtones

3.2.2 Mithörschwelle für maskierende Töne und Klänge

Nur wenige Schalle, die in der Natur vorkommen, sind einigermaßen vergleichbar mit einem reinen Ton. Die Töne, die einige Singvögel abgeben, gehören dazu. Der Flötenton kann mit Einschränkungen ebenfalls als reiner Ton bezeichnet werden. Im allgemeinen sind die Töne der Musikinstrumente jedoch sehr obertonhaltig. Sie sind zusammengesetzt aus einer großen Zahl von harmonischen Schwingungen. Je nach Zusammensetzung der Amplituden bzw. Pegel dieser Teiltöne sind die von solchen Störschallen hervorgerufenen Mithörschwellen sehr verschieden. Eine Trompete mit sehr vielen harmonischen Teiltönen verursacht eine viel breitbandigere Verdeckung als eine Flöte, deren Ton ein Spektrum besitzt, das fast nur aus einer einzigen Linie besteht. Für einen 200 Hz-Ton mit 10 Harmonischen, die alle gleiche Amplitude besitzen, deren Phase jedoch statistisch verteilt ist, sind in Abb.3.9 die Mithörschwellen eingetragen für die beiden Fälle, daß die einzelnen Teiltöne Schallpegel von 40 bzw. von 60 dB besitzen. Während bei tiefen Frequenzen der Abstand der Teiltöne (im logarithmischen Maß) noch verhältnismäßig groß ist, schrumpft er bei der neunten oder zehnten Harmonischen sehr erheblich. Dementsprechend zeigen die Mithörschwellen zwischen der ersten und der zweiten Harmonischen Einsattelungen, die mit zunehmender Frequenz des Testtones kleiner und kleiner werden. Bei 1,5 kHz bis 2 kHz können die geringen Schwankungen der Mithörschwellen kaum noch ausgemessen werden. Bei Frequenzen oberhalb der letzten Harmonischen, in unserem Falle 2 kHz, fallen die Mithörschwellen nach höheren Frequenzen hin ab und zwar umso flacher, je größer der Pegel pro Ton ist. Diesen Effekt der nichtlinearen Auffächerung kennen wir bereits von den von Einzeltönen hervorgerufenen Verdeckungseffekten (Abb.3.7).

Werden anstelle von Tönen, die aus vielen Harmonischen aufgebaut sind, Klänge (z.B. Akkorde) als verdeckende Schalle benützt, so treten weitere Linien auf, die als Maskierer wirken. Dementsprechend werden die Mithörschwellen mehr und mehr verflacht, die Einsattelungen verschwinden. Im übrigen gelten auch für musikalische Klänge dieselben Gesetze wie sie in Abb.3.9 für Klänge von 10 Harmonischen deutlich geworden sind.

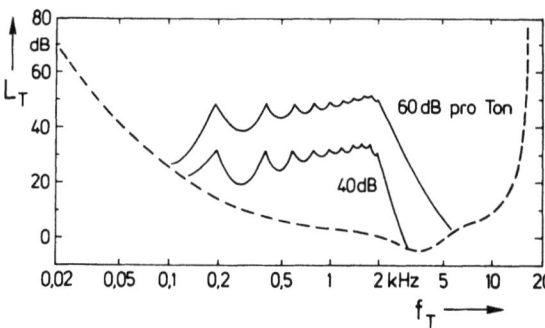

Abb.3.9. Mithörschwelle L_T, verdeckt durch 200 Hz-Töne, die aus den ersten 10 harmonischen mit je 40 dB/Ton bzw. 60 dB/Ton bestehen, als Funktion der Testtonfrequenz f_T

3.3 Frequenzgruppe und Verdeckung

Obwohl Weißes Rauschen einen von der Frequenz unabhängigen Schallintensitätsdichtepegel besitzt, sind die Mithörschwellen, verdeckt durch Weißes Rauschen, nur bis etwa 500 Hz frequenzunabhängig. Danach steigen sie an, ab 1000 Hz mit etwa 10 dB pro Dekade. Dieser Effekt ist in Abb.3.1 dargestellt. Da wir sowohl bei der Mithörschwelle für maskierende Schmalbandrauschen als auch bei der Mithörschwelle für maskierende Töne ein sehr gutes Frequenzauflösungsvermögen des Gehörs kennengelernt haben, erscheint die Annahme sinnvoll, daß das Gehör das Weiße Rauschen nicht als Ganzes, sondern in getrennten, verhältnismäßig schmalen Frequenzbändern aufnimmt. Wenn das Gehör zur Bildung der Mithörschwelle ein Kriterium benützt, das von der Frequenz unabhängig ist, dann müssen diese Frequenzbänder unter 500 Hz etwa dieselbe Breite haben. Weil die Dichte des Weißen Rauschens frequenzunabhängig ist, muß auch die Leistung in den genannten Frequenzbändern konstanter Breite frequenzunabhängig sein. Bei höheren Frequenzen dagegen muß die Breite dieser Frequenzbänder etwa proportional mit der Frequenz zunehmen. Dies bedeutet, daß bei Verzehnfachung der Frequenz die Bandbreite auch um den Faktor 10 gewachsen ist: Der Pegel, der bei frequenzunabhängiger Intensitätsdichte in solch ein Frequenzband fällt, nimmt bei Verzehnfachung der Frequenz um 10 dB zu. Gehen wir von der Annahme aus, daß das Gehör dann einen Ton wahrnimmt, wenn die Leistung dieses Tones genauso groß ist wie die Leistung des Rauschanteils, der in dasjenige Frequenzband fällt, in welchem auch der Ton liegt, so läßt sich die Bandbreite folgendermaßen abschätzen: Für den Frequenzbereich unter 500 Hz ist die Mithörschwelle um 17 dB größer als der Dichtepegel des Weißen Rauschens (vgl.Abb.3.1). Da der Mithörschwellenpegel und der Pegel des in das gesuchte Frequenzband fallenden Rauschanteiles gleich sein sollen, der Dichtepegel mit einer Bandbreite von 1 Hz gebildet wird, ergibt sich, daß die Bandbreite um den Faktor $10^{17/10} \simeq 50$ größer sein muß als 1 Hz. Sie beträgt also rund 50 Hz bei tiefen Frequenzen. Die Annahme, daß an der Mithörschwelle der Pegel des Testtones und der Pegel des in die gesuchte Bandbreite fallenden Rauschanteiles gleich sind, wird sich - wie später erläutert wird - nicht ganz bestätigen. In Wirklichkeit ist die Intensität des Tones an der Mithörschwelle nur 1/2 bis 1/4 des Rauschanteiles. Für eine erste Abschätzung ist obige Überlegung jedoch ganz zweckmäßig. Sie gibt uns Hinweise dafür, daß wir für die gesuchten Frequenzbänder, die wir Frequenzgruppen nennen, Bandbreiten zu erwarten haben, die bei tiefen Frequenzen etwa 100 Hz betragen, bei Frequenzen über 500 Hz jedoch etwa proportional mit der Frequenz anwachsen, d.h. wesentlich breiter werden.

3.3.1 Frequenzgruppe an der Ruhehörschwelle oder an der Mithörschwelle bei Verdeckung durch Gleichmäßig Verdeckendes Rauschen

In Abb.2.1 ist ein Beispiel dafür dargestellt, daß einzelne Versuchspersonen in einem größeren Bereich eine von der Frequenz unabhängige Ruhehörschwelle besitzen können. Für solch eine Versuchsperson läßt sich das Experiment durchführen, dessen Ergebnis in Abb.3.10 dargestellt ist. Zunächst wird die Ruhehörschwelle eines einzelnen Tones gemessen. Diese Ruhehörschwelle liegt im vorliegenden Fall bei einem Schallpegel des Testtones L_T = + 3 dB. Die Frequenz dieses Testtones ist 920 Hz. Die nächste Ruhehörschwelle wird mit einem Testtonpaar gemessen. Die Frequenz von 920 Hz bleibt für den ersten Ton erhalten. Die Frequenz des zweiten Testtones ist um 20 Hz höher, liegt also bei 940 Hz. Der Pegel beider Töne ist gleich groß und wird gemeinsam variiert. Die Versuchsperson bekommt jetzt die Aufgabe, für dieses Tonpaar die Ruhehörschwelle zu bestimmen. Dabei stellt sie im Mittel Werte ein, die bei einem Pegel jedes Einzeltones von 0 dB liegen, d.h. der Pegel des Einzeltones ist um 3 dB verringert worden; die Gesamtleistung beider Töne gemeinsam ist jedoch für die Bildung der Ruhehörschwelle genau so groß wie die Leistung eines einzelnen Tones. Das Experiment wird nun mit 4 Einzeltönen, die jeweils einen Abstand von 20 Hz haben, weitergeführt. Die Frequenzen sind jetzt 920, 940, 960 und 980 Hz. Wieder sind die Pegel aller Teiltöne gleich groß und werden gemeinsam variiert. Die Versuchsperson findet die Ruhehörschwelle für den 4-Ton-Komplex für Schallpegel L_T = - 3 dB pro Einzelton. Bei Verdopplung der Zahl der Teiltöne nimmt demnach die Ruhehörschwelle jeweils um 3 dB ab. Der Gesamtpegel ist jedoch immer noch genau so groß wie am Anfang der Pegel eines einzelnen Tones. Wird das Experiment fortgesetzt mit 8 Tönen, so stellt die Versuchsperson einen Pegel je Teilton ein, der wiederum um 3 dB tiefer liegt, d.h. jetzt bei L_T = - 6 dB. Aus diesem Verlauf des Pegels der Ruhehörschwelle mit zunehmender Teiltonzahl kann entnommen werden, daß das Gehör ganz offensichtlich die Schallintensitäten der Einzeltöne zu einer Gesamtintensität zusammenfaßt und die Ruhehörschwelle aufgrund der Gesamtintensität gebildet wird. Dies ist ein sehr wichtiges erstes Ergebnis dieses Experiments.

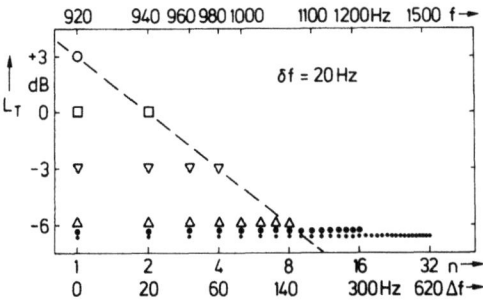

Abb.3.10. Bestimmung der Frequenzgruppenbreite an der Ruhehörschwelle

Wird die Versuchsreihe weitergeführt und die Zahl der Teiltöne wieder verdoppelt auf 16 und dann auf 32 Teiltöne, so ergibt sich ein überraschender Effekt. Obwohl die Zahl der Teiltöne vergrößert wurde, ändert sich der Pegel je Teilton zur Bildung der Ruhehörschwelle nicht mehr. Offenbar zieht das Gehör die zusätzlichen Teiltöne zur Bildung der Ruhehörschwelle nicht mehr heran: Die neu hinzugefügten Teiltöne liegen außerhalb der Bandbreite der sogenannten Frequenzgruppen. Diese Frequenzgruppenbreite kann definiert werden als die maximale Bandbreite, innerhalb der das Gehör die Schallintensitäten von Einzeltönen zur Bildung der Ruhehörschwelle zusammenfaßt. Teiltöne, die nicht in die Frequenzgruppe fallen, spielen für die Ruhehörschwelle keine Rolle mehr. In Abb.3.10 ist oben die Frequenz der Teiltöne, unten die Zahl der Teiltöne sowie die Bandbreite angegeben, in die die Teiltöne hineinfallen. Wir können den angegebenen Werten entnehmen, daß die Grenze der Frequenzgruppenbandbreite, bei der das Gehör die Teiltöne noch alle zur Bildung der Ruhehörschwelle heranzieht, bei etwa 160 Hz liegt. Die zugehörige Mittenfrequenz ist 1000 Hz.

Dieser Versuch ist eigentlich auf die Ruhehörschwelle beschränkt und auch dort nur in einem Frequenzbereich durchführbar, in dem die Ruhehörschwelle von der Frequenz unabhängig ist. Gleichmäßig Verdeckendes Rauschen hat jedoch die Eigenschaft, eine Mithörschwelle hervorzurufen, die von der Frequenz unabhängig ist. Wenn es gelingt nachzuweisen, daß die Gesetze, nach denen das Gehör die Ruhehörschwelle bildet, auch an der Mithörschwelle gelten, so läßt sich mit Hilfe von Gleichmäßig Verdeckendem Rauschen als verdeckendem Schall im gesamten Frequenzbereich, d.h. bei allen Mittenfrequenzen, die obengenannte Messung durchführen.

Abb.3.11a zeigt das Ergebnis solch einer Messung. In Abhängigkeit von der Zahl der Teiltöne (oben) und damit in Abhängigkeit von der Bandbreite (untere Abszissenskale) ist für den Tonkomplex der Pegel je Teilton aufgetragen, der notwendig ist, damit die Ruhehörschwelle (unterste Kurve) bzw. die Mithörschwellen, verdeckt durch Gleichmäßig Verdeckendes Rauschen mit angegebenem Schallintensitätsdichtepegel, erreicht werden. Zur Messung der das Gehör charakterisierenden Bandbreite Δf_G der Frequenzgruppe wird also eine Messung durchgeführt, bei der die Bandbreite geändert wird. Bandbreite ist hier der Frequenzumfang, innerhalb dessen alle Teiltöne liegen. Das Ergebnis zeigt sehr eindeutig, daß die beiden Gesetze, die wir an der Ruhehörschwelle gefunden haben, auch an der Mithörschwelle gelten: Bei kleinen Bandbreiten, d.h. kleiner Anzahl der Teiltöne, nimmt der zur Bildung der Mithörschwelle notwendige Pegel je Teilton um 3 dB je Verdopplung der Anzahl der Teiltöne ab, d.h. die Gesamtintensität bleibt zunächst konstant. Beim Überschreiten der das Gehör charakterisierenden Frequenzbandbreite, der Frequenzgruppe, ändert sich der pro Teilton notwendige Pegel zur Bildung der Mithörschwelle nicht mehr. In diesem Bereich steigt die Gesamtintensität an. Um dies weiter zu verdeutlichen, ist in Abb.3.11b dasselbe Meßergebnis in anderer Form aufgetragen.

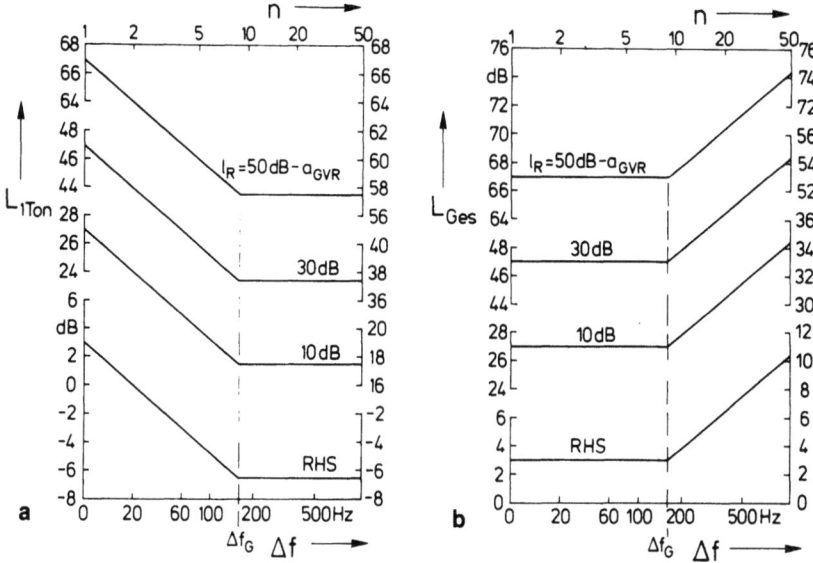

Abb.3.11. Bestimmung der Breite Δf_G der Frequenzgruppe an der Ruhehörschwelle (RHS) und bei Mithörschwellen. Die Bandbreite Δf, innerhalb der alle Teiltöne liegen, ist Abszisse (oben: Zahl der Teiltöne). Parameter ist der Pegel des Gleichmäßig Verdeckenden Rauschens. Ordinate ist der Pegel je Einzelton (a) bzw. der Gesamtpegel (b). Mittenfrequenz: 1 kHz

Die Abszisse ist gleich geblieben; als Ordinate ist jetzt jedoch der Gesamtpegel aller Teiltöne aufgetragen. In dieser Darstellung wird deutlich, daß der Gesamtpegel an der Ruhe- bzw. Mithörschwelle bei kleinen Bandbreiten bis zur Frequenzgruppe unabhängig von der Bandbreite ist, für Bandbreiten oberhalb der Frequenzgruppe jedoch ansteigt. Zusammengefaßt kann aus den beiden Teilbildern von Abb.3.11 entnommen werden, daß das Gehör innerhalb der Breite der Frequenzgruppe Teilintensitäten zur Bildung der Ruhehörschwelle und zur Bildung der Mithörschwelle zusammenfaßt. Schallanteile, die spektral außerhalb der Frequenzgruppenbreite liegen, spielen zur Bildung der Ruhehörschwelle oder der Mithörschwelle keine Rolle. Die Schallintensität, die in die Frequenzgruppe hineinfällt, ist die für die Ruhehörschwelle und für die Mithörschwelle allein maßgebliche Größe.

Nachdem nachgewiesen wurde, daß das Gehör die Ruhehörschwelle nach der gleichen Gesetzmäßigkeit bildet wie die Mithörschwelle, kann bei allen Frequenzen die das Gehör charakterisierende Frequenzbandbreite, die Frequenzgruppe, gemessen werden. Das Ergebnis all dieser Messungen und weiterer Messungen mit anderen Meßverfahren zur Bestimmung der Frequenzgruppe ist in Abb.3.14 dargestellt und zeigt die starke Abhängigkeit der Breite Δf_G der Frequenzgruppe von der Frequenz. Zunächst sollen jedoch andere Verfahren diskutiert werden, mit deren Hilfe die das Gehör charakterisierende Frequenzbandbreite, die Frequenzgruppe, gemessen werden kann.

3.3.2 Frequenzgruppe bei Verdeckung in Frequenzlücken

Wenn die Vorstellung richtig ist, daß das Gehör bei der Bildung der Mithörschwelle Schallintensitäten zusammenfaßt, die in das Gehör charakterisierende Frequenzbänder fallen, dann muß es möglich sein, diese Frequenzbänder auch durch Veränderung der Bandbreite einer Frequenzlücke im maskierenden Schall zu bestimmen. Eine sehr einfache Methode besteht darin, als verdeckenden Schall zwei gemeinsam dargebotene Töne gleichen Pegels zu benützen, deren Frequenzabstand verändert wird. Es hat sich gezeigt, daß ein Sinuston als Testschall für diese Messung nicht geeignet ist, da störende Schwebungen vorkommen können. Zweckmäßiger ist für diese Messung die Benützung eines Schmalbandrauschens als Testschall. Das Schmalbandrauschen soll jedoch eine Bandbreite haben, die deutlich kleiner ist als die Frequenzgruppenbreite. In diesem Fall wird also nicht die Mithörschwelle eines Testtones, sondern die Mithörschwelle eines Testrauschens gemessen. Dementsprechend ist das Ergebnis dargestellt in einem Diagramm, dessen Ordinate der Pegel L_{SBR} des Test-Schmalbandrauschens ist. Abszisse ist der Frequenzabstand der beiden verdeckenden Töne. Die Skizze in Abb.3.12 zeigt die spektrale Zusammensetzung von maskierendem Schall und Testschall. Die Mittenfrequenz ist 2 kHz. Das für einen Pegel von je 50 dB für die Töne gemessene Ergebnis ist in Abb.3.12 dargestellt. Es zeigt, daß die Mithörschwelle bei kleinen Bandbreiten unabhängig ist vom Frequenzabstand der beiden maskierenden Töne. Erst wenn ein bestimmter Frequenzabstand Δf, nämlich die Frequenzgruppe Δf_G, überschritten ist, fällt die Mithörschwelle nach kleineren Pegeln hin ab. Auch diese Messung ist bei verschiedenen Mittenfrequenzen durchgeführt worden und hat Ergebnisse geliefert, die denjenigen, die im vorigen Kapitel beschrieben wurden, sehr ähnlich sind. Diese Messungen mit zwei Tönen als verdeckendem Schall lassen sich jedoch nur bei kleineren Pegeln sinnvoll durchführen, weil bei großen Pegeln der maskierenden Töne nichtlineare Verzerrungen, die im Gehör entstehen, zu störenden Effekten führen.

Wenn eine Reihe von Bandfiltern zur Verfügung steht, können verdeckender Schall und Testschall vertauscht werden. Die beiden verdeckenden Schalle gleichen Pegels sind dann zwei Bandpaßrauschen; der Testschall ist dann wieder ein Sinuston. Die Frequenzlücke ist in diesem Fall der Abstand der oberen Grenzfrequenz

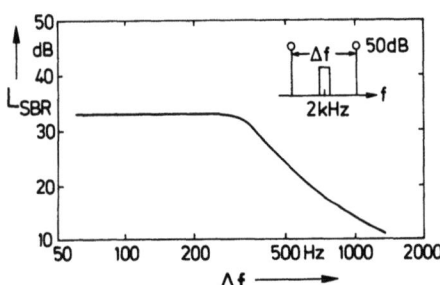

Abb.3.12. Mithörschwelle L_{SBR} von Schmalbandrauschen, das gemäß der Skizze von zwei Tönen verdeckt wird, als Funktion des Frequenzabstandes Δf der beiden Töne

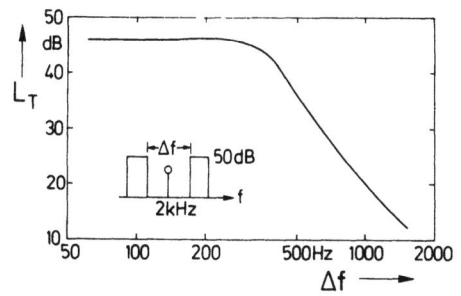

Abb.3.13. Mithörschwelle L_T eines Tones, der von zwei Bandpaßrauschen verdeckt wird, als Funktion des angegebenen Frequenzabstandes Δf

des tieferen Bandpaßrauschens zur unteren Grenzfrequenz des höheren Bandpaßrauschens. Für die Mittenfrequenz von 2 kHz und den Pegel der Verdeckenden Rauschen von je 50 dB ist das Ergebnis in Abb.3.13 dargestellt. Es ist dem von Abb.3.12 sehr ähnlich: Bei kleinem Frequenzabstand Δf ist die Mithörschwelle unabhängig von Δf. Ab einer bestimmten Größe der Frequenzlücke, nämlich der Breite der Frequenzgruppe, fällt die Mithörschwelle deutlich ab. Für die Mittenfrequenz von 2 kHz ergibt sich aus der vorhergehenden und der hier beschriebenen Messung eine Breite Δf_G der Frequenzgruppe von etwa 300 Hz. Da, wie in Abb.3.4 dargestellt, die sogenannte obere Flanke der Mithörschwelle bei hohen Pegeln viel flacher wird, ist das Ergebnis dieses Verfahrens für große Pegel der beiden Bandpaßrauschen nicht mehr so eindrucksvoll wie bei mittleren und kleinen Pegeln. Dieses Verfahren ist jedoch ebenso wie die anderen vorher beschriebenen geeignet, um bei allen Frequenzen die Breite der Frequenzgruppe zu bestimmen.

3.3.3 Die Frequenzgruppenbreite

Die Frequenzgruppe spielt auch bei der Lautstärkeempfindung und bei der Richtungsempfindung eine Rolle. Von vielen Versuchspersonen sind im gesamten Hörfrequenzbereich Meßergebnisse zur Frequenzgruppenbreite gewonnen worden. In Abb.3.14 ist

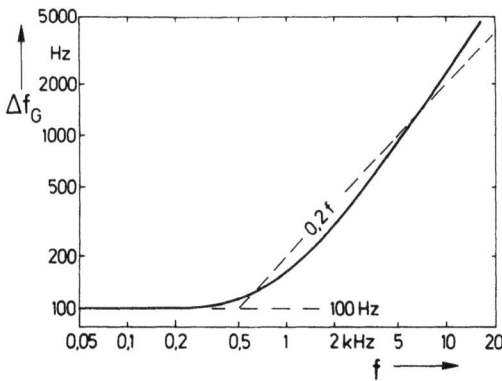

Abb.3.14. Breite Δf_G der Frequenzgruppe als Funktion der Frequenz f. Näherungen sind gestrichelt eingetragen

die Breite Δf_G der Frequenzgruppe in Abhängigkeit von der Frequenz aufgetragen, wie sie als Mittelwert aus all diesen Messungen gefunden wurde. Demnach hat die Frequenzgruppe bei tiefen Frequenzen einen konstanten Wert von 100 Hz, bei Frequenzen oberhalb 500 Hz steigt sie zunächst etwa proportional, dann etwas überproportional mit der Frequenz an. Eine Näherung, die sich sehr gut bewährt hat, ist die Angabe einer absolut konstanten Bandbreite von 100 Hz bis zu Mittenfrequenzen von 500 Hz und von dort an wachsend eine relativ konstante Bandbreite, die 20 % der jeweiligen Mittenfrequenz beträgt. Genauere Werte können der Tabelle 1 entnommen werden. In vielen Fällen reicht jedoch die angegebene Näherung

Tab.1. Zusammenhang zwischen Tonheit z und Frequenz f, sowie zwischen Frequenzgruppenbreite Δf_G und Mittenfrequenz f_m. Die zu den Mittenfrequenzen f_m gehörenden Tonheitswerte z sind ebenfalls angegeben. Die zu den Frequenzgruppenbreiten gehörenden Grenzfrequenzen f_u und f_o aneinander anschließender Frequenzgruppen entsprechen den in Spalte 2 angegebenen Werten.

$\frac{z}{Bark}$	$\frac{f_u, f_o}{Hz}$	$\frac{f_m}{Hz}$	$\frac{z}{Bark}$	$\frac{\Delta f_G}{Hz}$	$\frac{z}{Bark}$	$\frac{f_u, f_o}{Hz}$	$\frac{f_m}{Hz}$	$\frac{z}{Bark}$	$\frac{\Delta f_G}{Hz}$
0	0				12	1720			
		50	0,5	100			1850	12,5	280
1	100				13	2000			
		150	1,5	100			2150	13,5	320
2	200				14	2320			
		250	2,5	100			2500	14,5	380
3	300				15	2700			
		350	3,5	100			2900	15,5	450
4	400				16	3150			
		450	4,5	110			3400	16,5	550
5	510				17	3700			
		570	5,5	120			4000	17,5	700
6	630				18	4400			
		700	6,5	140			4800	18,5	900
7	770				19	5300			
		840	7,5	150			5800	19,5	1100
8	920				20	6400			
		1000	8,5	160			7000	20,5	1300
9	1080				21	7700			
		1170	9,5	190			8500	21,5	1800
10	1270				22	9500			
		1370	10,5	210			10500	22,5	2500
11	1480				23	12000			
		1600	11,5	240			13500	23,5	3500
12	1720				24	15500			
		1850	12,5	280					

mit den zwei Bereichen aus. Wir können dieser direkten Messung der Frequenzgruppe entnehmen, daß die im Abschn.3.3 durchgeführte Abschätzung recht brauchbar war. Die Frequenzgruppe ist bei tiefen Frequenzen tatsächlich unabhängig von der Frequenz, wenngleich sie in diesem Frequenzbereich nicht 50 Hz, sondern 100 Hz beträgt. Auch der proportionale Anstieg der Breite der Frequenzgruppe mit der Frequenz hat sich bestätigt. Demnach wächst die Breite der Frequenzgruppe von 500 Hz bis nach 5 kHz um den Faktor 10 an und beträgt bei 5 kHz etwa 1000 Hz. Bei sehr hohen Frequenzen am Ende des Hörbereiches ist die Frequenzgruppe etwa 3 kHz breit.

Die Frequenzgruppe spielt bei der Beschreibung von Hörwahrnehmungen eine so wichtige Rolle, daß sie als Einheit zum Aufbau einer sogenannten Frequenzgruppenskale benützt wird. Dieser Skale liegt der Gedanke zugrunde, daß das Gehör ein breitbandiges Spektrum in Anteilen analysiert, die der Breite von Frequenzgruppen entsprechen. Die Frequenzgruppenskale entsteht dadurch, daß eine Frequenzgruppe an die andere gereiht wird, so daß jeweils die obere Grenze der unteren Frequenzgruppe mit der unteren Grenze der nächst höheren Frequenzgruppe übereinstimmt. Zu jedem Überlappungspunkt gehört dann eine bestimmte Frequenz (vergl.Tab.1). In Abb.3.15 ist dieses Vorgehen demonstriert. Die erste Frequenzgruppe umfaßt 0 bis 100 Hz, die zweite 100 bis 200 Hz, die dritte 200 bis 300 Hz. usw. Wird die Zahl $n_{\Delta fG}$ der aufgereihten Frequenzgruppen über der Frequenz aufgetragen, die erreicht wurde, so ergibt sich der durch Punkte dargestellte Zusammenhang. Ihm kann entnommen werden, daß etwa 24 aneinandergereihte Frequenzgruppen im Hörbereich bis 16 kHz untergebracht werden können. Diese Skale ist als Tonheit z bezeichnet worden, sie hat die Einheit Bark erhalten (in Erinnerung an den Forscher Barkhausen, der das "phon" eingeführt hat, ein Maß für die Lautstärke, eine Empfindung, bei der die Frequenzgruppe ebenfalls eine wesentliche Rolle spielt). Der Zusammenhang zwischen der Tonheit z und der Frequenz f ist zum Verständnis der Wirkungsweise des Gehörs sehr wichtig.

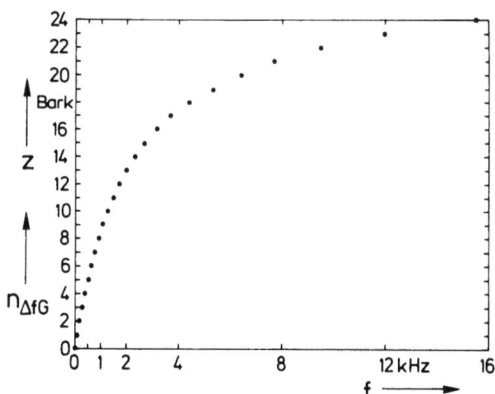

Abb.3.15. Die Zahl $n_{\Delta fG}$ der bis zur Frequenz f aneinanderreihbaren Frequenzgruppen ergibt den Zusammenhang zwischen der Tonheit z und der Frequenz f

4. Skalen der Tonhöhenempfindung

Im Abschn.1.4.3 haben wir kennengelernt, daß im Innenohr eine Frequenz-Orts-Transformation stattfindet. Verschiedene Frequenzen werden an verschiedenen Stellen, d.h. verschiedenen Orten auf der Basilarmembran, abgebildet. Diese Frequenz-Orts-Transformation ist der Grund dafür, daß die Tonhöhenempfindung als eine Positionsempfindung angesehen werden kann. Deswegen ist es auch möglich, die Empfindungsfunktion der Tonhöhenempfindung aus den Reizstufen zu ermitteln, wie dies im Abschn.1.1.3 diskutiert wurde. Eine zweite Möglichkeit der Bestimmung der Empfindungsfunktion besteht in der Messung von Verhältniswerten. Beide Methoden führen zu ähnlichen Ergebnissen, die im Folgenden erläutert werden.

4.1 Eben wahrnehmbare Frequenzänderungen

Die eben wahrnehmbaren Änderungen der Frequenz von Sinustönen, auch Unterschiedsschwellen der Frequenz genannt, können durch plötzliche Änderungen der Frequenz erzeugt werden. Solche Frequenzänderungen haben allerdings den Nachteil, daß sie Knacke hervorrufen. Diese Knacke stören die Bestimmung der eben wahrnehmbaren Frequenzänderung. Es ist daher in vielen Fällen zweckmäßiger, die eben wahrnehmbare Frequenzänderung mit Hilfe einer sinusförmigen Frequenzmodulation zu bestimmen. Die Frequenzänderung ist nachrichtentechnisch bei Frequenzmodulation über den Frequenzhub Δf definiert. Die Frequenz f schwankt bei solch einer Modulation zwischen $f_1-\Delta f$ und $f_1+\Delta f$. Die Größe $2\Delta f$ ist die Reizstufe, in unserem Fall die gesuchte Frequenzstufe. Das Gehör ist für sinusförmige Frequenzänderungen am empfindlichsten bei Modulationsfrequenzen in der Umgebung von 4 Hz. Wir wollen uns daher zunächst auf diese Modulationsfrequenz beschränken.

Die wichtigste Abhängigkeit, die auch die Grundlage zur Bestimmung der Empfindungsfunktion der Tonhöhenempfindung bildet, ist die Abhängigkeit der Frequenzstufe von der Frequenz selbst. Wir müssen also die eben wahrnehmbare Frequenzänderung in Abhängigkeit von der Frequenz bestimmen. Dies geschieht zweckmäßigerweise bei konstanter Lautstärke. In Abb.4.1 ist für eine Pegellautstärke

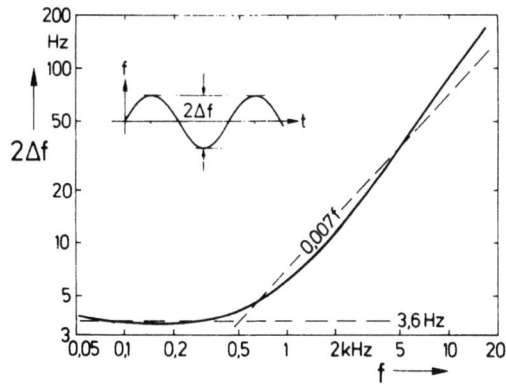

Abb.4.1. Abhängigkeit der Frequenzstufe 2Δf von der Frequenz f (sinusförmige Frequenzmodulation mit f_{mod} = 4 Hz)

von 60 phon die Frequenzstufe 2Δf als Funktion der Frequenz aufgetragen. Bei tiefen Frequenzen ist die Frequenzstufe etwa konstant und besitzt den Wert 3,6 Hz. Oberhalb von 500 Hz wächst sie etwa proportional mit der Frequenz an. Die Frequenzstufe hat dort einen relativ konstanten Wert von 0,007·f. Bei höheren Frequenzen kann eine Änderung der Frequenz von 0,7 % gerade wahrgenommen werden. Nach tiefen Frequenzen wächst die gerade wahrnehmbare relative Änderung deutlich an. Bei 100 Hz z.B. liegt die Grenze bei 3,6 %. Dies bedeutet, daß eine Änderung um zwei Frequenzstufen bereits der Änderung um einen musikalischen Halbton entspricht. Frequenzänderungen tiefer Sinustöne können daher nur sehr schlecht wahrgenommen werden. Da die musikalischen Töne, insbesondere diejenigen tiefer Grundfrequenz, aus vielen Harmonischen aufgebaut sind, wird die Frequenzänderung solcher Töne an der Änderung der hohen Harmonischen erkannt; ein für die musikalische Interpretation wichtiges Ergebnis. Die eben wahrnehmbaren Frequenzänderungen sind bei mittleren und hohen Frequenzen mit einem Wert von 0,7 % überraschend klein. Das Gehör ist demnach gegen Frequenzänderungen sehr empfindlich.

Frequenzänderungen verschiedener Größe 2Δf sind in Darbietung 4.1 bei den Mittenfrequenzen 500 Hz und 5 kHz aufgenommen (Kopfhörerübertragung notwendig!)

Die Abhängigkeit der Frequenzstufe 2Δf als Funktion der Modulationsfrequenz ist in Abb.4.2 für eine Frequenz von 1 kHz und einem Pegel von 60 dB dargestellt. Der Verlauf zeigt, daß das oben erwähnte Minimum bei 4 Hz sehr breit ist. Wir können dem angegebenen Mittelwert entnehmen, daß zwischen 2 Hz und 5 Hz Modulationsfrequenz die Frequenzstufe 2Δf 6 Hz beträgt. Zwischen 10 Hz und 50 Hz Modulationsfrequenz steigt die Frequenzstufe deutlich an. Dieser Anstieg setzt sich bei höheren Tonfrequenzen, z.B. bei 8 kHz, bis nach 300 Hz fort. Als Näherung für die Abhängigkeit von der Modulationsfrequenz kann angesetzt werden, daß die Frequenzstufe oberhalb von 7 Hz Modulationsfrequenz etwa mit der Wurzel aus der Modulationsfrequenz ansteigt. Dieser Anstieg wird bei tiefen Trägerfrequenzen früher beendet als bei hohen Trägerfrequenzen. Das in Abb.4.2 für 1 kHz darge-

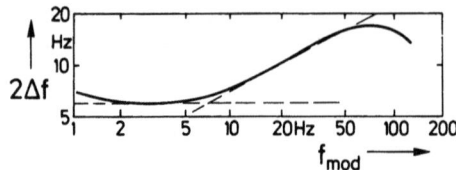

Abb.4.2. Abhängigkeit der Frequenzstufe $2\Delta f$ von der Modulationsfrequenz f_{mod} (sinusförmige Frequenzmodulation, Trägerfrequenz 1 kHz)

stellte Abbiegen nach kleineren Frequenzstufen oberhalb von f_{mod} = 70 Hz wird auf die Frequenzselektivität des Gehörs zurückgeführt. Bei hohen Modulationsfrequenzen werden die bei der Frequenzmodulation im Abstand f_{mod} von der Trägerfrequenz entstehenden Seitenlinien getrennt wahrnehmbar. Das Gehör achtet dann nicht mehr auf die Hörbarkeit einer Frequenzänderung, sondern auf die Hörbarkeit von zusätzlichen Teiltönen. Der Anstieg der Frequenzstufe nach tiefen Modulationsfrequenzen hin hängt vermutlich mit dem begrenzten Erinnerungsvermögen zusammen: Wenn sich die Tonhöhe so langsam ändert, daß sich unser Gedächtnis nicht mehr exakt an die vorherige Tonhöhe erinnert, muß die Frequenzstufe größer werden.

Die Abhängigkeit der Frequenzstufe vom Lautstärkepegel des Tones ist gering. Erst bei Pegeln unter 30 dB steigt die Frequenzstufe merklich an. Knapp über der Hörschwelle wird sie allerdings deutlich größer.

Unter der in Abschn.1.1.3 gemachten Annahme, daß bei Positionsempfindungen die Empfindungsstufe konstant ist, können wir aus den in Abhängigkeit von der Frequenz gemessenen Reizstufen die Empfindungsfunktion konstruieren. In Abb.1.3 ist die Anzahl $n_{2\Delta f}$ der einzelnen Reizstufen dargestellt, die bis zu einer bestimmten Frequenz f aneinandergereiht werden können. Wie wir gesehen haben, sind die Reizstufen sehr klein. Aus diesem Grund sind in Abb.4.3 von Punkt zu Punkt jeweils 25 Reizstufen zusammengefaßt. Von Null beginnend steigt die Zahl der Frequenzstufen zunächst proportional mit der Frequenz an. Oberhalb von 500 Hz beginnt die als Verbindung der Punkte in Abb.4.3 vorstellbare Empfindungsfunktion von der Proportionalität abzuweichen, die in Abb.4.3 gestrichelt gezeichnet ist.

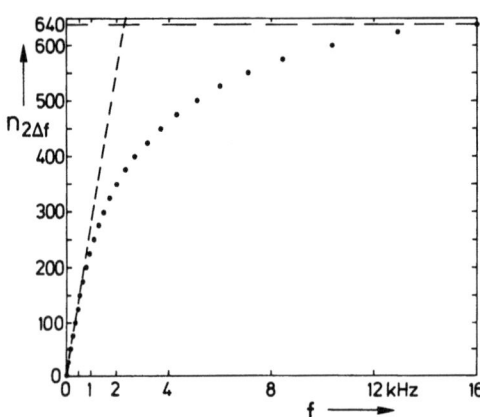

Abb.4.3. Zahl $n_{2\Delta f}$ der bis zur Frequenz f aneinanderreihbaren Frequenzstufen. Von Punkt zu Punkt sind 25 Stufen zusammengefaßt. Man beachte die Ähnlichkeit zu Fig.3.15

Die Zahl der Reizstufen nimmt nicht mehr proportional zur Frequenz, sondern weniger zu. Der Zusammenhang im Bereich über 500 Hz deutet auf einen etwa logarithmischen Anstieg hin, denn einem Fortschreiten in der Frequenz um eine Oktave entsprechen jeweils etwa 100 Stufen. Bis zur oberen Frequenzgrenze von 16 kHz können 640 vom menschlichen Gehör unterscheidbare Frequenzstufen aneinandergereiht werden. Diese Frequenzauflösung ist sehr fein. Sie wird verständlich, wenn wir uns daran erinnern, daß etwa 3600 Sinneszellen längs des Cortischen Organs aneinandergereiht sind. Dort haben sie einen Abstand von nur 9 µm voneinander. Einer Frequenzstufe würde etwa eine Verschiebung um 6 Sinneszellen entsprechen.

Die Ähnlichkeit zwischen den in Abb.3.15 und in Abb.4.3 dargestellten Punktreihen macht deutlich, daß die Frequenzgruppe und die Frequenzstufe eng miteinander zusammenhängen.

4.2 Verhältnistonhöhe

Die Empfindungsfunktion der Tonhöhenempfindung kann direkt nur durch die Messung von Verhältniswerten bestimmt werden. Versuchspersonen erhalten dabei die Aufgabe, den Reiz so zu verändern, daß im Vergleich zu einem Ausgangsreiz der doppelte oder auch der halbe Wert der Empfindung hervorgerufen wird. Für die Empfindung der Tonhöhe bedeutet dies, daß entsprechend Abb.1.4 ein Wert für den Schall 2 gesucht werden soll, der die halbe Tonhöhenempfindung hervorruft im Vergleich zu derjenigen, die der Ausgangswert (Schall 1) hervorgerufen hat. Wird beispielsweise ein reiner Ton mit 440 Hz (Normalton) als Schall 1 und alternierend als Schall 2 ein reiner Ton mit einer Frequenz dargeboten, die verändert werden kann, so bekommt die Versuchsperson die Aufgabe, die Frequenz des Tones von Schall 2 so einzustellen, daß die halbe Tonhöhenempfindung entsteht. Die Versuchspersonen stellen dabei im Mittel 220 Hz ein: Von 440 Hz ausgehend, finden die Versuchspersonen eine halbe Tonhöhenempfindung für einen Ton mit der Frequenz von 220 Hz, die der Hälfte der Frequenz des Schalles 1 entspricht. In einem Diagramm, das - wie Abb.4.4 - die Frequenz f_1 des Schalles 1 als Abszisse und die Frequenz $f_{1/2}$ des Schalles 2 für halbe Tonhöhenempfindung als Ordinate enthält, ergibt dieser Zusammenhang einen Meßpunkt. Bei tieferen Frequenzen finden wir, daß sich die Frequenz, der die halbe Tonhöhe zugeordnet wird, und die Ausgangsfrequenz wie 0,5 zu 1 verhalten. Die gestrichelte im doppeltlogarithmischen Maßstab unter 45° eingezeichnete Gerade entspricht diesem Zusammenhang. Sie ist mit 0,5 f_1 gekennzeichnet. Jeder Musik Betreibende erwartet dieses Ergebnis. Dementsprechend ist er auch über das bei hohen Frequenzen zu findende Ergebnis überrascht: Wird beispielsweise eine Ausgangsfrequenz von 8 kHz gewählt, so geben die Versuchspersonen im Mittel für die halbe Tonhöhenempfindung eine Frequenz an, die bei etwa 1300 Hz liegt. Zwar sind die Streuungen von Versuchsperson zu Versuchsperson nicht unerheblich, im Mittel aber hat sich bei vielen Versuchspersonengruppen dieser

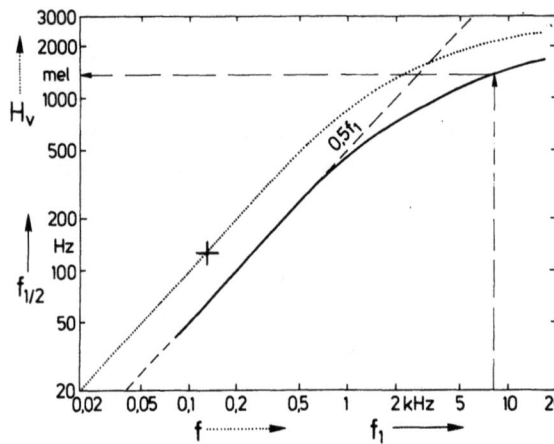

Abb.4.4. Zusammenhang zwischen der Frequenz f_1 und der Frequenz $f_{1/2}$, welche halbe Tonhöhenempfindung hervorruft im Vergleich zu der von f_1 erzeugten (durchgezogene Kurve mit gestrichelt eingetragener Näherungsgeraden). Punktiert ist die Tonhöhenempfindungsfunktion, d.h. die Verhältnistonhöhe H (Einheit mel), als Funktion der Frequenz f aufgetragen

Wert bestätigt. Messungen bei anderen Frequenzen ergeben im Frequenzbereich oberhalb 1 kHz ähnliche Abweichungen. Der Zusammenhang zwischen der Frequenz f_1, der Ausgangsfrequenz, und der Frequenz $f_{1/2}$, derjenigen Frequenz, die halbe Tonhöhenempfindungen hervorruft, ist in Abb.4.4 als durchgezogene Kurve dargestellt. Das Beispiel mit dem Ausgangswert 8 kHz ist durch Pfeile gekennzeichnet.

Darbietung 4.4 soll dies verdeutlichen.

Messungen der Verhältnistonhöhe sind nicht einfach. Die großenteils auf der Harmonielehre aufgebaute abendländische Musik hat bei den meisten Versuchspersonen einen Lerneffekt hervorgerufen, der sie dazu drängt, jeweils die Oktave einzustellen. Aus diesem Grunde wird zur Bestimmung der Verhältnistonhöhe meist die Abfragemethode benützt, so daß die Versuchsperson die Oktave nicht selbst einstellen kann. Außerdem wird zur Erzeugung der Ausgangstonhöhe (Schall 1) nicht ein Sinuston, sondern ein Schmalbandrauschen benützt, das ebenfalls eine sehr ausgeprägte Tonhöhe erzeugt. Entsprechend den Halbierungswerten wurden auch Verdoppelungswerte gemessen. Die angegebenen Daten sind Mittelwerte aus beiden Werten.

Aus den Ergebnissen der Verhältniswertmessungen können nur die Steigungen der Empfindungsfunktionen abgeleitet werden. So ist es auch bei der Empfindungsgröße Verhältnistonhöhe. Wir wissen z.B., daß von 220 Hz nach 440 Hz eine Verdopplung stattfindet; wir wissen auch, daß von 1300 Hz nach 8000 Hz eine Verdopplung der Empfindung stattfindet. Werden viele solcher Ergebnisse ausgewertet, so läßt sich der Verlauf der Empfindungsfunktion konstruieren. Die Funktion selbst muß jedoch durch einen Fixpunkt noch im Absolutwert festgelegt werden. Im vorliegenden Fall bietet sich ein Fixpunkt bei tiefen Frequenzen an. Die in Abb.4.4 aufgetragene durchgezogene Kurve ist dort eine 45°-Gerade. Dies bedeutet im doppellogarithmischen Maßstab Proportionalität. Wird als Proportionalitätskonstante 1 gewählt, so ergibt sich die Empfindungsfunktion (punktierte Kurve in Abb.4.4) im

Frequenzbereich unter 500 Hz durch Verschiebung der durchgezogenen Kurve um den
Faktor 2 nach links. Bei höheren Frequenzen muß das oben geschilderte Verfahren
Anwendung finden. Dies bedeutet, daß z.B. der zu 8 kHz gehörende Funktionswert
der Empfindungsgröße doppelt so groß sein muß als der Funktionswert, der zu
1,3 kHz gehört. Für die punktiert dargestellte Kurve ist dies erreicht. Sie
stellt die Empfindungsfunktion der Empfindungsgröße Verhältnistonhöhe dar. Als
Fixpunkt ist dabei die Normalfrequenz 125 Hz aus der Oktavreihe gewählt. Dieser
Fixpunkt ist als Kreuz bezeichnet. Wir können dem in Abb.4.4 punktiert dargestellten Zusammenhang entnehmen, daß die Verhältnistonhöhe bei tiefen Frequenzen mit
dem Zahlenwert der Frequenz übereinstimmt. Die Empfindungsgröße wird zur quantitativen Beschreibung benützt. Dazu ist eine Einheit nötig. Da die Verhältnistonhöhe eng mit dem melodischen Empfinden zusammenhängt, wurde das "mel" benützt. Wir
können also die Aussage machen, daß ein reiner Ton der Frequenz 125 Hz die Verhältnistonhöhe von 125 mel besitzt. Auch der 440 Hz-Ton (das eingestrichene a)
besitzt eine Verhältnistonhöhe, die im Zahlenwert praktisch identisch ist. Je
höher die Frequenz wird, umso mehr weichen der Zahlenwert der Frequenz in Hz und
der Zahlenwert der Verhältnistonhöhe in mel voneinander ab. Zu der vorher zitier-
ten Frequenz von 8000 Hz gehört eine Verhältnistonhöhe von 2100 mel. Die Frequenz
von 1,3 kHz besitzt, wie wir dies nach dem oben geschilderten Versuchsergebnis
erwarten müssen, eine Verhältnistonhöhe von 1050 mel, also gerade die Hälfte
derjenigen Verhältnistonhöhe, die 8 kHz entspricht.

Das starke Abweichen der Verhältnistonhöhe von der Proportionalität zur Frequenz (Abb.4.4) mag zunächst etwas überraschen. Zu sehr sind wir daran gewöhnt,
daß die halbe Tonhöhe mit einer Verminderung der Frequenz um einen Faktor 2
gleichgesetzt wird, weil wir dies den Oktaven in der Musik zuordnen. Wenn wir jedoch auf dem Klavier im mittleren Frequenzbereich um das eingestrichene a eine
Melodie spielen und dieselbe Melodie jetzt ganz rechts außen auf der Klaviatur bei
hohen Frequenzen wiederholen, lernen wir sofort einen mit der Verhältnistonhöhe
zusammenhängenden Effekt kennen: Die Weite der in der Umgebung des eingestrichenen
a gespielten Melodie ist viel größer als die Weite derselben Melodie, die auf der
höchsten Oktave des Klaviers gespielt wird. Dieser Effekt wird noch ausgeprägter,
wenn das Experiment mit reinen Tönen aus Generatoren durchgeführt wird, die bis
zu hohen Frequenzen um 10 kHz reichen. Dabei wird noch deutlicher, daß bei extre-
mer Tonlage das harmonische Empfinden und das melodische Empfinden voneinander di-
vergieren. Da die abendländische Musik großenteils auf der Harmonie aufbaut, muß
sie - wenn wir die punktierte Kurve von Abb.4.4 richtig interpretieren - auf den
tiefen Frequenzbereich bis etwa 1 kHz beschränkt bleiben. In der Musikliteratur
finden wir tatsächlich, daß die Musiknotierungen um so mehr auf den genannten Bereich beschränkt bleiben, je harmonischer die Musik aufgebaut ist, d.h. für die
abendländische Musik in grober Näherung, je älter sie ist. Diese Betrachtungen gelten nur für die Grundfrequenzen. Das sind die Frequenzen, die in der Notenschrift
markiert werden. Die Instrumente erzeugen zusätzlich zu den Grundtönen viele Har-

monische, die z.T. in wesentlich höheren Frequenzbereichen liegen. Die in der Notenschrift angegebenen Grundfrequenzen überschreiten jedoch nur in seltenen Fällen 1500 Hz.

In Abb.4.5 ist die Verhältnistonhöhe als Funktion der Frequenz in linearer Darstellung aufgezeichnet. Hier wird die Proportionalität bei tiefen Frequenzen durch den relativ steilen, aber geradlinigen Anstieg bis zu 500 Hz deutlich. Bei hohen Frequenzen biegt die Kurve mehr und mehr ab. Sie erreicht maximal 2400 mel für die obere Frequenzgrenze von etwa 16 kHz.

Ein Vergleich der Abhängigkeit der Verhältnistonhöhe von der Frequenz mit den Abhängigkeiten, wie sie in Abb.3.15 und Abb.4.3 dargestellt sind, zeigt den hohen Verwandtschaftsgrad dieser drei Kurvenzüge. Dieser wichtige Zusammenhang wird in Abschn.4.5 noch weiter zu diskutieren sein.

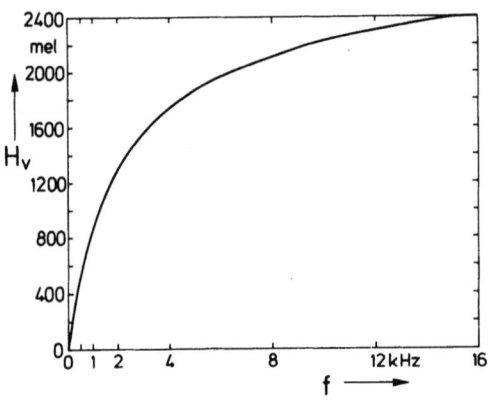

Abb.4.5. Verhältnistonhöhe H_V als Funktion der Frequenz f in linearer Abszissen- und Ordinatendarstellung. Man beachte die Ähnlichkeit zu Fig.3.15 und zu Fig.4.3

4.3 Spektrale Tonhöhe

Die Tonhöhe eines Sinustones hängt nicht nur von der Frequenz, sondern auch von anderen Parametern, z.B. vom Pegel, ab. Durch Vergleich der Tonhöhen von Tönen verschiedenen Pegels kann dieser Effekt quantitativ bestimmt werden. Die Tonhöhe eines Tones mit dem Pegel L und der Frequenz f_L wird durch Vergleich mit der Tonhöhe gemessen, die ein Ton mit dem Pegel 40 dB und einer Frequenz $f_{40\ dB}$ hervorruft. Dabei wird $f_{40\ dB}$ so gewählt, daß gleicher Tonhöheneindruck bei den alternierend dargebotenen Tönen verschiedenen Pegels entsteht. Die Frequenz des Vergleichsschalles wird als Tonhöhenfrequenz bezeichnet, weil sie das Kriterium gleicher Tonhöhe erfüllt, aber in Einheiten der Frequenz angegeben wird. Zur Beschreibung von Empfindungen der Tonhöhe kann nicht die physikalische Größe der Tonhöhenfrequenz benützt werden. Dazu eignet sich die Frequenztonhöhe, häufig als Spektrale Tonhöhe bezeichnet.

Wird ein 200 Hz-Ton alternierend mit einem Pegel von 80 dB und dann mit einem
Pegel von 40 dB dargeboten, so erzeugt der laute 200 Hz-Ton eine tiefere Tonhöhe
als der leisere 200 Hz-Ton. Machen wir dasselbe Experiment bei 6 kHz, so finden
wir umgekehrtes Verhalten. Der 6 kHz-Ton mit 80 dB erzeugt eine höhere Tonhöhenempfindung als der Ton gleicher Frequenz, jedoch mit dem Pegel von nur 40 dB.
Dies bedeutet, daß die Frequenz allein nicht ausreicht, um die Tonhöhenempfindung exakt zu beschreiben, die ein Sinuston hervorruft. Die von einem Sinuston
hervorgerufene Tonhöhenempfindung hängt - wenn auch in geringem Maße - vom Pegel
ab.

In Abb.4.6 ist diese Abhängigkeit für 4 Frequenzen angegeben. Die zur Erreichung gleicher Tonhöhenempfindung notwendige relative Frequenzverschiebung ist
in Abhängigkeit vom Pegel dargestellt; sie ist recht gering. Diese Änderungen
der Tonhöhenfrequenz können nur aus Mittelwerten bestimmt werden. Es ist sowohl
nötig, daß eine einzelne Versuchsperson viele Messungen durchführt, um einen
quantitativ gesicherten Mittelwert angeben zu können, als auch, daß sehr viele
Versuchspersonen für einen repräsentativen Mittelwert herangezogen werden. Die
für gleiche Tonhöhenempfindung notwendigen relativen Frequenzänderungen v erreichen für den Pegelbereich zwischen 40 und 80 dB gemäß Abb.4.6 Maximalwerte
von nur 3 %.

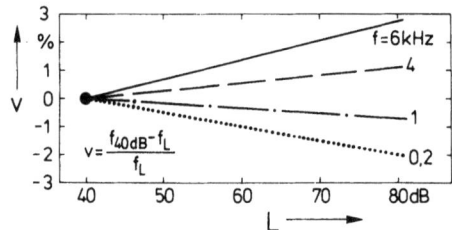

Abb.4.6. Relative Frequenzänderung v
reiner Töne, die für 4 Frequenzlagen f
(Parameter) nötig ist, um bei verschiedenem Pegel L gleiche Tonhöhenempfindung zu erzeugen wie ein Ton
mit L = 40 dB

Dieser verhältnismäßig kleine Effekt kann in vielen Fällen vernachlässigt werden. Soll die Tonhöhe eines Tones jedoch genau vorausgesagt werden, ist neben der
Frequenz auch der Pegel anzugeben. Bei mittleren Frequenzen zwischen 1 kHz und
2 kHz ist die Tonhöhenänderung in Abhängigkeit vom Pegel sehr gering. Bei sehr
hohen und auch bei sehr tiefen Frequenzen muß der Effekt jedoch in manchen Fällen,
z.B. bei der Virtuellen Tonhöhe - wie im nächsten Kapitel beschrieben - berücksichtigt werden.

Eine andere Art der Tonhöhenverschiebung wird dann erreicht, wenn zusätzlich
zu einem Sinuston noch ein Störschall dargeboten wird. Wenn ein Störgeräusch
einen Testton nicht vollständig verdeckt (Grenze ist die Mithörschwelle), sondern
der Testton nur leiser wird, jedoch noch deutlich hörbar bleibt, spricht man von
Drosselung des Tones durch das Störgeräusch. Drosselnde Störschalle beeinflussen
die Tonhöhe von reinen Tönen nur z.T. deutlich, im allgemeinen ist der Effekt

jedoch gering. Bei der Drosselung von Tönen durch breitbandige Schalle liegen die relativen Tonhöhenfrequenzänderungen in der Regel bei nur etwa 1 %, meist bei noch geringeren Werten. Deutliche Tonhöhenänderungen treten dagegen auf, wenn der Testton an der oberen Flanke eines Störschalles liegt. Zur Bestimmung der Tonhöhenänderung stellt die Versuchsperson die Frequenz f_V eines alternierend dargebotenen ungedrosselten Vergleichssinustones so ein, daß gleiche Tonhöhenempfindung entsteht. Die Tonhöhenfrequenz f_V weicht von der Frequenz f_T des gedrosselten Testtones ab. Ein Beispiel dafür ist in Abb.4.7 angegeben. Die Skizze zeigt, daß das Störgeräusch ein Schmalbandrauschen ist, dessen obere Frequenzgrenze bei 2,8 kHz liegt. Die Frequenz f_T des Testtones, dessen Tonhöhe untersucht werden soll, liegt bei 3,8 kHz. Spektral gesehen ist also das Störgeräusch deutlich von der Frequenz des Testtones abgesetzt.

Dennoch ist die Einwirkung des Störgeräusches nicht zu vernachlässigen. Die Tonhöhe des Testtones mit einem Pegel von 50 dB wächst durch Zusetzen eines Schmalbandrauschens mit dem als Abszisse angegebenen Pegel L_G bis zu 6 % an, wenn der Pegel L_G des Störrauschens von kleinen Werten auf 60 dB gesteigert wird. Als Ordinate ist wieder die Frequenzverschiebung v angegeben. Sie ist diejenige relative Frequenzänderung, die notwendig ist, damit der Testton mit Störschall die gleiche Tonhöhe besitzt wie der Testton ohne drosselndes Störrauschen.

Diese Tonhöhenverschiebung ist in Darbietung 4.7 deutlich zu hören.

In vielen Fällen wird die Tonhöhenfrequenz der Frequenz gleichgesetzt, nicht jedoch für die genaue Bestimmung der Virtuellen Tonhöhe.

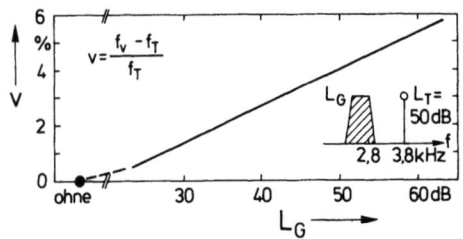

Abb.4.7. Relative Frequenzänderung v reiner Töne, die nötig ist, um bei Zusatz von Störrauschen mit dem Pegel L_G gleiche Tonhöhenempfindung hervorzurufen wie der Vergleichston ohne Störschall

4.4 Virtuelle Tonhöhe

Die bisher beschriebenen Tonhöheneffekte hängen eng mit demjenigen Tonhöhentyp zusammen, der als Spektrale Tonhöhe bezeichnet wird. Der Spektralen Tonhöhe kann immer eine für ihre Entstehung maßgebliche spektrale Komponente, d.h. eine physikalisch vorhandene Komponente, zugeordnet werden. Für die Virtuelle Tonhöhe ist dies nicht der Fall. Die Virtuelle Tonhöhe entsteht, wenn - wie in Abb.4.8 dargestellt - von einem breitbandigen Linienspektrum nur ein höherfrequenter Teil über-

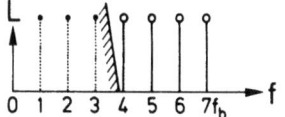
Abb.4.8. Zur Bildung der Virtuellen Tonhöhe

tragen wird. Dieser Fall ist nicht außergewöhnlich, sondern beim Telefonieren üblich: Das im Frequenzband des Fernsprechverkehrs übertragene Sprachsignal verliert die unteren Spektrallinien. Bei einer männlichen Stimme mit einer Grundfrequenz f_b = 90 Hz sind dies die drei untersten Linien. Obwohl diese Linien nicht übertragen werden, d.h. im Frequenzbereich unter 300 Hz keine spektralen Anteile vorhanden sind, ist die wahrgenommene Tonhöhe der Sprache eindeutig derjenigen Tonhöhe zuzuordnen, die ein reiner Ton von 90 Hz hervorruft. Offenbar wird die Tonhöhe dieses durch einen Hochpaß begrenzten Sprachschalles aus den noch vorhandenen Teillinien des Spektrums im Gehör erzeugt. Weil Frequenzanteile, die der Tonhöhenempfindung des 90 Hz-Tones zugeschrieben werden können, gar nicht vorhanden sind, bezeichnet man diese Art von Tonhöhenempfindung als Virtuelle Tonhöhe. Umfangreiche Messungen haben ergeben, daß die Virtuelle Tonhöhe keine Empfindungsgröße, sondern eine komplexe Empfindung ist. Sie wird aus einzelnen Empfindungsgrößen, nämlich den Spektralen Tonhöhen, die den Spektrallinien der Sprache zugeordnet werden, aufgebaut. Das Vorhandensein von Spektralen Tonhöhen ist eine Voraussetzung für das Entstehen der Virtuellen Tonhöhe.

Offenbar sucht sich das Gehör aufgrund von Erfahrungen, die es beim Hören von Sprache und Musik gewonnen hat, aus den übertragenen Spektrallinien die zugehörige Grundtonhöhe. Das Gehör kann diese Tonhöhe nicht aus Frequenzen ableiten, sondern muß die Spektralen Tonhöhen, d.h. die Tonhöhenfrequenzen, dazu benützen. Wie wir im vorhergehenden Abschnitt erfahren haben, sind diese Tonhöhenfrequenzen nicht identisch mit den physikalischen Frequenzen, sondern weichen zum Teil um einige Prozent davon ab. Die Virtuelle Tonhöhe wird also in vielen Fällen nicht exakt identisch sein mit der physikalisch berechenbaren Grundfrequenz. Dies ist bei Messungen zur Virtuellen Tonhöhe nachgewiesen worden und wird als Hinweis dafür angesehen, daß tatsächlich nicht die Frequenzen, sondern die Spektralen Tonhöhen, d.h. Empfindungsgrößen, diejenigen Größen sind, aus denen das Gehör die Virtuelle Tonhöhe bildet. Dabei sucht sich das Gehör die am besten zu den spektralen Tonhöhen passende Grundtonhöhe. Bei harmonisch aufgebauten Tönen ist diese meist von derjenigen der Grundfrequenz kaum zu unterscheiden. Bei nicht harmonisch aufgebauten Klängen, wie z.B. den Glockenklängen, ist die Virtuelle Tonhöhe jedoch nicht ohne weiteres voraussagbar. Berechnungen der Virtuellen Tonhöhen von Glockenklängen und Messungen der Schlagtonhöhe von Glocken haben die Anwendbarkeit der Virtuellen Tonhöhe bei nichtharmonischen Spektren sehr gut bestätigt.

4.5 Zusammenhänge zwischen den Skalen der Tonhöhe

Wir haben die Abhängigkeit der Frequenzstufen von der Frequenz, die Abhängigkeit der Frequenzgruppenbreite von der Frequenz und auch den Zusammenhang zwischen der Frequenz und dem Ort maximaler Auslenkung auf der Basilarmembran kennengelernt. Sollen alle drei Werte miteinander verglichen werden, ist es zunächst am einfachsten, die Zuordnung der Frequenz auf den Ort der Basilarmembran ebenfalls in Stufen durchzuführen. Wird für die Stufe eine konstante Entfernung von 0,2 mm auf der ganzen Länge der Basilarmembran festgelegt und die zugehörige Frequenzdifferenz Δf aufgetragen, so entsteht als Funktion der Frequenz die in Abb.4.9 gestrichelt eingetragene Kurve. Die Frequenzgruppenbreite Δf_G und die Frequenzstufe $2\Delta f$ als Funktion der Frequenz sind in Abb.4.9 als durchgezogene Kurven dargestellt. Der Verlauf aller drei Kurven ist sehr ähnlich. Die Kurven gehen durch Parallelverschiebung nach oben bzw. unten auseinander hervor. Eine parallele Verschiebung nach oben bedeutet im doppeltlogarithmischen Maßstab eine Multiplikation um einen Faktor. Diese Faktoren sind in Abb.4.9 durch Doppelpfeile angegeben. Demnach ist die Frequenzstufe etwa 25mal kleiner als die Breite der Frequenzgruppe. Die Frequenzänderung, die einer Veränderung des Ortes maximaler Auslenkung um 0,2 mm auf der Basilarmembran entsprechen würde, ist viermal so groß wie die Frequenzstufe und um einen Faktor 6,3 kleiner als die Breite der Frequenzgruppe. Dies bedeutet, daß wir bei der Verschiebung der Frequenz eines Sinustones um eine Frequenzstufe auf der Basilarmembran unabhängig vom Ort jeweils um den gleichen Wert, nämlich um 0,05 mm, fortschreiten. (Der Unterschied zwischen Frequenz und Tonhöhenfrequenz, wie er in Abschn.4.3 beschrieben wurde, wird bei dieser Betrachtung vernachlässigt, da er nur wenige Prozent beträgt.) Die Breite der Frequenzgruppe entspricht einer

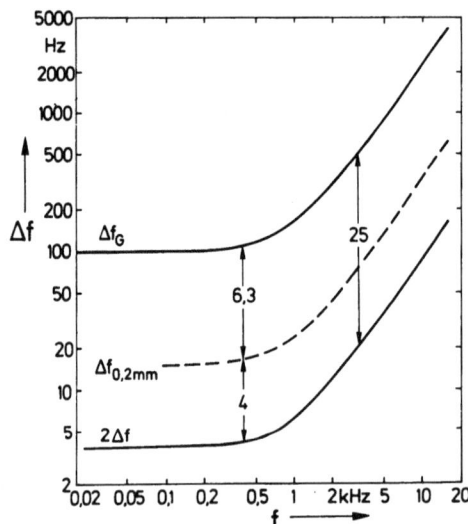

Abb.4.9. Frequenzgruppenbreite Δf_G, Frequenzstufe $2\Delta f$ und Frequenzänderung $\Delta f_{0,2\,mm}$, die nötig ist, um das Auslenkungsmaximum auf der Basilarmembran um 0,2 mm zu verschieben, als Funktion der Frequenz f. Doppelpfeile geben die Faktoren an, um welche die Kurven gegeneinander verschoben sind

örtlichen Breite auf der Basilarmembran von etwa 1,3 mm. Nehmen wir die anatomischen Daten der Haarzellen (Abstand von Haarzelle zu Haarzelle etwa 9 μm; 3600 Haarzellen auf der gesamten Länge der Basilarmembran) zu Hilfe und berücksichtigen außerdem, daß die Verhältnistonhöhe die gleiche Funktion ergeben hat wie die Aufsummierung der Frequenzgruppenbandbreiten bzw. die Aufsummierung der Frequenzstufen, so können die in Tab.2 dargestellten sehr wichtigen Beziehungen angegeben werden.

Tab.2. Skalen der Basilarmembran

Länge BM ≅	24 Bark ≅	32 mm ≅	640 Stufen ≅	2400 mel ≅	3600 Haarzellen
	1 Bark ≅	1,3 mm ≅	27 Stufen ≅	100 mel ≅	150 Haarzellen
	0,7 Bark ≅	1 mm ≅	20 Stufen ≅	75 mel ≅	110 Haarzellen
	0,04 Bark ≅	50 μm ≅	1 Stufe ≅	3,8 mel ≅	5,6 Haarzellen
	0,01 Bark ≅	13 μm ≅	0,26 Stufen ≅	1 mel ≅	1,5 Haarzellen
	0,007 Bark ≅	9 μm =	0,18 Stufen ≅	0,7 mel ≅	1 Haarzelle

Die Zusammenhänge können auch graphisch in verschiedenen Skalen dargestellt werden. Abbildung 4.10 zeigt sechs solche Skalen. Ganz oben ist noch einmal in vereinfachter Form das aufgerollte Innenohr in seiner Gesamtlänge dargestellt. Sie reicht vom Helicotrema (tiefe Frequenzen) bis zum ovalen Fenster (hohe Frequenzen). Die Basilarmembran im Innenohr hat eine Gesamtlänge von 32 mm. In der zweiten Skale ist diese Länge in linearem Maßstab dargestellt. Die dritte Skale zeigt die Frequenzstufenzahl, wie sie in Abb.4.3 bestimmt wurde. Diese Darstellung der Stufenzahl ergibt eine lineare Teilung auf der Länge der Basilarmembran. Insgesamt sind 640 Stufen unterzubringen. Von der Mitte der Basilarmembran aus, bei etwa 16 mm, sind sowohl nach tiefen als auch nach hohen Frequenzen jeweils 320 Stufen unterzubringen. Die Verhältnistonhöhe ist in der vierten Skale dargestellt. Sie reicht bis zu 2400 mel. Auch diese Skale ergibt auf die Länge der Basilarmembran abgebildet eine lineare Skale. Schließlich ist die Tonheit - wie wir sie in Abb.3.15 kennengelernt haben - eine wichtige Skale der Basilarmembran. Wir können 24 Frequenzgruppen, d.h. bis zu 24 Bark, auf der gesamten Länge der Basilarmembran

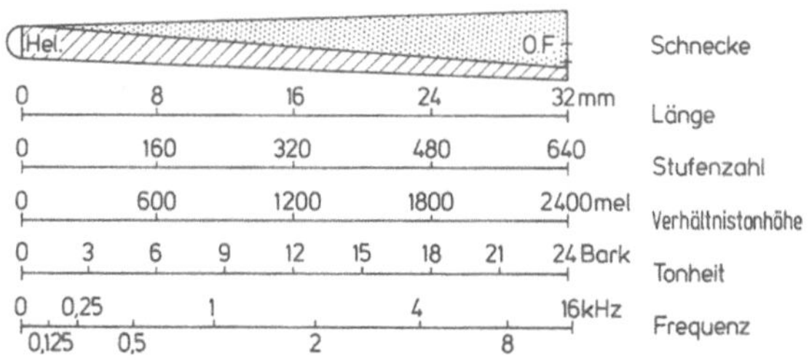

Abb.4.10. Skalen der Tonhöhe transformiert auf die Länge der Basilarmembran. Man beachte, daß alls Skalen bis auf die der Frequenz linear geteilt sind

unterbringen. Auch diese Skale ist eine lineare Skale. Als einzige nichtlineare Skale müssen wir in dieser Darstellung die Frequenz auftragen. In der untersten Skale in Abb.4.10 ist dies durchgeführt. Bis zu Frequenzen von etwa 500 Hz bleibt auch diese Skale linear geteilt. Für Frequenzen oberhalb 500 Hz kann die Skale in guter Näherung als logarithmisch angesehen werden. In der Mitte der Länge der Basilarmembran liegt eine Frequenz von etwa 1,8 kHz. In der Mitte der unteren Hälfte liegt eine Frequenz von etwa 650 Hz, in der Mitte der oberen Hälfte der Basilarmembran eine Frequenz von knapp 5 kHz.

Aus der in Abb.4.10 gewählten Darstellung kann eine sehr wichtige Erkenntnis entnommen werden: Die Frequenzskale - eine physikalische Skale - ist zur Beschreibung der Vorgänge im Innenohr offenbar nicht geeignet. Sie läßt sich weder in einem logarithmischen noch in einem linearen Maßstab auf die Länge der Basilarmembran abbilden. Alle anderen Größen dagegen, wie die Stufenzahl, die Verhältnistonhöhe oder auch die Tonheit, können in linearen Skalen dargestellt werden. Es erscheint daher sehr zweckmäßig, bei Diskussionen über die Eigenschaften des Gehörs und beim Erarbeiten von Funktionsmodellen für die Wirkungsweise des Gehörs die Frequenzskale sobald wie möglich zu verlassen und die Frequenz-Orts-Transformation zu benützen. Mit deren Hilfe können wir entweder auf die Tonheitsskale oder auf die Verhältnistonhöhenskale übergehen. Anhand dieser Skalen werden die Vorgänge leichter beschreibbar, weil sie lineare Teilungen tragen. Eine einmalige Transformation von der Frequenz in die Tonheit ist meist ausreichend, um viele Vorgänge einheitlich auf der Basilarmembran zu beschreiben.

Der sehr wichtige Zusammenhang zwischen der Länge der Basilarmembran und der Frequenz bzw. der Zusammenhang zwischen den Skalen der Tonheit und der Verhältnistonhöhe einerseits und der Frequenz andererseits ist in Abb.4.11 in Kurvenform dargestellt. Außerdem sind die in früheren Abschnitten benützten Näherungen graphisch und in Gleichungen angegeben. Auf der linken Seite von Abb.4.11 ist das Innenohr in ausgestreckter Form mit der nach dem Helicotrema hin anwachsenden Breite der Basilarmembran und der punktiert dargestellten Reihe von Haarzellen im Cortischen Organ gezeigt, als Hinweis auf den "anatomischen Befund".

Im Bildteil b und c ist jeweils die Frequenz als Abszisse - links in linearer, rechts in logarithmischer Darstellung - und als Ordinate die Tonheit z in Bark (links) bzw. die Verhältnistonhöhe H_V in mel (rechts) dargestellt.

Da die Frequenzgruppe bei tiefen Frequenzen eine Bandbreite von 100 Hz besitzt und außerdem Frequenz und Verhältnistonhöhe bei tiefen Frequenzen mit dem Proportionalitätsfaktor 1 verknüpft wurden, ergibt sich der in Abb.4.11b angegebene Zusammenhang, daß 1 Bark mit guter Näherung 100 mel ist. Dabei sind die in Abschn.4.3 erwähnten Tonhöhenverschiebungen, die nur wenige Prozente betragen, vernachlässigt. In Abb.4.11b ist die Näherung für tiefe Frequenzen eingetragen. Die Proportionalität bei tiefen Frequenzen bis zu etwa 500 Hz ist durch die gestrichelte Linie angedeutet. Dort gilt, daß die Verhältnistonhöhe in mel gleich der Frequenz in Hz ist.

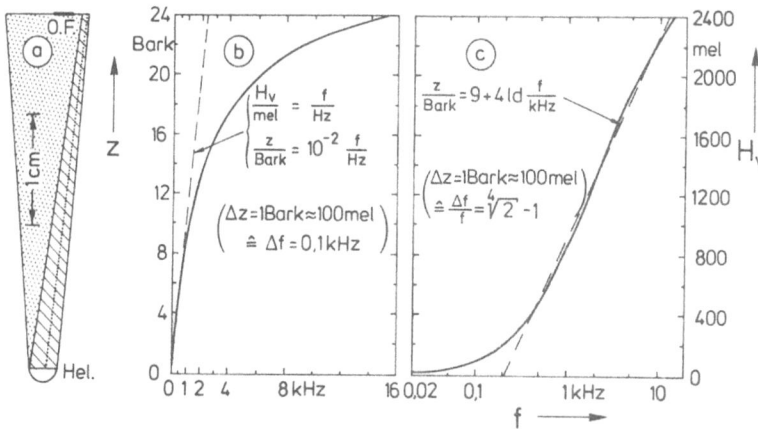

Abb.4.11. Ausgestrecktes Innenohr (a) und zugeordnete Tonheit z bzw. Verhältnistonhöhe H_v in Abhängigkeit von der Frequenz f in linearer (b) und in logarithmischer (c) Darstellung. Zweckmäßige Näherungen sind angegeben

Die Tonheit z in Bark ist in diesem Bereich hundertmal kleiner als die Frequenz in Hz. Einer Veränderung der Tonheit um den Wert $\Delta z = 1$ Bark kann in guter Näherung einer Verhältnistonhöhenänderung um 100 mel gleichgesetzt werden. Dies entspricht bei tiefen Frequenzen einer Frequenzverschiebung um 100 Hz.

In Abb.4.11c ist ein logarithmischer Frequenzmaßstab als Abszisse gewählt. In dieser Darstellung wird deutlich, daß die Annahme eines logarithmischen Zusammenhanges oberhalb von 500 Hz die Abhängigkeit recht brauchbar annähert. Die gestrichelt eingetragene Gerade, um welche die durchgezogene Kurve schwankt, gehorcht dem angegebenen Zusammenhang zwischen der Tonheit z und dem Logarithmus aus der Frequenz f. Für den Bereich oberhalb 500 Hz ist diese Näherung sehr zweckmäßig. Sie führt zu der ebenfalls in Abb.4.11c angegebenen Verknüpfung zwischen der Tonheitsänderung von 1 Bark, d.h. einer Verhältnistonhöhenänderung von 100 mel, und einer relativen Frequenzänderung.

Die in Abb.4.11 dargestellten Zusammenhänge und Gleichungen sind sehr nützlich. In vielen Fällen ist jedoch ein analytischer Ausdruck für den Zusammenhang zwischen der Frequenz und der Tonheit im gesamten Gültigkeitsbereich erwünscht. Analytische Zusammenhänge, wie sie insbesondere auch für Rechner sehr zweckmäßig sind, können sowohl für die Tonheit z als auch für die Frequenzgruppenbreite Δf_G angegeben werden:

$$\frac{z}{\text{Bark}} = 13 \cdot \arctan(0{,}76 \frac{f}{\text{kHz}}) + 3{,}5 \cdot \arctan(\frac{f}{7{,}5 \text{ kHz}})^2; \tag{4.1}$$

$$\frac{\Delta f_G}{\text{Hz}} = 25 + 75[1 + 1{,}4(\frac{f}{\text{kHz}})^2]^{0{,}69}. \tag{4.2}$$

5. Skalen der Lautstärkeempfindung

Die Lautstärkeempfindung ist eine Intensitätsempfindung. Ihre Empfindungsfunktion geht also nicht unmittelbar aus den eben wahrnehmbaren Pegelstufen hervor. Dennoch spielen eben wahrnehmbare Schalldruck- oder Schallpegeländerungen eine wichtige Rolle. Die Empfindungsfunktion für die Lautstärkeempfindung, die Lautheit, läßt sich nur aus Verhältnismessungen ableiten. Neben der Lautheit, der eigentlichen Empfindungsgröße, wird der Lautstärkepegel - der eigentlich Pegellautstärke heißen müßte - häufig benützt. Der Lautstärkepegel ist keine eigentliche Empfindungsgröße, sondern eine Zwischengröße wie etwa die Frequenztonhöhe. Wenn ein Schall durch einen Störschall nicht vollständig verdeckt ist, so wird er doch in seiner Lautheit gedrosselt. Die gedrosselte Lautheit liegt zwischen der normalen Lautheit, die ein Testschall ohne Störschall hervorruft, und der Lautheit Null des Testschalles, die bei der Mithörschwelle, bei der die Störung den Testschall gerade verdeckt, erreicht wird. Damit sind die wesentlichen Größen, mit denen wir uns in den folgenden Kapiteln zu beschäftigen haben, aufgezeigt.

5.1 Eben wahrnehmbare Schallpegeländerungen

Ähnlich den Verhältnissen bei plötzlichen Frequenzänderungen ist auch bei plötzlichen Schallpegeländerungen ein störender Knack wahrnehmbar. Bei einer stufenförmigen Erhöhung des Schallpegels wird das Kurzzeitspektrum recht breit. Das Gehör nimmt diese Verbreiterung als Knack wahr. Aus diesem Grunde wird die eben wahrnehmbare Schallpegeländerung durch Amplitudenmodulationsmessungen bestimmt. Der eben wahrnehmbare Modulationsgrad m bei sinusförmiger Amplitudenmodulation läßt sich leicht in die zugehörige eben wahrnehmbare Schallpegeländerung ΔL umrechnen. Dabei gilt:

$$\Delta L = 10 \cdot \lg \frac{I_{max}}{I_{min}} \, dB = 20 \cdot \lg \frac{1+m}{1-m} \, dB \; . \tag{5.1}$$

Für m ≦ 0,3 gilt angenähert

$$\Delta L = 20 \cdot \lg e \cdot (2m + \frac{2}{3} m^3 + \ldots) \text{ dB} \approx 20 \cdot \lg e \cdot 2m \text{ dB} \approx 17,5 \, m \text{ dB}. \tag{5.2}$$

Dieser Zusammenhang kann auch aus den beiden Ordinatenskalen von Abb.5.1 entnommen werden. An der linken Skale ist der Modulationsgrad m, auf der rechten Skale die zugehörige Pegeländerung ΔL in dB aufgetragen. In dieser Figur ist der eben wahrnehmbare Amplitudenmodulationsgrad für einen Sinuston und für Weißes Rauschen in Abhängigkeit vom Pegel L dargestellt. Die Modulationsfrequenz ist 4 Hz. Für Modulationsfrequenzen zwischen 2 Hz und 5 Hz ist das Gehör gegen Amplitudenmodulation am empfindlichsten. Die durchgezogene Kurve für reine Töne (1 kHz) zeigt, daß bei kleinen Pegeln ein Modulationsgrad von 20 % notwendig ist, damit die Amplitudenschwankung wahrgenommen wird. Bei Pegeln um 40 dB ist ein Modulationsgrad von 6 % bereits wahrnehmbar. Der eben wahrnehmbare Amplitudenmodulationsgrad sinkt für Töne nach größeren Pegeln weiter ab und erreicht bei einem Schalldruckpegel von 100 dB etwa 1 %. Die dargestellte Kurve gilt an sich für einen 1 kHz-Ton. Wird anstelle des Schalldruckpegels L jedoch die Pegellautstärke L_N (siehe Abschn.5.2) als Abszisse angegeben, so gilt diese Kurve für praktisch alle Töne.

Die Hörbarkeit der Amplitudenmodulation von Weißem Rauschen, von einem 1 kHz-ton sowie einem gedrosselten 1 kHz-Ton wird in Darbietung 5.1 demonstriert.

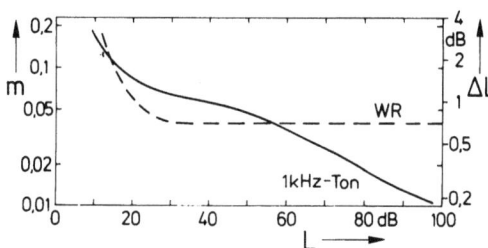

Abb.5.1. Eben wahrnehmbarer Amplitudenmodulationsgrad m bzw. zugehörige Pegeländerung ΔL von 1 kHz-Ton und Weißem Rauschen als Funktion ihrer Pegel L (f_{mod} = 4 Hz)

Für Weißes Rauschen ergibt sich der in Abb.5.1 gestrichelt dargestellte Zusammenhang. Bei kleinen Schalldruckpegeln ist der eben wahrnehmbare Amplitudenmodulationsgrad groß und beträgt etwa 20 %. Er nimmt bis L = 30 dB ziemlich stark ab und erreicht dort etwa 4 %, ein Wert, der sich nach höheren Pegeln nicht mehr ändert. In Kap.3 haben wir die unterschiedliche Wirkung von breitbandigen Schallen und von schmalbandigen Schallen kennengelernt. Sie unterscheiden sich insbesondere im Verlauf der Mithörschwelle an der oberen Flanke, die nur bei schmalbandigen Schallen, nicht aber bei Weißem Rauschen auftritt. Das Absinken des eben wahrnehmbaren Amplitudenmodulationsgrades für den Sinuston nach hohen Pegeln hin hängt daher vermutlich mit dem Effekt der Nichtlinearität an der oberen Flanke der Mithörschwelle zusammen.

Sowohl der Gl.(5.2) als auch den beiden Ordinatenmaßstäben (links und rechts) von Abb.5.1 können wir entnehmen, daß einem Modulationsgrad von etwa 6 % eine Pegeländerung von 1 dB entspricht. Dies ist ein wichtiger Wert. Wir wollen uns den Zusammenhang auch quantitativ für diesen Modulationsgrad merken. Der Verlauf des eben wahrnehmbaren Amplitudenmodulationsgrades für den 1 kHz-Ton in Abb.5.1 sieht so aus, als wolle er sich in Abhängigkeit vom Pegel zunächst auf diesen Wert von etwa 6 % stabilisieren. Die Kurve kippt jedoch bei höheren Pegeln nach kleineren Modulationsgraden hin ab. Der Grund dafür wird in Abschn.14.2 diskutiert.

Abbildung 5.2 zeigt die Abhängigkeit des eben wahrnehmbaren Amplitudenmodulationsgrades von der Modulationsfrequenz. Die durchgezogenen Kurven gelten für 1 kHz-Töne mit dem Pegel von 40 dB bzw. 80 dB. Ähnlich dem Verlauf für die eben wahrnehmbare Frequenzänderung ist auch der Verlauf der eben wahrnehmbaren Amplitudenänderung in Abhängigkeit von der Modulationsfrequenz, von sehr tiefen Frequenzen her kommend zunächst abfallend zu einem Minimum hin. Oberhalb der Modulationsfrequenz von 5 Hz steigt der eben wahrnehmbare Modulationsgrad etwa mit der Wurzel aus der Modulationsfrequenz an. Für eine Frequenz des Tones von 1 kHz wird das Maximum etwa bei 60 Hz erreicht. Danach fällt der Modulationsgrad wieder stark ab. Dieser starke Abfall hängt genau wie bei der Frequenzmodulation, so auch bei der Amplitudenmodulation, mit dem Hörbarwerden von Seitenlinien zusammen. Das Frequenzauflösungsvermögen des Gehörs ist für hohe Modulationsfrequenzen so gut, daß die Seitenlinien für sich als Einzeltöne abgespalten und wahrnehmbar werden.

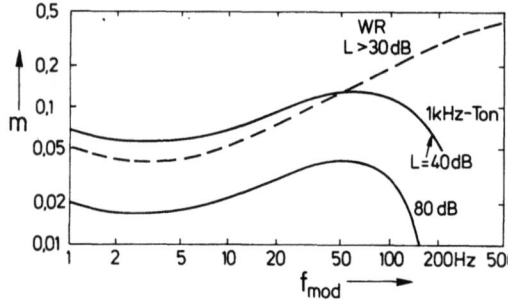

Abb.5.2. Eben wahrnehmbarer Amplitudenmodulationsgrad m in Abhängigkeit von der Modulationsfrequenz f_{mod} für 1 kHz-Töne und Weißes Rauschen angegebenen Pegels

Bei der Amplitudenmodulation von Weißem Rauschen können auch bei hohen Modulationsfrequenzen keine Seitenlinien wahrnehmbar werden. Das Spektrum des Weißen Rauschens bleibt bei Amplitudenmodulation unverändert. Der Verlauf des eben wahrnehmbaren Amplitudenmodulationsgrades in Abhängigkeit von der Modulationsfrequenz ist daher von der Hörbarkeit von Seitenlinien unbeeinflußt. Bei tiefen Modulationsfrequenzen verläuft die Kurve parallel zu derjenigen für Sinustöne. Bei hohen Modulationsfrequenzen steigt sie jedoch weiterhin etwa mit der Wurzel aus der Modulationsfrequenz an. Erst bei Modulationsfrequenzen von etwa 500 Hz wird ein Endwert bei einem Modulationsgrad von etwa 0,4 erreicht. In diesem Bereich ändert jedoch die Versuchsperson ihr Entscheidungskriterium wieder. Das stark amplitudenmodulierte Weiße Rauschen besitzt eine etwas größere Langzeitintensität. Diese Änderung der Gesamtintensität wird von der Versuchsperson wahrgenommen. Die eigentliche Amplitudenmodulation mit einer hohen Modulationsfrequenz ist dagegen unhörbar.

Die Kurven in Abb.5.1 haben ergeben, daß der gerade wahrnehmbare Amplitudenmodulationsgrad für Weißes Rauschen bei hohen Pegeln nicht so tiefe Werte erreicht wie derjenige für Sinustöne. Die Frage, ob dieser Unterschied auf die bei Weißem Rauschen und bei einem Sinuston unterschiedliche Amplitudenstruktur zurückzuführen ist, kann durch Messungen mit Bandpaßrauschen beantwortet werden. Wird die Bandbreite von Bandpaßrauschen mehr und mehr verringert, so wird schließlich das Band so schmal, daß die spektrale Zusammensetzung im Vergleich zu derjenigen des Sinustones nur noch einen geringen Unterschied aufweist. Die Amplitude eines Sinustones ist als Funktion der Zeit jedoch konstant, während die Amplitude eines Schmalbandrauschens sich in Abhängigkeit von der Zeit je nach Bandbreite mehr oder weniger rasch ändert. Unabhängig davon gehorcht die Amplitudenzusammensetzung bei Ausschnitten aus Weißem Rauschen einer Gaußschen Amplitudenverteilung. Zweckmäßigerweise werden solche Messungen bei hohen Mittenfrequenzen des Bandpaßrauschens durchgeführt, damit die Bandbreite möglichst hoch gewählt werden kann und dennoch kleiner ist als die Bandbreite der Frequenzgruppe. Für eine Bandmittenfrequenz von 8 kHz ist die Abhängigkeit des eben wahrnehmbaren Amplitudenmodulationsgrades von der Bandbreite des Rauschens als durchgezogene Kurve in Abb.5.3 aufgetragen. Die angegebene Grenze der Frequenzgruppenbreite wird etwa am Ende der durchgezogenen Kurve erreicht. Bei weiterer Vergrößerung der Bandbreite werden mehrere Frequenzgruppen und schließlich alle 24 Frequenzgruppen bei Weißem Rauschen miteinbezogen. Der eben wahrnehmbare Amplitudenmodulationsgrad sinkt bei Überschreiten der Frequenzgruppenbreite, d.h. bei Verbreiterung des Schalles, auf mehrere (bis zu 24) Frequenzgruppen weiter ab. Er erreicht schließlich für Weißes Rauschen, d.h. für eine Bandbreite von 16 kHz, einen Modulationsgrad von etwa 3 %. Dieser Wert liegt etwas tiefer als der Wert, den wir in Abb.5.1 kennenge-

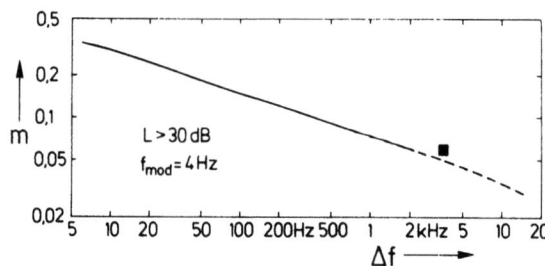

Abb.5.3. Eben wahrnehmbarer Amplitudenmodulationsgrad m für Ausschnitte aus Weißem Rauschen in Abhängigkeit von ihrer Bandbreite Δf (Mittenfrequenz 8 kHz). Rechteckförmige Amplitudenmodulation

lernt haben. Dies hängt damit zusammen, daß für Abb.5.3 rechteckförmige Amplitudenmodulation benutzt wurde, um bei späteren Betrachtungen den Vergleich zwischen der eben wahrnehmbaren Amplitudenmodulation (rechteckförmig) und der Mithörschwelle, bei deren Messung der Testschall rechteckförmig unterbrochen wird, durchführen zu können. In Abb.5.3 ist als ausgefülltes Quadrat ein Wert gekennzeichnet, der einerseits zu einer Bandbreite von 3,5 kHz - das ist die größte Bandbreite, die eine Frequenzgruppe aufweisen kann - und andererseits zu einer Schallpegeländerung von 1 dB - das entspricht einem Amplitudenmodulationsgrad von 6 % - gehört. Die eben wahrnehmbare Schallpegeländerung von 1 dB spielt beim Funktionsschema für eben wahrnehmbare langsame Schalländerungen, das wir in Kap.14 kennenlernen werden, eine wichtige Rolle.

Überdeckt das Spektrum des Bandpaßrauschens mehrere Frequenzgruppen, so sinkt der eben wahrnehmbare Amplitudenmodulationsgrad ab. Dieses Absinken infolge der Kooperation mehrerer Frequenzgruppen - die Wahrscheinlichkeiten innerhalb der Frequenzgruppen wirken für die Gesamtwahrscheinlichkeit zusammen - entspricht etwa auch dem Absinken in Abhängigkeit von der Bandbreite. Deswegen ist die gestrichelte Kurve praktisch eine Fortsetzung der durchgezogenen Kurve in Abb.5.3. Bei vorgegebener Bandbreite, wie z.B. $\Delta f = 1$ kHz, ist es demnach von sekundärer Bedeutung, ob die Frequenzlage des Bandpaßrauschens so gewählt ist, daß mehrere Frequenzgruppen überdeckt werden, oder ob nur eine Frequenzgruppe überdeckt wird, wie z.B. bei einer Mittenfrequenz von 5 kHz. Der in Abb.5.3 dargestellte Zusammenhang gilt demnach für Bandpaßrauschen beliebiger Mittenfrequenz. Die einzig wichtige Variable ist die Bandbreite. Bei kleinen Bandbreiten wird die statistische Fluktuation der Amplitude des Rauschens immer besser hörbar, jedoch auch immer störender für die Erkennung der periodischen Amplitudenmodulation. Dies ist der Grund, daß bei kleinen Bandbreiten die gerade wahrnehmbaren Amplitudenmodulationsgrade soviel größer sind als die für Sinustöne, obwohl die spektrale Zusammensetzung recht ähnlich ist.

Wie deutlich die Amplitudenmodulation bei Weißem Rauschen im Vergleich zu derjenigen bei 10 Hz breitem Rauschen hörbar ist, erläutert Darbietung 5.3.

5.2 Lautstärke

Mit Hilfe von Ergebnissen aus Vergleichsmessungen kann eine Empfindungsfunktion nicht eindeutig angegeben werden, wie dies in Abschn.1.2 bereits diskutiert wurde. Für Intensitätsempfindungen - die Lautstärkeempfindung gehört dazu - sind Ergebnisse aus Verhältnismessungen zur Bestimmung der Empfindungsfunktion notwendig. Da Vergleichsmessungen genauer sind als Verhältnismessungen, werden die Ergebnisse ersterer zur Festlegung von Zwischengrößen benützt. Die Tonhöhenfrequenz (vergl. Abschn.4.3) ist solch eine Zwischengröße, die in physikalischen Einheiten, nämlich in Hz, angegeben wird. Eine entsprechende Größe ergibt sich bei Lautstärkevergleichsmessungen, wenn z.B. die Abhängigkeit der Lautstärke von Bandpaßrauschen von seiner Bandbreite durch Lautstärkevergleich mit einem Sinuston der Bandmittenfrequenz (z.B. 4 kHz) bestimmt wird. Der Pegel des gleichlauten 4 kHz-Tones ist dann ein Maß für die Lautstärke des Bandpaßrauschens. Die gefundenen Werte werden als Pegel angegeben. Sie müßten zweckmäßigerweise als Lautstärkepegel bezeichnet werden. Wenn also ein Oktavrauschen bei 4 kHz mit einem Pegel von 60 dB gleich laut ist wie ein 4 kHz-Ton mit 64 dB Schallpegel, dann müßte folgende Aussage den Sachverhalt beschreiben: Das genannte Oktavrauschen besitzt einen Lautstärkepegel L_{4kHz} = 64 dB. Für andere Mittenfrequenzen können entsprechende Messungen bzw. Angaben gemacht werden, z.B. bei 250 Hz und bei 1 kHz. Nun sind aber 250 Hz-Töne, 1 kHz-Töne und 4 kHz-Töne bei gleichem Schallpegel nicht auch gleich laut. Durch Vergleich mit dem Ton der Standardfrequenz 1 kHz kann jedoch diese Frequenzabhängigkeit berücksichtigt werden. Dann werden die entsprechenden Werte im Pegel des gleich lauten 1 kHz-Tones angegeben: eine sehr zweckmäßige, weil allgemein für die Lautstärke jedes beliebigen Schalles anwendbare, nur auf Vergleichsmessungen beruhende Maßzahl, der nicht nur eine eigene Einheit, das "phon" anstelle des dB, sondern auch eine eigene Bezeichnung, nämlich "Lautstärkepegel", schon vor vielen Jahren gegeben wurde. Eigentlich müßte der so eingeführte Lautstärkepegel die Bezeichnung Pegellautstärke tragen, was sich jedoch kaum mehr korrigieren läßt. Wir wollen uns jedoch dessen bewußt bleiben und beachten, daß wir mit Lautstärkepegel auch Pegelwerte von gleich lauten Tönen bezeichnen können, die nicht die Frequenz 1 kHz besitzen, solange wir sie in dB beziffern. Eine Bezifferung in phon kann jedoch nur für den Lautstärkepegel des 1 kHz-Tones angegeben werden, wobei eigentlich die Bezeichnung Pegellautstärke benützt werden sollte. Sowohl in nationalen als auch in internationalen Vorschriften ist jedoch der Lautstärkepegel L_N (loudness level) bereits festgelegt.

Als Lautstärkepegel eines beliebigen Schalles wurde dabei derjenige Pegel eines 1 kHz-Tones bezeichnet, der bei frontalem Einfall auf die Versuchsperson in einer ebenen Welle die gleiche Lautstärkeempfindung hervorruft wie der zu messende Schall. Am bekanntesten sind diejenigen Lautstärkepegel geworden, die für verschiedene Frequenzen gelten. Sie werden in den sogenannten Kurven gleicher Lautstärke zusammengefaßt. Sie verbinden Punkte gleicher Lautstärkeempfindung in der Hörfläche. In Abb.5.4 sind die Kurven gleicher Lautstärke für das ebene Schallfeld dargestellt. Der Lautstärkepegel (die Pegellautstärke) L_N in phon ist Parameter. Die eingezeichneten Kurven müssen der Definition entsprechend bei 1 kHz denjenigen Schallpegel berühren, dessen Bezifferung in phon sie tragen; z.B. muß die 40 phon-Kurve bei 1 kHz durch den Wert 40 dB hindurchgehen. Die Ruhehörschwelle ist ihrer Definition nach auch eine Kurve gleicher Lautstärke. Dort ist gerade die Grenze der Lautstärkeempfindung erreicht. Da die Ruhehörschwelle für 1000 Hz bei 3 dB und nicht bei 0 dB liegt, trägt die Ruhehörschwelle jedoch nicht die Bezeichnung 0 phon, sondern 3 phon. Da die Lautheit, das ist die eigentliche

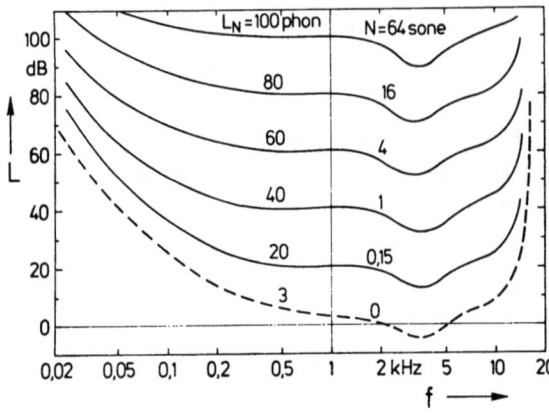

Abb.5.4. Kurven gleicher Lautstärke für das ebene Schallfeld. Die Kurven sind sowohl mit der Pegellautstärke L_N als auch mit der zugehörigen Lautheit N beziffert

Empfindungsgröße der Lautstärke, an der Ruhehörschwelle 0 sein muß, trägt diese Kurve jedoch die Bezifferung der Lautheit N = 0 sone. Dies wird im nächsten Abschnitt ausführlicher diskutiert.

Die Kurven gleicher Lautstärke verlaufen im Bereich oberhalb von etwa 200 Hz einigermaßen parallel zur Ruhehörschwelle. Sie sind praktisch nur nach größeren Pegeln verschoben. Das Minimum zwischen 2 und 5 kHz ist bei allen Kurven gleicher Lautstärke deutlich ausgebildet. Bei Frequenzen unter 200 Hz ist jedoch eine Parallelverschiebung eine sehr schlechte Näherung. Der Vergleich zwischen der Ruhehörschwelle und der Kurve gleicher Lautstärke für 100 phon macht deutlich, daß die Kurven gleicher Lautstärke bei großen Parameterwerten flacher nach tiefen Frequenzen hin verlaufen als an der Ruhehörschwelle. Die Kurven gleicher Lautstärke sind bei tiefen Frequenzen zusammengedrängt. Ein 50 Hz-Ton besitzt bei einem Lautstärkepegel (Pegellautstärke) von 20 phon einen Schallpegel von 50 dB. Der gleiche 50 Hz-Ton besitzt jedoch für einen Lautstärkepegel (Pegellautstärke) von 100 phon einen Schallpegel von "nur" 110 dB.

Im ebenen Schallfeld gibt es nur die Einfallsrichtung "von vorne". Im diffusen Schallfeld dagegen kommt der Schall gleichmäßig von allen Richtungen. Die Richtcharakteristik unseres Gehörs ist jedoch von der Frequenz abhängig. Aus diesem Grund unterscheiden sich die Kurven gleicher Lautstärke für das ebene Schallfeld von denjenigen für das diffuse Schallfeld. Die Differenz zwischen den beiden Schallfeldern wird am einfachsten dadurch angegeben, daß diejenige Dämpfung a_D ausgemessen wird, die notwendig ist, damit die gleiche Lautstärkeempfindung im ebenen Schallfeld und im diffusen Schallfeld hervorgerufen wird. Abbildung 5.5 zeigt die Abhängigkeit der Dämpfung a_D von der Frequenz. Bei tiefen Frequenzen ist diese Dämpfung 0; das Gehör ist in diesem Bereich ein Kugelempfänger. Bei 1 kHz erreicht a_D bis zu -3 dB. Dies bedeutet, daß der Schallpegel eines 1 kHz-Tones im diffusen Schallfeld um 3 dB im Pegel geringer sein muß, um die gleiche Lautstärkeempfindung hervorzurufen wie ein 1 kHz-Ton im ebenen Schallfeld. Solche Unter-

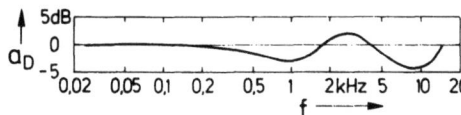

Abb.5.5. Dämpfung a_D zur Erzeugung gleicher Lautstärke im diffusen wie im ebenen Schallfeld als Funktion der Frequenz

suchungen werden nicht mit Sinustönen, sondern mit Schmalbandrauschen bei 1 kHz durchgeführt. Nach höheren Frequenzen steigt die Dämpfung a_D wieder an und erreicht bei etwa 2,5 kHz Werte um +2 dB. Bei hohen Frequenzen werden wiederum negative Werte (bis zu -4 dB bei 9 kHz) erreicht. Mit Hilfe der Daten von Abb.5.5 können die in Abb.5.4 dargestellten Kurven gleicher Lautstärke für das ebene Schallfeld in solche für das diffuse Schallfeld umgezeichnet werden.

Geräusche sind für die Lautstärkemessung wichtiger als Sinustöne. Weißes Rauschen ist nicht immer geeignet, um Geräusche nachzubilden. Wir haben schon bei der Verdeckung erkennen müssen, daß Weißes Rauschen bei hohen Frequenzen eine stärkere Verdeckung hervorruft als bei tiefen. Für Lautstärkebetrachtungen ist auch das Gleichmäßig Verdeckende Rauschen nicht dasjenige, welches eine von der Frequenz unabhängige, den Charakteristiken des Gehörs angepaßte Intensitätsverteilung besitzt. Als sehr zweckmäßig hat sich ein Rauschen erwiesen, für welches in jede Frequenzgruppe dieselbe Schallintensität fällt. Die Schallintensität pro Frequenzgruppe wird - wie wir später erfahren werden - als Anregung bezeichnet. Ein Rauschen, das in jeder Frequenzgruppe dieselbe Schallintensität besitzt, wird demnach als Gleichmäßig Anregendes Rauschen bezeichnet. Durch Vergleich von Gleichmäßig Anregendem Rauschen mit 1 kHz-Tönen kann der Lautstärkepegel dieses Rauschens bestimmt werden. In Abb.5.6 sind die Ergebnisse solcher Lautstärkevergleichsmessungen eingetragen.

Bei Anwendung der Methode des Einregelns, d.h. des Angleichens, gibt es zwei Möglichkeiten, um Meßwerte zu erhalten. In beiden Fällen wird abwechslungsweise das Gleichmäßig Anregende Rauschen (der Objektschall) und der 1 kHz-Ton (der Standardschall) dargeboten. Wird beim Lautstärkevergleich der Pegel des Standardschalls (des 1 kHz-Tones) verändert, so wird das Ergebnis als Standardlautstärkepegel bezeichnet. Jede Versuchsperson, die an der Messung teilnimmt, stellt einen Meßwert ein. Da bei solch einer Messung der Objektschall (das Gleichmäßig Anregende Rauschen) im Pegel konstant gehalten wird, ergeben sich Meßwerte, die auf einer Linie konstanten Pegels für das Gleichmäßig Anregende Rauschen liegen, d.h. auf einer Senkrechten. Zentralwert und wahrscheinliche Schwankung sind in Abb.5.6 für Pegel des Gleichmäßig Anregenden Rauschens zwischen 20 dB und 100 dB angegeben. Sie charakterisieren Werte für den Standardlautstärkepegel.

Wird jedoch der Pegel des Objektschalles angeglichen, so ergeben sich die sogenannten Objektlautstärkepegel. Da bei dieser Messung der Standardschall (der 1 kHz-Ton) in seinem Pegel konstant gehalten wird und die Versuchsperson den Objektschall verändert, liegen die von vielen Versuchspersonen angegebenen Werte auf

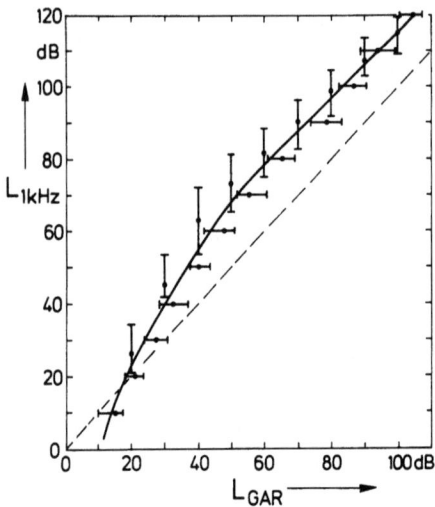

Abb.5.6. Pegel L_{1kHz} des 1 kHz-Tones, der notwendig ist, um gleich laut zu erscheinen wie ein Gleichmäßig Anregendes Rauschen mit dem Pegel L_{GAR}. Zentralwerte und Wahrscheinliche Schwankungen sind für die Messung der Standardlautstärke (1 kHz-Ton verändert) und für die Messung der Objektlautstärke (GAR verändert) angegeben. Durchgezogene Kurve: interpolierte Lautstärke

Linien, die horizontal verlaufen. Zentralwert und Wahrscheinliche Schwankung von vielen Ergebnissen wurden in Abb.5.6 für Pegel des 1 kHz-Tones zwischen 10 dB und 120 dB eingetragen. Diese Werte repräsentieren die Objektlautstärkepegel.

Der in Abb.5.6 dargestellte Kurvenzug ist der Mittelwert aus allen eingetragenen Meßergebnissen. Er stellt den interpolierten Lautstärkepegel dar. Dieser Wert wird normalerweise als Lautstärkepegel bezeichnet.

Wird die Methode des Abfragens benützt, so ergibt die Auswertung der von den Versuchspersonen angegebenen Daten direkt den interpolierten Lautstärkepegel oder, vereinfacht ausgedrückt, den Lautstärkepegel.

Die Daten aus Abb.5.6 machen deutlich, daß Gleichmäßig Anregendes Rauschen wesentlich lauter ist als ein 1 kHz-Ton gleichen Pegels. Bei kleinen Pegeln ist dieser Effekt noch gering. Gleichmäßig Anregendes Rauschen von 20 dB ist gleich laut wie ein 1 kHz-Ton mit 23 dB Schallpegel. Die Angabe Lautstärkepegel (Pegellautstärke) L_N = 23 phon ist identisch mit der Angabe L_{1kHz} = 23 dB. Für Gleichmäßig Anregendes Rauschen von 40 dB ist der Lautstärkepegel bereits deutlich angewachsen, und L_{1kHz} beträgt dort bereits 55 dB, d.h. 15 dB mehr als L_{GAR}. Bei 60 dB ist die Differenz am größten. Dort beträgt L_{1kHz} 78 dB, also 18 dB mehr. Nach größeren Werten hin fällt die Differenz wieder leicht ab. Bei L_{GAR} = 100 dB erreicht L_{1kHz} für die Bedingung "gleich laut" einen Wert von etwa 115 dB.

Darbietung 5.6 demonstriert dieses Verhalten bei mittleren Pegeln.

Gleichmäßig Anregendes Rauschen und ein 1 kHz-Ton unterscheiden sich insbesondere in der Bandbreite. Es scheint daher sinnvoll, Messungen der Lautstärke auch in Abhängigkeit von der Bandbreite durchzuführen. Dabei muß jedoch ein Vorgang beachtet werden, der in Abb.5.7 skizziert ist. Die Schallintensitätsdichte dI/df ist

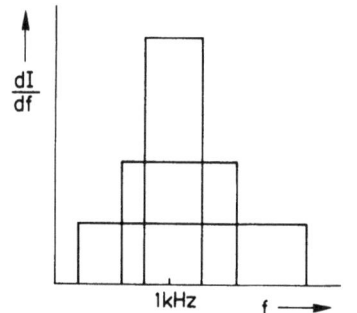

Abb.5.7. Damit die Gesamtintensität eines bandbegrenzten Rauschens konstant bleibt, muß bei Vergrößerung der Bandbreite die Schallintensitätsdichte dI/df so abgesenkt werden, daß die Flächen unter den Kurvenzügen konstant bleiben

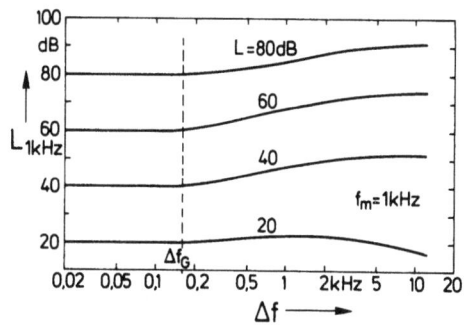

Abb.5.8. Lautstärkepegel L_{1kHz} von Bandpaßrauschen in Abhängigkeit von seiner Bandbreite Δf bei konstantem Pegel L des Rauschens (Parameter). Man beachte den Einfluß der Frequenzgruppenbreite Δf_G auf die Lautstärke

für Weißes Rauschen, das ein Rauschgenerator liefert, frequenzunabhängig. Wird ein Bandpaßfilter nachgeschaltet und die Bandbreite verändert, so ändert sich die Schallintensitätsdichte nicht. Die Gesamtintensität oder der Gesamtpegel, die bei Veränderung der Bandbreite entstehen, hängen jedoch gemäß Gl.(3.9) von der Bandbreite ab. Der Schallpegel des Rauschens sollte aber bei einem Experiment, bei dem Δf als Variable benützt und die Lautstärke gemessen werden soll, konstant bleiben. Dies bedeutet, daß die Schallintensität $I = \int(dI/df)df$ konstant bleiben soll. Dies kann nur erreicht werden, wenn gleichzeitig mit der Änderung der Bandbreite in entsprechender Weise auch die Schallintensitätsdichte verändert wird. Abbildung 5.7 zeigt ein Beispiel dafür, wie dies durchzuführen ist. Als Mittenfrequenz ist dabei 1 kHz gewählt.

Für die Bandmittenfrequenz von 1 kHz sind Lautstärkevergleiche zwischen Bandpaßrauschen verschiedener Bandbreite und 1 kHz-Tönen durchgeführt worden. Die Ergebnisse sind in Abb.5.8 dargestellt. Aufgetragen ist derjenige Pegel des 1 kHz-Tones (Ordinate), der im Mittel von den Versuchspersonen als notwendig angegeben wird, damit der Ton und das Bandpaßrauschen abhängig von seiner Bandbreite die gleiche Lautstärke erreichen. Parameter in diesem Diagramm ist der Pegel des Bandpaßrauschens. Er ist - entsprechend Abb.5.7 - längs einer Kurve konstant. Der Kurvenverlauf zeigt, daß bei kleinen Bandbreiten das Bandpaßrauschen bei 1 kHz gleich laut ist wie der 1 kHz-Ton, wenn die Pegel von Bandpaßrauschen und Ton übereinstimmen. Dieser Zusammenhang gilt bis zu einer bestimmten Bandbreite. Für 1 kHz Mittenfrequenz liegt diese Bandbreite bei etwa 160 Hz. Für größere Bandbreiten des Bandpaßrauschens steigt der Pegel des gleich lauten 1 kHz-Tones an. Bei einem Schallpegel des Rauschens von 20 dB ist das Ansteigen der Kurve gering. Sie fällt sogar bei größeren Bandbreiten wieder unter den Ausgangswert von 20 dB ab. Bei großen Pegeln (L = 80 dB) ist der Anstieg nicht so ausgeprägt, erreicht jedoch bei großen Bandbreiten Werte von 11 dB. Bei mittleren Pegeln von 60 dB wird bei großen Bandbreiten ein Zuwachs von etwa 15 dB erreicht, d.h., ein breitbandiges Weißes Rauschen mit 16 kHz Bandbreite und 60 dB Schallpegel besitzt einen Lautstärkepegel von etwa 70 dB. Dieser Wert ist etwas geringer als nach Abb.5.6 zu erwarten wäre. Dies hängt damit zusammen, daß in Abb.5.6 Gleichmäßig Anregendes Rauschen benützt wurde, während die hier angegebenen Messungen von Abb.5.8 mit Weißem Rauschen bzw. Ausschnitten davon durchgeführt worden sind.

Bei der Messung der Lautstärke von Bandpaßrauschen in Abhängigkeit von der Bandbreite hat sich ergeben, daß es eine charakteristische Bandbreite gibt, unterhalb der das Gehör anderen Gesetzen gehorcht als für Bandbreiten, die über dieser Grenze liegen. Die Grenze von 160 Hz Bandbreite bei 1 kHz Mittenfrequenz haben wir bereits bei der Bestimmung der Frequenzgruppe kennengelernt. Messungen - entsprechend den in Abb.5.8 dargestellten - bei anderen Mittenfrequenzen ergaben, daß diese charakteristische Grenze der Bandbreite bei größeren Mittenfrequenzen genauso anwächst wie die Frequenzgruppenbreite. Dies bedeutet, daß die Frequenzgruppe bei der Lautstärkeempfindung eine wichtige Rolle spielt. Messungen der in Abb.5.8 beschriebenen Art sind sogar zur Bestimmung der Breite der Frequenzgruppe bei vielen Mittenfrequenzen herangezogen worden.

Eine weitere Möglichkeit, den Einfluß der Bandbreite auf die Lautstärkeempfindung zu bestimmen, besteht darin, den Frequenzabstand Δf, den zwei Töne gleichen Pegels besitzen, zu variieren. Für die mittlere Frequenz von 1 kHz und für den Pegel des Einzeltones von 60 dB ist das Ergebnis einer entsprechenden Lautstärkevergleichsmessung in Abb.5.9 dargestellt. Sie zeigt den Pegel des gleich lauten 1 kHz-Tones in Abhängigkeit vom Frequenzabstand der beiden Töne, die, gemeinsam dargeboten, zum Lautstärkevergleich herangezogen werden. Bei kleinem Frequenzabstand bis zu etwa 10 Hz kann das Gehör Schwebungen wahrnehmen und ihnen folgen. In diesem Bereich wird gleiche Lautstärke dann erreicht, wenn der Pegel des 1 kHz-Tones auf 66 dB angehoben wird. Dies bedeutet im Vergleich zu dem Pegel des Einzeltones eine Steigerung um 6 dB. Demnach wird der Lautstärkepegel bei kleinen Frequenzabständen durch den Spitzenwert des Schalldruckverlaufs der Schwebung bestimmt. Bei kleinem Frequenzabstand müssen zur Abschätzung der Lautstärke die Schalldrucke addiert werden. Zwischen 20 Hz und etwa 120 Hz Frequenzabstand der

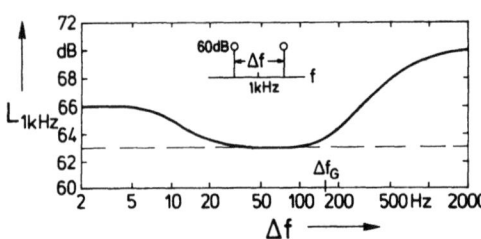

Abb.5.9. Lautstärkepegel L_{1kHz} von 2 gleichzeitig dargebotenen Sinustönen in Abhängigkeit von ihrem Frequenzabstand Δf

beiden Töne hat der gleich laute 1 kHz-Ton den kleineren Pegel von 63 dB. Dies
entspricht der Addition der Schallintensitäten. Bei etwa 160 Hz Frequenzabstand
(Breite der Frequenzgruppe) steigt die Kurve stark an, so daß bei großen Frequenzabständen deutlich größere Werte erreicht werden. Im Grenzfall bei
Δf = 2000 Hz (Frequenzabstände so gewählt, daß 1 kHz die geometrische Mitte
bleibt, d.h. f_1 = 400 Hz, f_2 = 2400 Hz), wird ein Zuwachs von 10 dB gegenüber
dem Einzelton erreicht. Da - wie im nächsten Abschnitt erläutert - 10 dB Zuwachs bei 1 kHz eine Verdoppelung der Lautstärkeempfindung bedeutet, können wir
auch dieses Ergebnis als eine Addition der Lautheiten der beiden Töne bei großen
Frequenzabständen interpretieren. Der Übergang von der Intensitätsaddition zur
Lautheitsaddition beginnt bei einem Frequenzabstand von etwa 160 Hz, wie wir
ihn für die Frequenzgruppe schon kennen. Messungen gleicher Art bei anderen Mittenfrequenzen haben gezeigt, daß diese Gesetzmäßigkeit auch bei anderen Frequenzen gilt. Demnach ist die Breite der Frequenzgruppe auch bei der Lautstärke von
2 Sinustönen, deren Frequenzabstand variiert wird, diejenige Größe, welche zwei
Gebiete voneinander trennt, innerhalb derer das Gehör nach verschiedenen Gesetzen
arbeitet.

5.3 Verhältnislautheit

Die Empfindungsgröße der zur Schallstärke gehörenden Intensitätsempfindung ist
die Lautheit. Sie wird bestimmt durch Beantwortung der Frage, wievielmal lauter
oder leiser ein zu messender Schall im Vergleich zu einem Standardschall ist.
Dabei wird von der Versuchsperson entweder ein Verhältnis gesucht oder über ein
Verhältnis von Empfindungsgrößen eine Aussage getroffen. Die so gefundene Empfindungsgröße wird daher genauer als Verhältnislautheit bezeichnet. Die Verhältnistonhöhe ist eine entsprechende Größe der Positionsempfindung. Als Standardschall hat sich der 1 kHz-Ton und als Angabe für seine physikalische Stärke sein
Schallpegel bewährt. Ein sehr einfaches Verhältnis ist die Verdoppelung bzw. die
Halbierung. Die Bestimmung der Lautheitsfunktion wird dadurch erreicht, daß die
Versuchsperson denjenigen Pegelzuwachs sucht, der im Vergleich zum Ausgangspegel
den Schall doppelt so laut erscheinen läßt. Wird dies für einen 1 kHz-Ton durchgeführt, so geben die Versuchspersonen im Mittel an, daß der Pegel um 10 dB, also
z.B. von 40 dB auf 50 dB, gesteigert werden muß, damit der 1 kHz-Ton doppelt so
laut wird. Dem 1 kHz-Ton mit einem Pegel von 40 dB im ebenen Schallfeld wurde
die Lautheit 1 sone zugeordnet. Mit dieser Festsetzung bedeutet das Ergebnis unseres Versuches, daß einem Schallpegel des 1 kHz-Tones von 50 dB die Lautheit von
2 sone zuzuordnen ist. Damit die Lautheitsfunktion vollständig gezeichnet werden
kann, wird zunächst bei allen Pegeln des 1 kHz-Tones der zur Verdoppelung notwendige Pegelzuwachs gemessen. Entsprechende Experimente werden für die Halbierung
durchgeführt. Im Mittel ergibt sich ein Pegelzuwachs bzw. eine Pegelverminderung ΔL, die zur Verdoppelung bzw. Halbierung der Lautheit notwendig ist. In

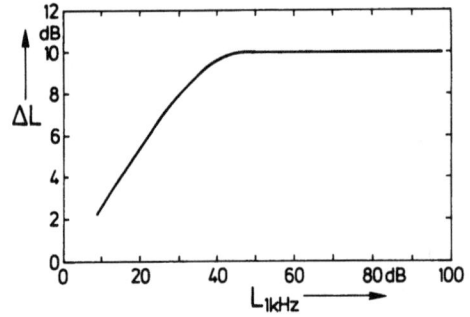

Abb.5.10. Zur Verdopplung bzw. Halbierung der Lautheit notwendige Pegelerhöhung bzw. Pegelerniedrigung ΔL eines 1 kHz-Tones in Abhängigkeit von seinem Pegel L_{1kHz}

Abb.5.10 sind die Werte ΔL in Abhängigkeit vom Schallpegel des 1 kHz-Tones dargestellt. Die Ergebnisse zeigen, daß bei großen Pegeln im Durchschnitt etwa 10 dB Pegeldifferenz eingestellt werden, damit Verdopplung bzw. Halbierung der Lautheit zustandekommt. Bei Pegeln unter 40 dB wird ΔL deutlich kleiner; bei 20 dB liegt ΔL nur noch bei 5, bei 10 dB nur noch bei 2 dB. Für die Lautheitskurve, d.h. für die Empfindungsfunktion, bedeutet dies, daß bei kleinen Pegeln nur eine kleine Steigerung des Pegels notwendig ist, damit eine Verdopplung der Lautheit erreicht wird: Die Lautheitsfunktion ist bei kleinen Pegeln sehr steil. Bei 30 dB flacht sie ab und verläuft bei großen Pegeln nach einem Potenzgesetz. Der Exponent dieses Gesetzes läßt sich daraus ersehen, daß 10 dB-Steigerung notwendig sind, um einen Faktor 2 an Lautheit zu gewinnen. Einem Intensitätsverhältnis des Faktors 2 entspricht ein Zuwachs von 3 dB. Demnach hat der Exponent den Wert 3/10, d.h. 0,3.

Einige Lautheitsverhältnisse werden in Darbietung 5.10 demonstriert.

Abbildung 5.11 zeigt die Lautheitsfunktion sowohl für den 1 kHz-Ton als auch für Gleichmäßig Anregendes Rauschen. Aufgetragen ist als Ordinate die Lautheit N in sone, und zwar in einem logarithmischen Maßstab. Nach rechts ist der Pegel des 1 kHz-Tones bzw. der Pegel des Gleichmäßig Anregenden Rauschens angegeben. Das Pegelmaß ist ebenfalls ein logarithmisches Maß. Eine Potenzfunktion stellt sich in diesem Diagramm als eine gerade Linie dar. Die Steigung dieser Geraden gibt den Exponenten an. Als durchgezogene Kurve ist die Lautheit eines 1 kHz-Tones angegeben, wie sie mit Hilfe der Daten aus Abb.5.10 und dem als Kreuz eingezeichneten Fixpunkt L_{1kHz} = 40 dB $\cong$ N = 1 sone konstruiert werden kann. Nach kleinen Pegeln sinkt die Lautheit auf Werte bis zu 0,01 sone bei 7 dB ab. Nach großen Pegeln steigt sie bis zu 100 sone bei 105 dB entsprechend dem Exponenten 0,3 des Potenzgesetzes an. Dieses Gesetz ist als gestrichelte Gerade, nach kleinen Pegeln hin verlängert, eingetragen. Die zugehörigen Gleichungen sind sowohl für die Intensität als auch für den Schallpegel des 1 kHz-Tones angegeben.

Für Gleichmäßig Anregendes Rauschen, d.h. für Rauschen, das in jeder Frequenzgruppe dieselbe Intensität besitzt, wurden ebenfalls Verhältnismessungen zur Bestimmung der Lautheitsfunktion durchgeführt. Die daraus gewonnene Lautheitskurve

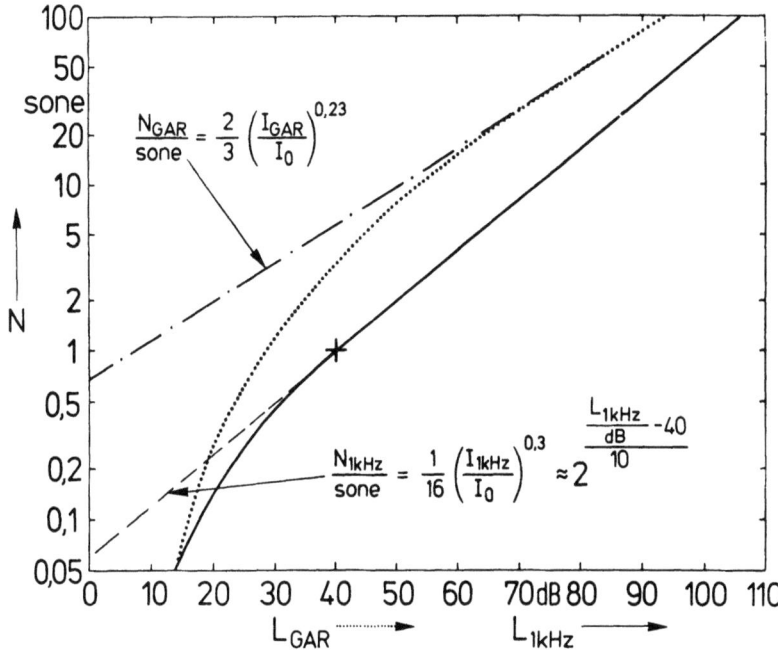

Abb.5.11. Lautheitsfunktion für den 1 kHz-Ton (durchgezogen) und für Gleichmäßig Anregendes Rauschen (punktiert): Lautheit N als Funktion des Schallpegels L_{1kHz} bzw. L_{GAR}. Zur Näherung geeignete Potenzfunktionen sind zusammen mit den Gleichungen angegeben

für Gleichmäßig Anregendes Rauschen ist in Abb.5.11 punktiert eingetragen. Dabei wurde davon ausgegangen, daß der Wert von 1 sone (entsprechend L_{1kHz} = 40 dB) auch erreicht wird von einem Gleichmäßig Anregenden Rauschen mit dem Schallpegel von 30 dB. Dieser Zusammenhang kann Abb.5.6 entnommen werden. Die Lautheitskurve für Gleichmäßig Anregendes Rauschen kann auch aus der Lautheitskurve des 1 kHz-Tones und den in Abb.5.6 angegebenen Werten für gleiche Lautstärke errechnet werden, weil gleiche Lautstärke auch gleiche Lautheit bedeutet. Beide Arten der Bestimmung führen zu demselben Ergebnis. Die Lautheitskurve für Gleichmäßig Anregendes Rauschen steigt demnach bei kleinen Pegeln steiler an als die Lautheitskurve für 1 kHz. Erst bei sehr großen Pegeln von 60 dB bis 70 dB erreicht die Lautheitsfunktion für Gleichmäßig Anregendes Rauschen eine Asymptote. Die Näherung für diese Asymptote ist strichpunktiert in Abb.5.11 eingetragen und mit der zugehörigen Gleichung charakterisiert. Demnach ist der Exponent der Potenzfunktion der Lautheitsfunktion für Gleichmäßig Anregendes Rauschen deutlich kleiner und beträgt nur 0,23. Dabei ist zu beachten, daß diese Näherung erst für große Pegel herangezogen werden kann.

Die Lautheitsfunktion ist eine sehr wichtige Funktion. Mit ihrer Hilfe kann eine Aussage darüber gemacht werden, um welchen Faktor ein Schall B lauter ist als ein Schall A. Der Lautstärkepegel und die Pegellautstärke geben nur die Richtung an, d.h., sie machen eine Aussage darüber, ob ein Schall lauter oder leiser ist. Aussagen über die quantitativen Relationen der Lautheiten, d.h. der von den beiden Schallen hervorgerufenen Empfindungen, sind durch Angabe des Lautstärkepegels nicht möglich. Die Lautheit in sone gibt jedoch direkt Auskunft darüber, um wievielmal lauter ein Schall ist im Vergleich zu einem 40 dB starken 1 kHz-Ton im ebenen Schallfeld. Wenn also beispielsweise ein Gleichmäßig Anregendes Rauschen mit einem Schallpegel von 60 dB eine Lautheit von 14 sone besitzt, so bedeutet dies, daß dieses Gleichmäßig Anregende Rauschen 14mal lauter ist als ein 1 kHz-Ton mit einem Schallpegel von 40 dB. Anhand der Abb.5.6 zu entnehmenden Relationen, daß nämlich ein Gleichmäßig Anregendes Rauschen mit 60 dB Schallpegel gleich laut ist wie ein 1 kHz-Ton mit 78 dB Schallpegel, läßt sich eine derartige Aussage jedoch nicht machen.

Als Lautheitskurve wird üblicherweise diejenige des 1 kHz-Tones bezeichnet. Sie stellt den Zusammenhang dar zwischen den in phon gemessenen "Lautstärkepegeln" (Pegellautstärken) und den zugehörigen Lautheiten. Diesen Zusammenhang benützend, können die in Abb.5.4 angegebenen Kurven gleicher Lautstärke nicht nur in Lautstärkepegel (Pegellautstärke), sondern auch in der Lautheit beziffert werden. Dies ist für Abb.5.4 durchgeführt worden. Demnach gehört zu 40 phon der Wert 1 sone, zu 60 phon der Wert 4 sone, zu 80 phon 16 sone und zu 100 phon 64 sone. Bei der Verminderung von 40 phon nach 20 phon fällt die Lautheit nicht nur um den Faktor 4, sondern um mehr als den Faktor 6 ab, da zu 20 phon 0,15 sone gehören. Die 3 phon-Kurve entspricht der 0 sone-Kurve, wie wir dies oben schon bei der Diskussion der Kurven gleicher Lautstärke angedeutet haben.

Der in Abb.5.11 dargestellte Zusammenhang zwischen dem Pegel des 1 kHz-Tones, L_{1kHz}, und seiner Lautheit N gilt gemäß unserer Nomenklatur für den Lautstärkepegel. Da für beliebige Schalle durch Lautstärkevergleich die Pegel des gleich lauten 1 kHz-Tones bestimmt werden können, kommt der in Abb.5.11 durchgezogen dargestellten Kurve sehr allgemeine Bedeutung zu: Wird die Abszisse anstelle des Lautstärkepegels L_{1kHz} (in dB) in der Pegellautstärke L_N (in phon) beziffert, so gilt diese Kurve für beliebige Schalle.

5.4 Gedrosselte Lautheit

In Abb.3.1 wurden die Mithörschwellen von Sinustönen, verdeckt durch Weißes Rauschen, diskutiert. Gehen wir aus von einem 1 kHz-Ton mit einem Schallpegel von 60 dB, so wird dieser von einem Weißen Rauschen mit einem Schallintensitätsdichtepegel von etwa 40 dB gerade verdeckt. Die Lautheit des 60 dB starken 1 kHz-Tones, der ohne zusätzliches Weißes Rauschen eine Lautheit von 4 sone besitzt, wurde durch das zusätzliche Weiße Rauschen in seiner Lautheit völlig gedrosselt, mit anderen Worten: Die Lautheit wurde von 4 sone auf 0 sone reduziert. Andererseits reduziert schon ein Rauschen mit einem Dichtepegel von 20 dB die Lautheit des 1 kHz-Tones merklich. Ein Rauschen mit einem Dichtepegel von etwa 30 dB halbiert die Lautheit. Dieser Effekt wird Lautheitsdrosselung genannt und kommt im Alltag häufig vor. Auf quantitative Zusammenhänge soll hier jedoch nicht näher eingegangen werden.

Ein anderer Effekt dagegen ist überraschend und zum Verständnis der Lautheitsbildung wichtig. Zu seiner Demonstration wird ein Sinuston mit 60 dB Schallpegel und variabler Frequenz, ausgehend von etwa 500 Hz, in seiner Frequenz erhöht und näher und näher an ein Hochpaßrauschen, dessen untere Grenzfrequenz bei 1 kHz liegt, herangeschoben. Durch Vergleich mit einem 1 kHz-Ton, der alternierend (ohne zusätzliches Hochpaßrauschen) auf dem anderen Ohr dargeboten wird, kann die Lautheit des 60 dB-Tones bestimmt werden. Trotz verschiedener spektraler Lage von Ton und Hochpaßrauschen beeinflußt das Hochpaßrauschen den Ton so, daß mit zunehmender Annäherung des Tones an das Hochpaßrauschen die Lautheit des Tones abnimmt: Das Hochpaßrauschen drosselt die Lautheit des Tones. Der quantitative Zusammenhang ist in Abb.5.12 zusammen mit einer Skizze der spektralen Darstellung angegeben. Demnach sinkt die Lautheit des Tones von 4 sone bei Verringerung des Abstandes Δf von 500 Hz auf kleinere Werte zunächst nur wenig ab. Bei einem Abstand von 100 Hz ist die Lautheit jetzt bereits auf etwa die Hälfte abgesunken. Der Ton erreicht die Mithörschwelle, d.h. eine Lautheit von 0 sone, wenn er im Rauschen bei einem Frequenzabstand von näherungsweise 0 Hz verschwindet.

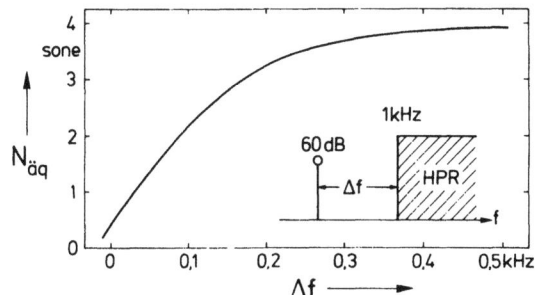

Abb.5.12. Äquivalente Lautheit $N_{äq}$ eines durch Hochpaßrauschen gedrosselten Tones, dessen Frequenzabstand Δf zur Grenzfrequenz des Hochpaßrauschens verändert wird

Dieser Effekt der Lautheitsdrosselung trotz verschiedener spektraler Lage der beteiligten Schalle ist sehr wesentlich. Er wird in Kap.15 ausführlich besprochen. Er weist darauf hin, daß die Lautheit eines Tones nicht an einer bestimmten Stelle der Frequenzachse gebildet wird, sondern über einen größeren Bereich auf der Tonheitsachse. Wenn Teile davon durch ein Hochpaßrauschen unterdrückt werden, dann vermindert sich die Lautheit, obwohl der Ton und das drosselnde Hochpaßrauschen spektral getrennt sind.

Die Drosselung der Lautheit durch ein zusätzliches Hochpaßrauschen wird in Darbietung 5.12 deutlich.

6. Schärfe

Untersuchungen, die über die Entstehung der Klangfarbe durchgeführt wurden, haben gezeigt, daß die Schärfe ein wesentlicher Teil der Klangfarbe ist. Sie kann als eine Empfindungsgröße angesehen werden, auf die wir getrennt achten können. Die Schärfe eines Schalles ist mit derjenigen eines zweiten Schalles vergleichbar. Die Schärfe kann verdoppelt und halbiert werden; sie ist demnach eine Empfindungsgröße, wie wir sie in der Verhältnistonhöhe und in der Verhältnislautheit bereits kennengelernt haben.

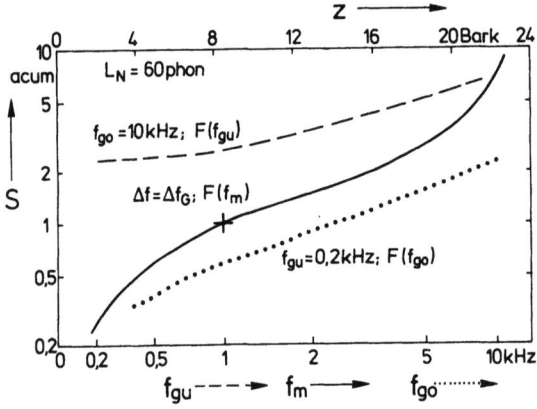

Abb.6.1. Schärfe S von Schmalbandrauschen (durchgezogen), von Tiefpaßrauschen (punktiert) und von Hochpaßrauschen (gestrichelt) als Funktion der Mittenfrequenz f_m bzw. der oberen Grenzfrequenz f_{go} bzw. der unteren Grenzfrequenz f_{gu}

Die Schärfe von Schmalbandrauschen ist für Bandbreiten kleiner als die der Frequenzgruppe, unabhängig von der Bandbreite, sie hängt jedoch stark von der Bandmittenfrequenz ab. Die Schärfe ändert sich in Abhängigkeit vom Pegel wesentlich weniger als in Abhängigkeit von der spektralen Zusammensetzung. Wird der Schärfe eines Schmalbandrauschens ($\Delta f \leq \Delta f_G$) mit der Mittenfrequenz 1 kHz und einem Pegel von 60 dB eine Schärfe von 1 acum zugeordnet, so gibt die in Abb.6.1 durchgezogen dargestellte Abhängigkeit der Schärfe von der Mittenfrequenz eines Schmalbandrauschens eine wesentliche Empfindungsfunktion für die Schärfe an. Demnach wächst die Schärfe mit wachsender Mittenfrequenz des Schmalbandrauschens kontinuierlich, dies bei kleinen Frequenzen weniger als bei hohen Frequenzen. Die Schärfe eines Schmalbandrauschens bei 8 kHz ist etwa fünfmal größer als diejenige eines Schmalbandrauschens bei 1 kHz. Von tiefen nach hohen Mittenfrequenzen wächst die Schärfe von Schmalbandrauschen fast um den Faktor 20.

Für breitbandigere Schalle hängt die Schärfe sowohl von der Begrenzung bei tiefen Frequenzen (untere Grenzfrequenz, f_{gu}; gestrichelte Kurve in Abb.6.1) als auch - und in vermehrtem Maße - von der Begrenzung bei hohen Frequenzen (obere Grenzfrequenz f_{go}; punktierte Kurve in Abb.6.1) ab. Ob das Spektrum ein kontinuierliches Spektrum oder aus harmonischen Linien zusammengesetzt ist, hat keinen meßbaren Einfluß auf die Schärfe.

7. Phaseneffekte

Die Änderung der Phase eines einzelnen Tones ist unhörbar. Auch wenn zwei Töne dargeboten werden, die z.B. miteinander schweben, so bewirkt eine Phasenänderung lediglich eine zeitliche Verschiebung der Umhüllenden der Amplitude. Werden drei Linien dargeboten, die im gleichen Frequenzabstand zueinander stehen, so führt die Änderung der Phasenlage eines Tones zu einer Änderung der Zeitstruktur der Umhüllenden des Gesamtklanges. Am leichtesten beschreibbar und auch am leichtesten einsehbar ist dies für Amplitudenmodulation bzw. Frequenzmodulation. Eine frequenzmodulierte Schwingung kann für kleinen Modulationsindex ($\Delta f/f_{mod} \leq 0,3$) als eine Schwingung angesehen werden, die aus drei Linien zusammengesetzt ist. Diese drei Linien stehen phasenmäßig so zueinander, daß sie die Tendenz haben, die Amplitude des Gesamtzeigers nicht zu verändern. Eine amplitudenmodulierte Schwingung kann ebenfalls aus drei Spektrallinien zusammengesetzt werden. Die Phasenlage der drei Linien bewirkt, daß die beiden Seitenlinien die Trägerschwingung in der Amplitude verändern. Für kleinen Modulationsindex kann also eine frequenzmodulierte Schwingung in eine amplitudenmodulierte Schwingung übergeführt werden, wenn eine Linie um 90° verdreht wird. Die amplitudenmodulierte und die frequenzmodulierte Schwingung unterscheiden sich bei gleicher Trägerfrequenz, gleicher Modulationsfrequenz und bei gleichem Wert für den Amplitudenmodulationsgrad bzw. den Frequenzmodulationsindex im Amplitudenspektrum nicht. Sie unterscheiden sich nur in der Phasenlage der Teilschwingungen. Die Wirkung der Phasenänderung von Teilschwingungen kann also mit solchen Schallen untersucht werden.

Abbildung 7.1 zeigt dies: Ein 1 kHz-Ton wird amplitudenmoduliert. Die Grenze der Wahrnehmbarkeit des Amplitudenmodulationsgrades wird in Abhängigkeit von der Modulationsfrequenz f_{mod} gemessen. Die Messung wird bei drei Pegeln (L = 40, 60 und 80 dB) durchgeführt. Die Meßergebnisse sind teilweise aus Abb.5.2 bekannt, die Angaben sind jedoch in Abb.7.1 nach hohen Modulationsfrequenzen fortgesetzt. Auch oberhalb von 1 kHz können Messungen durchgeführt werden, obwohl dort f_{mod} größer als die Trägerfrequenz ist. Die Grenze der Wahrnehmbarkeit des Frequenzhubes für einen 1 kHz-Ton in Abhängigkeit von der Modulationsfrequenz wurde bereits

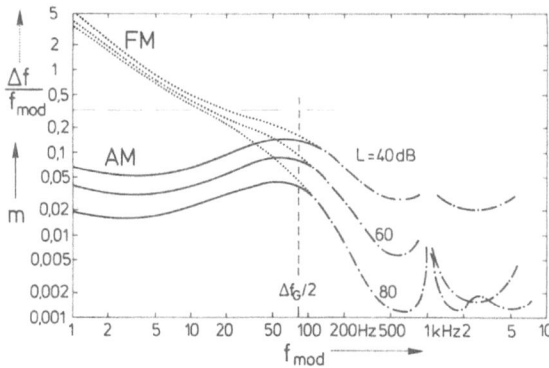

Abb.7.1. Vergleich der Wahrnehmbarkeit von Frequenzmodulation (FM) und von Amplitudenmodulation (AM). Aufgetragen ist der eben wahrnehmbare Frequenzmodulationsindex $\Delta f/f_{mod}$ und der eben wahrnehmbare Amplitudenmodulationsgrad m in Abhängigkeit von der Modulationsfrequenz f_{mod}. Parameter ist der Pegel L der modulierten 1 kHz-Töne

in Abb.4.2 erläutert. Werden entsprechende Messungen bei den oben angegebenen Pegeln durchgeführt und die Ergebnisse als Grenzmodulationsindex $\Delta f/f_{mod}$ aufgetragen, so ergeben sich die in Abb.7.1 punktiert dargestellten Kurven. Bei kleinen Modulationsfrequenzen bis etwa 15 Hz sind die Werte $\Delta f/f_{mod}$, die zur Erreichung der Schwelle nötig sind, größer als 0,3. In diesem Bereich ist ein Vergleich der Spektren nicht möglich. Oberhalb von etwa 15 Hz Modulationsfrequenz unterschreitet der Modulationsindex den Wert 0,3. Dort sind die Spektren von Amplitudenmodulation und Frequenzmodulation bis auf die Phasenlage gleich. Sie können also miteinander verglichen werden. Der Vergleich zeigt, daß die Grenze der Wahrnehmbarkeit bei höheren Modulationsfrequenzen identisch ist: Sie wird dort offensichtlich nur vom Spektrum und nicht von der Phasenlage der Teilschwingung bestimmt. Eben wahrnehmbarer Amplitudenmodulationsgrad und eben wahrnehmbarer Frequenzmodulationsindex weichen jedoch bei kleinen Modulationsfrequenzen deutlich voneinander ab. Der Übergang der so aufgetragenen Grenzkurven in ein und dieselbe Kurve wird bei einer Modulationsfrequenz gefunden, die etwa der halben Frequenzgruppenbreite entspricht. Dies wird verständlich, wenn wir uns vor Augen halten, daß die gesamte spektrale Breite des modulierten Signals $2 \cdot f_{mod}$ ist. Die oberste und die unterste Seitenlinie sind gerade um diesen Wert voneinander entfernt. Das Zusammenlaufen der Grenzwerte für die Amplitudenmodulation und Frequenzmodulation können wir mit Hilfe der Frequenzgruppe verstehen: Innerhalb der Frequenzgruppe, d.h. bei kleinen Modulationsfrequenzen, wird für die Schwelle der Modulation die Phasenlage der Teilschwingungen mitverantwortlich; bei großen Modulationsfrequenzen werden Teillinien, die in verschiedene Frequenzgruppen fallen, nur noch nach ihrer Amplitude und nicht mehr nach ihrer Phasenlage vom Gehör ausgewertet.

Für Untersuchungen über Phaseneffekte, die nicht an der Grenze der Wahrnehmbarkeit, sondern "überschwellig" durchgeführt werden, bieten sich Messungen der Lautstärke an. Ausgehend von dem oben Geschilderten wurden aus drei Tönen einmal eine Amplitudenmodulation und zum andern eine Quasifrequenzmodulation bei der Mittenfrequenz 1 kHz erzeugt. Die 3 Linien bestehen aus einer Trägerschwingung mit

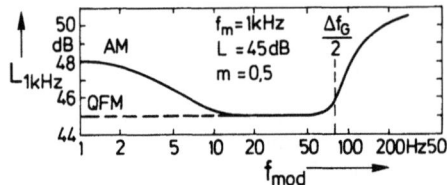

Abb.7.2. Lautstärkepegel L_{1kHz} eines amplitudenmodulierten (AM) und eines quasi-frequenzmodulierten (QFM) 1 kHz-Tones in Abhängigkeit von der Modulationsfrequenz f_{mod}

einem Pegel von 45 dB und 2 Seitenlinien, die jeweils ein Viertel der Amplitude des Trägers besitzen, d.h. 12 dB unter dem Pegel des Trägers liegen. Wird die Trägerschwingung um 90° in der Phase gedreht, so entsteht eine Quasi-FM-Schwingung. Ihre Amplitude ändert sich nur noch wenig. Die Augenblicksfrequenz schwankt jedoch hin und her. Der Lautstärkepegel dieser beiden Schalle wurde jeweils in Abhängigkeit von der Modulationsfrequenz bestimmt. Die Ergebnisse sind in Abb.7.2 dargestellt. Bei tiefen Modulationsfrequenzen zeigt die amplitudenmodulierte Schwingung (AM) einen um bis zu 3 phon größeren Lautstärkepegel als die quasi-frequenzmodulierte Schwingung (QFM). Bei Modulationsfrequenzen ab etwa 15 Hz sind beide Schalle gleich laut. Oberhalb von etwa 80 Hz, d.h. der halben Frequenzgruppenbreite, steigt der Lautstärkepegel und damit die Lautheit in Übereinstimmung mit den Meßergebnissen aus Abb.5.9 an. Die Lautheit beider modulierter Schwingungen steigt an, sobald die gesamte spektrale Breite ($2 \cdot f_{mod}$) der Schalle diejenige der Frequenzgruppe überschreitet. Bei tiefen Modulationsfrequenzen wird der Unterschied zwischen der amplitudenmodulierten und der quasi-frequenzmodulierten Schwingung deutlich. Während die quasi-frequenzmodulierte Schwingung nur einen Lautstärkepegel erreicht, wie er der unmodulierten Schwingung entspricht (es ändert sich ja nur die Frequenz, nicht aber die Amplitude), wird bei amplitudenmodulierter Schwingung offensichtlich die Schwankung der Umhüllenden nach größeren Werten vom Gehör aufgenommen und damit der Einfluß der Phase auf die Lautstärkeempfindung deutlich. Dieser Einfluß bleibt jedoch nur solange erhalten, wie unser Gehör bei der Lautstärkeempfindung den Schwankungen folgen kann. Dies scheint nur bis etwa 15 Hz der Fall zu sein. Oberhalb dieser Modulationsfrequenz bildet das Gehör die Lautstärkeempfindung nicht mehr aus den Spitzenschalldrucken, die Lautstärke von amplitudenmodulierten und quasi-frequenzmodulierten Schwingungen ist gleich.

8. Nichtlineare Verzerrung des Gehörs

Ein Übertragungssystem, das eine Nichtlinearität enthält, erzeugt bei Übertragung eines reinen Tones zusätzlich zu diesem Obertöne. Diese höheren Harmonischen sind bei Schallen, die auf das Gehör treffen, fast nie störend, weil sie mit dem Grundton verschmelzen. Psychoakustisch ist es daher sehr schwierig, die von der Nichtlinearität des Gehörs - und nicht von der des Übertragungsweges - hervorgerufenen Obertöne zu messen, zumal bei großen Pegeln die auftretenden höheren Harmonischen infolge der starken Verdeckung nach hohen Frequenzen hin unhörbar werden. Die Nichtlinearität des Gehörs wird zweckmäßiger mit Hilfe von Differenztönen gemessen, welche auftreten, wenn zwei benachbarte Töne auf das Gehör gegeben werden. Die Differenztöne entstehen bei Frequenzen, die unter denjenigen der beiden Primärtöne (f_1 und f_2) liegen. Dort ist die Verdeckung durch die Primärtöne gering. Darüber hinaus liegen - im Gegensatz zu den 2. und 3. Harmonischen der Primärtöne - die Differenztöne im allgemeinen unharmonisch zu den beiden Primärtönen und werden daher leicht erkannt (Beispiel: f_1 = 1350 Hz, f_2 = 1600 Hz; $f_2 - f_1$ = 250 Hz, $2f_1 - f_2$ = 1100 Hz). Angaben über die Amplitude und die Phase dieser im Gehör erzeugten Differenztöne werden mit Hilfe der sogenannten Kompensationsmethode gefunden. Dabei wird durch elektronische Schaltungen derselbe Differenzton, dessen Amplitude und Phase bestimmt werden soll, außerhalb des Gehörs erzeugt. Dieser zusätzliche Ton wird dem Gehör in Gegenphase zugesetzt, d.h. in Amplitude und Phase so geregelt, daß der im Gehör entstehende Differenzton mit Hilfe des Zusatztones zum Verschwinden gebracht wird. Der Pegel des zur Kompensation notwendigen, von außen zugeführten Differenztones ist ein Maß für die Amplitude des im Gehör erzeugten Differenztones. Der quadratische Differenzton entsteht bei der Frequenz $f_2 - f_1$, wenn f_2 die Frequenz des hohen und f_1 die des tiefen Primärtones ist. Gemessen wird die Abhängigkeit des zur Kompensation notwendigen Differenztonpegels $L_{(f2-f1)}$ von den beiden Primärtonpegeln L_1 und L_2. In Abb.8.1 sind für zwei verschiedene Frequenzen f_2, jedoch für dieselbe Frequenz f_1 = 1620 Hz, die Abhängigkeiten des Kompensationstonpegels vom Pegel der Primärtöne dargestellt. Obwohl die Frequenzen des Differenztones für die beiden dargestellten Fälle sehr verschieden

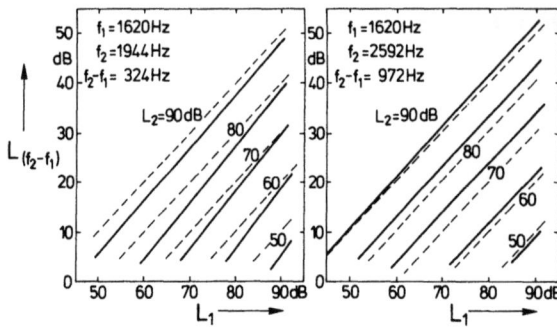

Abb.8.1. Pegel $L_{(f2-f1)}$ des zur Kompensation notwendigen quadratischen Differenztones in Abhängigkeit vom Pegel L_1 des tiefen Primärtones mit dem Pegel L_2 des hohen Primärtones (links: f_2 = 1944 Hz; rechts: f_2 = 2592 Hz) als Parameter. Gestrichelt: Werte nach Gl.(8.1)

sind (324 Hz und 972 Hz), ergeben sich ähnliche Differenztonpegel. Die Gesetzmäßigkeit, nach der dieser Differenztonpegel von den Pegeln L_1 und L_2 abhängt, entspricht in brauchbarer Näherung einfachen Gesetzen. Die gestrichelt eingetragenen Geraden markieren den Verlauf, den die Meßergebnisse haben müßten, wenn ihre Pegelabhängigkeit durch eine ideale quadratische Kennlinie zu beschreiben wäre. Das Gesetz, nach dem der Differenztonpegel von L_1 und L_2 abhängt, würde dann lauten:

$$L_{(f1-f2)} = L_1 + L_2 - 130 \text{ dB}. \tag{8.1.}$$

Die in Abb.8.1 gestrichelt eingezeichneten Geraden sind in beiden Teilbildern gleich. Es wird also frequenzunabhängige Nichtlinearität für diese Geraden angenommen. Im wesentlichen gehorchen die gemessenen Werte recht gut den "idealen" Gesetzmäßigkeiten. Die quadratischen Verzerrungen des Gehörs können demnach mit guter Näherung als reguläre quadratische Verzerrungen bezeichnet werden. Dabei weicht die Übertragungskennlinie nur verhältnismäßig wenig von einer exakten Proportionalität ab. Für Schalldruckpegel $L_1 \simeq L_2$ = 70 dB ergeben sich Differenztonpegel $L_{(f2-f1)}$ von nur 10 dB. Der Differenztonpegel liegt in diesem Fall also 60 dB unter dem Pegel der Primärtöne; die Amplitude des Schalldrucks des Differenztones beträgt nur 0,1 % derjenigen der Primärtöne.

Für den infolge kubischer Verzerrungen auftretenden kubischen Differenzton bei der Frequenz ($2f_1 - f_2$) können ähnliche Messungen durchgeführt werden. Es ergeben sich jedoch gemäß Abb.8.2 völlig andere Kurvenscharen, als sie von einer regulären kubischen Verzerrung erwartet werden müssen. Die entsprechende Gleichung für den Pegel des kubischen Differenztones müßte lauten:

$$L_{(2f1-f2)} = 2L_1 - L_2 - \text{const}. \tag{8.2}$$

Als erstes fällt auf, daß der Kompensationspegel des kubischen Differenztones diesem Gesetz nur dann gehorcht, wenn die Frequenzen f_1 und f_2 verhältnismäßig benachbart sind (linkes Teilbild) und auch dann nur, wenn L_2 kleiner ist als L_1. Im allgemeinen aber ist der Pegel des kubischen Differenztones eine Funktion von L_1

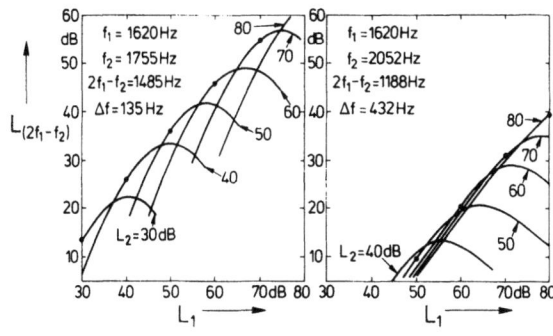

Abb.8.2. Pegel $L_{(2f_1-f_2)}$ des zur Kompensation notwendigen kubischen Differenztones in Abhängigkeit vom Pegel L_1 des tiefen Primärtones mit dem Pegel L_2 des höheren Primärtones
(links: f_2 = 1755 Hz;
rechts: f_2 = 2052 Hz) als Parameter

und L_2, die mit den Abhängigkeiten, die eine kubische Kennlinie erwarten ließe, nichts zu tun hat. Vielmehr werden in Abhängigkeit von L_1 Maxima durchfahren: Der Pegel des Kompensationstones nimmt bei konstantem Pegel L_2 mit wachsendem L_1 wieder ab! Es handelt sich offensichtlich um eine irreguläre Verzerrung. Wie ein Vergleich der beiden Teilbilder zeigt, hängen die auftretenden Differenztonpegel auch stark vom Frequenzabstand Δf zwischen f_2 und f_1 ab. Das rechte Teilbild zeigt durchschnittlich um etwa 30 dB kleinere Werte für den Kompensationstonpegel als das linke Teilbild. Neben dieser Abhängigkeit fällt insbesondere auf, daß die Pegel $L_{(2f_1-f_2)}$ bei kleinem Frequenzabstand sehr viel größer sind als die Pegel $L_{(f_2-f_1)}$ bei quadratischen Verzerrungen (vergl.Abb.8.1). Wird das Beispiel, das für die quadratischen Verzerrungen benützt wurde, wiederholt, so finden wir für Schallpegel L_1 = L_2 = 70 dB bei einem Frequenzabstand Δf = 135 Hz Werte für $L_{(2f_1-f_2)}$, die bei etwa 55 dB liegen. Die zur Kompensation erforderliche Schalldruckamplitude des kubischen Differenztones beträgt demnach etwa 17 % der Amplitude der beiden Primärtöne.

Die kleinen Differenzen zwischen Primärtonpegel und Kompensationstonpegel sowie die ungewöhnliche Abhängigkeit des letzteren sowohl vom Pegel als auch vom Frequenzabstand der Primärtöne machen eine Beschreibung der im Gehör auftretenden kubischen Verzerrungen sehr schwierig. In Abb.8.3 ist mit dem Pegel L_1 = L_2 als Parameter die Abhängigkeit des zur Kompensation notwendigen Differenztonpegels von der Frequenzdifferenz Δf = $f_2 - f_1$ aufgetragen. Dabei ist wie bisher f_1 = 1620 Hz. Das Ergebnis zeigt, daß, von kleinen Frequenzabständen Δf kommend, die Pegel $L_{(2f_1-f_2)}$ vom Frequenzabstand zunächst unabhängig sind. Nach größeren Frequenzabständen nimmt $L_{(2f_1-f_2)}$ zuerst langsam, dann sehr rasch ab. Er erreicht bei großen Werten Δf die Ruhehörschwelle. Ob die Breite der Frequenzgruppe direkt mit dieser Frequenzabhängigkeit zu tun hat, ist fraglich und noch nicht endgültig geklärt. Vermutlich kann die Frequenzgruppenbreite, wie sie für 1620 Hz in Abb.8.3 gestrichelt eingetragen ist, nur ein Hinweis dafür sein, daß die Frequenzselektivität des Gehörs bei der Entstehung kubischer Verzerrungen im Gehör eine wichtige Rolle spielt.

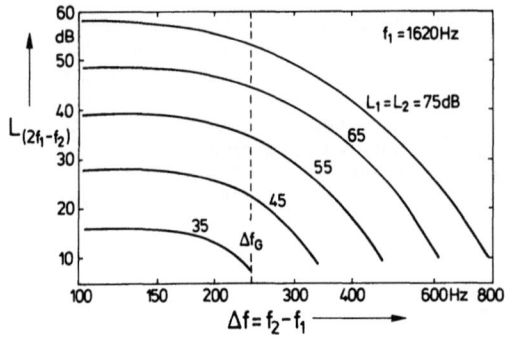

Abb.8.3. Pegel $L_{(2f_1-f_2)}$ des zur Kompensation notwendigen kubischen Differenztones in Abhängigkeit vom Frequenzabstand Δf der Primärtöne und ihrer Pegel $L_1 = L_2$ als Parameter

Mit Hilfe der Darbietung 8.2 ist es möglich, bei sich selbst Differenztöne zu erzeugen, die nicht von der Übertragungsanlage stammen.

Teil III: **Zeitabhängige Vorgänge**
9. Zeitliche Struktur der Verdeckung

Für langdauernden Testschall und für langdauernden Maskierer, d.h. für den eingeschwungenen Zustand, haben wir die Verdeckung in Kap.3 beschrieben. Bei der Übertragung von Information, z.B. durch Sprachschall, ist jedoch die zeitliche Struktur maßgeblich. Dabei wechseln laute Schalle (Vokale) mit leisen Schallen (Konsonanten) ab. Die maskierende Wirkung von lauten Vokalen spielt bei der Verständlichkeit der Sprache insbesondere in halligen Räumen eine wichtige Rolle. Es ist daher von Interesse, in welchem Maße endlich lang dauernde Maskierer Testschalle verdecken. Zur Beantwortung dieser Frage benützen wir sehr kurze Testschalle. Die gestellte Frage reduziert sich dann auf die Untersuchung der verdeckenden Wirkung eines Maskierers endlicher Dauer auf einen kurzen Testimpuls, der auf der Zeitachse relativ zum Maskierer verschoben wird.

Das zugehörige Schema zeigt Abb.9.1. Ein Maskierer von 200 ms Dauer verdeckt einen kurzen Tonimpuls, dessen Dauer im Vergleich zur Dauer des Maskierers vernachlässigbar bleibt. Zweckmäßigerweise werden zwei verschiedene Zeitskalen benützt. Die Größe Δt bezeichnet den Zeitpunkt nach dem Beginn des Maskierers, wobei auch negative Zeiten, d.h. Zeiten vor dem Beginn des Maskierers, auftreten. Die zweite Zeitskala beginnt am Ende des Maskierers. Meist wird diese Zeit als Verzögerungszeit t_v bezeichnet. Als Ordinatenskale wird in vielen Fällen nicht direkt der Pegel des Testtonimpulses aufgetragen, sondern der im Englischen als "sensation level" (SL) bezeichnete Wert. Dies ist der Pegel des Testtonimpulses abzüglich des Pegels des Testtonimpulses an der Ruhehörschwelle. Man bezeichnet diesen Pegel daher im Deutschen als "Pegel über Hörschwelle".

Drei Zeitbereiche der Verdeckung können unterschieden werden. Vorverdeckung findet in einem Zeitbereich statt, bevor der Maskierer eingeschaltet wird. Für diese Verdeckung gelten negative Werte der Zeitachse Δt. Ihr folgt unmittelbar die sogenannte Simultanverdeckung, bei der Maskierer und Testschall zeitlich simultan dargeboten werden. Nach dem Ende des Maskiererimpulses gibt es eine Nachverdeckung. Bei ihr ist physikalisch der Maskierer nicht mehr vorhanden, trotzdem wirkt er auf den Testschall. Zur Nachverdeckung gehört die zweite Zeitskale mit der Verzögerungszeit t_v.

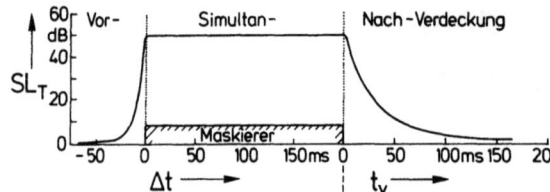

Abb.9.1. Schema für die Zeiteffekte bei der Verdeckung: Aufgetragen wird der Pegel (über Ruhehörschwelle) SL_T des Testschalles in Abhängigkeit von der Zeit Δt nach dem Einschalten des Maskierers bzw. der Zeit t_v nach dem Abschalten

Die Nachverdeckung ist kein überraschender Effekt. Er wird als Ausklingen mehr oder weniger erwartet. Überraschend dagegen ist die Vorverdeckung, die, wie der Name sagt, schon vor Einschalten des Maskierers stattfindet. Dies bedeutet aber nicht, daß das Gehör "in die Zukunft hören" könnte, vielmehr hängt die Vorverdeckung damit zusammen, daß die Empfindungen nicht sofort auftreten, sondern Verarbeitungszeiten notwendig sind, um sie zu erzeugen. Wenn einem lauten Schall eine schnelle Verarbeitung zuerkannt wird und einem leisen Schall an der Schwelle eine größere Verarbeitungszeit, so wird verständlich, daß es eine Vorverdeckung geben muß. Die Vorverdeckung "dauert" nur etwa 20 ms, die Nachverdeckung dagegen über 100 ms. Demnach ist die Nachverdeckung der dominierende Effekt bei den zeitlichen Effekten der Verdeckung.

9.1 Simultanverdeckung

Die Ruhehörschwelle und die Mithörschwelle von Testschallimpulsen hängen von der Impulsdauer dieser Testschalle ab. Bevor mit kurzen Impulsen Zeiteffekte der Verdeckung gemessen werden können, muß die Abhängigkeit der Mithörschwelle von der Impulsdauer der Testschalle bestimmt werden. Die Abbildungen 9.2 und 9.3 zeigen sowohl für die Ruhehörschwelle als auch für Mithörschwellen diese Abhängigkeit von der Impulsdauer. Aufgetragen ist der Pegel L_T^* des Dauerschalles, aus dem der Testschall ausgeschnitten ist, als Funktion der Impulsdauer T_i.

Bei der Anwendung von Tonimpulsen als Testschall ergeben sich für die Ruhehörschwelle Verläufe, die von der Frequenz des Testtonimpulses abhängen müssen, weil bereits die Ruhehörschwelle für Dauerschalle frequenzabhängig ist. Die Mithörschwellen werden jedoch frequenzunabhängig, wenn als verdeckender Schall Gleichmäßig Verdeckendes Rauschen benützt wird. Für einen Gesamtpegel des Gleichmäßig Verdeckenden Rauschens von 40 dB und 60 dB sind die entsprechenden Mithörschwellen in Abb.9.2 als durchgezogene Linienzüge angegeben. Sowohl die Ruhehörschwellen als auch die Mithörschwellen zeigen denselben Verlauf. Von großen Impulsdauern T_i kommend, bleibt bis etwa 200 ms die Ruhehörschwelle und die Mithörschwelle unabhängig von der Dauer. Bei weiterer Verkürzung der Impulsdauer steigt die Ruhehörschwelle bzw. die Mithörschwelle an. Der Anstieg verläuft ziemlich genau parallel einer Geraden, die eine Steigung von -10 dB/Dekade besitzt (in Abb.9.2 gestrichelt eingetragen). Dieser Verlauf bedeutet, daß für Impulsdauern ≤ 200 ms

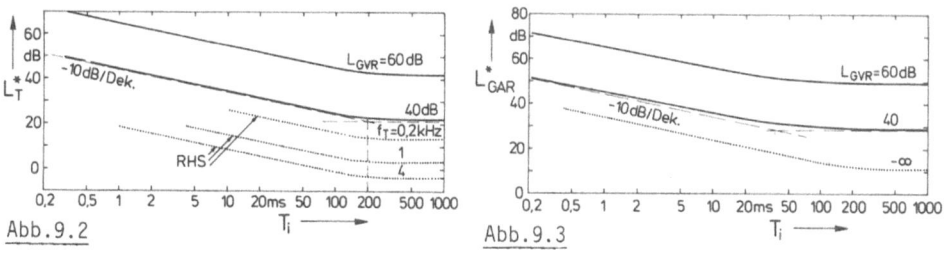

Abb.9.2 und Abb.9.3. Ruhehörschwellen und Mithörschwellen von Testschallen (Abb.9.2: Tonimpulse; Abb.9.3: Rauschimpulse) in Abhängigkeit von ihrer Dauer T_i. Parameter: Pegel L_{GAR} des Maskierers. Die Ruhehörschwelle (punktiert) ist in Abb.9.2 für verschiedene Testtonfrequenzen f_T angegeben

das Produkt aus Schallintensität und Dauer eine Konstante ist. Als charakteristischer Wert für die Abhängigkeit von der Dauer ergibt sich eine Grenzdauer von 200 ms.

Darbietung 9.2 verdeutlicht die Abhängigkeit der Mithörschwelle von der Impulsdauer.

Wenn Tonimpulse verschiedener Dauer benützt werden, muß beachtet werden, daß bei Verkürzung der Impulsdauer das Spektrum verbreitert wird. Dies begrenzt die Meßbarkeit des Verlaufes nach kurzen Impulsdauern hin, abhängig von der Testtonfrequenz. Rasches Einschwingen bei schmalem Spektrum beim Ein- und Ausschalten des Testtonimpulses wird auch hier durch gaußförmigen Anstieg und gaußförmiges Abklingen erreicht.

Werden anstelle von Testtonimpulsen Testrauschimpulse benützt, die aus Gleichmäßig Anregendem Rauschen ausgeschnitten sind, so ergibt sich für die Ruhehörschwelle ein ähnlicher Verlauf wie in Abb.9.2 aufgetragen. Die Mithörschwellen verdeckt durch Gleichmäßig Verdeckendes Rauschen zeigen jedoch (vergl.Abb.9.3) einen etwas davon abweichenden Verlauf. Von großen Impulsdauern her kommend, steigt die Mithörschwelle in Abhängigkeit von der Impulsdauer etwas flacher an als die Gerade mit der Steigung von -10 dB/Dekade. Der Unterschied zur Ruhehörschwelle kann dadurch erklärt werden, daß die Ruhehörschwelle praktisch nur für denjenigen Anteil aus dem breitbandigen Rauschimpuls gemessen wird, für den das Gehör besonders empfindlich ist, also schmalbandig. In den meisten Fällen wird dies im Frequenzbereich um 3 kHz der Fall sein. Dort wird die Ruhehörschwelle von breitbandigem Rauschen wegen der Frequenzselektivität des Gehörs so gemessen, als würde nur ein Schmalbandrauschen im empfindlichsten Frequenzbereich des Gehörs dargeboten. Diejenigen Anteile des Rauschens, die außerhalb des empfindlichsten Frequenzbereiches des Gehörs liegen, spielen bei der Bestimmung der Ruhehörschwelle keine Rolle.

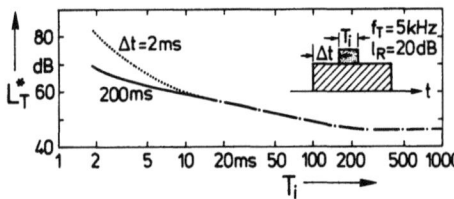

Abb.9.4. Simultanhörschwelle L_T^* eines Tonimpulses der Dauer T_i, der Δt = 2 ms bzw. Δt = 200 ms nach Einschalten des Maskiererimpulses aus Weißem Rauschen dargeboten wird

Im Bereich der Simultanverdeckung treten beim Einschalten eines Maskierers noch zusätzliche Effekte auf. In Abb.9.4 ist der zeitliche Verlauf von Maskierer und Testtonimpuls schematisch dargestellt. Damit bei möglichst kleinen Testtonimpulsdauern gemessen werden kann, wurde eine Testtonfrequenz von 5 kHz gewählt. Der Maskiererimpuls wird aus Weißem Rauschen ausgeschnitten und dauert lange im Vergleich zur Dauer des Testtonimpulses. Für den vorliegenden Fall beträgt der Dichtepegel des Maskierers 20 dB. Aufgetragen ist in Abb.9.4 wiederum die Mithörschwelle, d.h. der Schallpegel L_T^* des Dauertones, aus dem der Testton ausgeschnitten ist, als Funktion der Dauer T_i des Testtonimpulses. Bei einer Verzögerungszeit Δt = 200 ms wird der erwartete Verlauf - gemäß Abb.9.2 - gemessen. Er ist in der durchgezogenen Kurve dargestellt. Wird der Testtonimpuls jedoch nur 2 ms nach dem Einschalten des maskierenden Impulses aus Weißem Rauschen dargeboten, so hebt sich die Mithörschwelle bei kleinen Dauern deutlich nach größeren Werten ab: Ein größerer Pegel des Testschalles ist notwendig, damit er neben dem Rauschen, das gerade eingeschaltet wurde, wahrgenommen wird.

Dieser Effekt ist zusätzlich noch von der spektralen Zusammensetzung von Maskierer und Testschall abhängig. In Abb.9.5 ist die Mithörschwelle L_T^* eines 2 ms langen 5 kHz-Tonimpulses in Abhängigkeit von der zeitlichen Verschiebung Δt nach Einschalten des Maskierers für zwei Fälle aufgetragen. Für den durchgezogen dargestellten Verlauf ist die Bandbreite Δf_M des Maskierers begrenzt auf die Frequenzgruppenbreite Δf_G bei 5 kHz. Der punktierte Verlauf gilt dagegen für Δf_M = 20 kHz, d.h. für Weißes Rauschen. Der Unterschied zwischen den beiden Abhängigkeiten ist bei kleiner zeitlicher Verschiebung Δt zwischen dem Beginn des Maskierers und dem Beginn des Testtonimpulses am deutlichsten. Je weiter sich die Darbietung des Testtonimpulses vom Beginn des Maskierers entfernt, umso geringer wird der Effekt. Nach den in Abb.9.5 dargestellten Ergebnissen ergibt sich ein "Überschwingen" der Verdeckung für den Fall, daß die spektrale Zusammensetzung

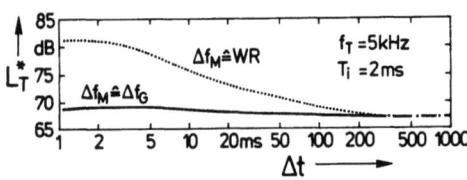

Abb.9.5. Simultanhörschwelle L_T^* eines 2 ms langen 5 kHz-Tonimpulses, der im Abstand Δt nach Einschalten des breitbandigen (Δf_M = WR) bzw. des schmalbandigen ($\Delta f_M \cong \Delta f_G$) Maskiererimpulses mit dem Dichtepegel l_R = 25 dB dargeboten wird

von Maskierer und Testschall verschieden sind. Der punktiert angegebene Verlauf ist ein Mittelwert und gilt für größtmöglichen Unterschied zwischen spektraler Zusammensetzung von Maskierer und Testschall. Die individuellen Unterschiede sind jedoch sehr groß und betragen bis zu 10 dB.

9.2 Nachverdeckung

Für Weißes Rauschen als maskierenden Schall läßt sich die Nachverdeckung ohne spektrale Einflüsse messen, wenn für den Testschall ein Gauß-Druckimpuls sehr kurzer Dauer benützt wird. Er hat ebenfalls ein breitbandiges Spektrum. Bei einer Impulsdauer von 20 µs ist sein Spektrum im hörbaren Bereich als "weiß" anzusehen. Der Schallpegel des gaußförmigen Druckimpulses wird mit $\hat{L}_T$ angegeben. Er ist aus dem Spitzenwert des während der Zeitfunktion erreichten Schalldruckes errechnet. In Abb.9.6 ist der zum Erreichen der Nachhörschwelle notwendige Schalldruckpegel $\hat{L}_T$ des gaußförmigen Testimpulses in Abhängigkeit von t_v, der Zeit nach dem Ende des Maskierers, angegeben. Parameter ist der Pegel des Weißen Rauschens. Die durchgezogenen Kurven sind Meßergebnisse. Sie zeigen, daß die Nachhörschwelle etwa 5 ms nach dem Abschalten noch immer die Höhe der Simultanhörschwelle besitzt. Danach beginnt die Nachhörschwelle abzufallen, bis 200 ms nach dem Ende des Maskierers die Ruhehörschwelle erreicht wird. Gestrichelt sind in Abb.9.6 diejenigen Kurven eingetragen, die einem exponentiellen Abklingen mit einer Zeitkonstante von 10 ms entsprechen würden. Der Vergleich zwischen den durchgezogenen und den gestrichelten Kurven zeigt, daß sich der Effekt der Nachverdeckung nicht durch ein exponentielles Abklingen beschreiben läßt.

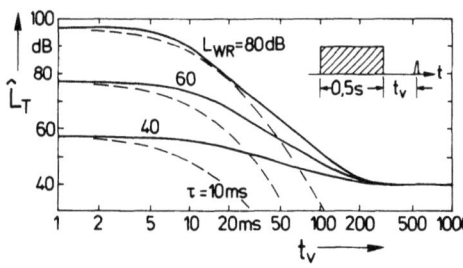

Abb.9.6. Nachhörschwelle $\hat{L}_T$ eines 20 µs langen Gauß-Druckimpulses, der zur Zeit t_v nach dem Ende eines Maskiererimpulses aus Weißem Rauschen mit dem Pegel L_{WR} dargeboten wird. Gestrichelt: Exponentielles Abklingen der Schalldruckamplitude

Wie ein Testimpuls vorgegebenen Pegels bei abnehmender Verzögerungszeit in der Nachverdeckung verschwindet, demonstriert Darbietung 9.6.

Die Nachverdeckung ist auch von der Dauer des Maskierers abhängig. In Abb.9.7 ist der zeitliche Verlauf schematisch dargestellt. Gleichmäßig Verdeckendes

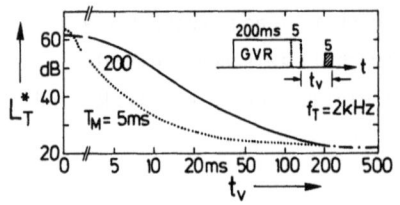

Abb.9.7. Nachhörschwelle L_T^* eines 5 ms langen 2 kHz-Tonimpulses, der zur Zeit t_v nach dem Ende eines Maskiererimpulses aus Gleichmäßig Verdeckendem Rauschen mit der Dauer T_M = 200 ms bzw. T_M = 5 ms dargeboten wird. L_{GVR} = 60 dB

Rauschen von 200 ms Dauer bzw. von 5 ms Dauer verdeckt einen 5 ms langen Testtonimpuls von 2 kHz, der zur Zeit t_v nach dem Abschalten des jeweiligen Maskierers dargeboten wird. Für eine Maskiererdauer von 200 ms ergibt sich der durchgezogene Verlauf. Er entspricht weitgehend den in Abb.9.6 dargestellten Kurven. Deutlich verschieden ist jedoch die von einem 5 ms langen Maskiererimpuls hervorgerufene Nachverdeckung, die punktiert eingetragen ist. Diese Nachverdeckung klingt viel schneller ab. Nach 50 ms Verzögerung ist bereits die Ruhehörschwelle erreicht. Die Nachverdeckung hängt also von der Maskiererdauer ab; dies muß als nichtlinearer Effekt angesehen werden.

9.3 Vorverdeckung

In Abb.9.1 wurde die Vorverdeckung erläutert. Messungen mit einzelnen Maskiererimpulsen sind nur von geübten Versuchspersonen möglich. Auch bei ihnen ist die Reproduzierbarkeit der Ergebnisse wesentlich schlechter als für die Simultan- und die Nachverdeckung. Etwas einfacher ist die Verdeckung zu messen, wenn die Folgefrequenz des Maskierers erhöht wird. Ist die Pause zwischen dem Ende eines Maskiererimpulses und dem Beginn des nächsten Maskiererimpulses geringer als 200 ms, so gehen Nachverdeckung und Vorverdeckung ineinander über. Dann entsteht das sogenannte Mithörschwellen-Periodenmuster, das im nächsten Abschnitt diskutiert wird.

Die Genauigkeit, mit der die Vorverdeckung gemessen werden kann, reicht kaum aus, um eindeutig festzustellen, ob eine Abhängigkeit der Vorverdeckung von der Impulsdauer des Maskierers vorhanden ist. Da die Vorverdeckung jedoch nur etwa 20 ms dauert, wird dieser Effekt - in vielen Fällen die Vorverdeckung überhaupt - vernachlässigt. Für zeitlich strukturierte Maskierer spielt die Vorverdeckung im Vergleich zur Nachverdeckung eine untergeordnete Rolle.

9.4 Mithörschwellen-Periodenmuster

Vorverdeckung und Nachverdeckung sind ebenso wie die Simultanverdeckung vom Spektrum des verdeckenden Schalles abhängig. Während bei breitbandigem Maskierer (Abb.9.6 und 9.7) die Frequenzabhängigkeit eine untergeordnete Rolle spielt, wird sie bei schmalbandigen Maskierern dominierend. An der oberen und an der unteren Flanke der Verdeckung werden wesentlich tiefere Mithörschwellen gemessen als bei

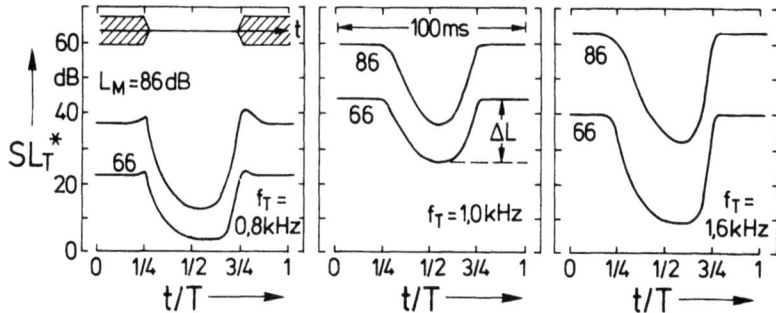

Abb.9.8. Mithörschwellen-Periodenmuster, hervorgerufen von einem mit 10 Hz rechteckförmig vollständig amplitudenmodulierten 1 kHz-Ton. Aufgetragen ist der Pegel über Ruhehörschwelle (SL_T^*) der Testtonimpulse mit 3 ms Dauer und der Frequenz f_T als Funktion ihrer zeitlichen Lage t/T innerhalb der Periode T = 100 ms. Maskiererpegel L_M ist Parameter

der Kernverdeckung. In allen Fällen aber bleibt die zeitliche Struktur der Verdeckung erhalten. In Abb.9.8 ist das Mithörschwellen-Periodenmuster aufgetragen, das von einem verdeckenden 1 kHz-Ton, der rechteckförmig moduliert ist, erzeugt wird. Die Modulationsfrequenz beträgt 10 Hz, so daß die Periode von 100 ms unterteilt wird in 50 ms, in denen der Maskierer eingeschaltet ist, und in 50 ms Pause. Die zeitliche Darstellung ist so gewählt, daß der Zeitpunkt Null mit der Mitte des Maskierers zusammenfällt. Dementsprechend liegt die Pause in der Mitte des Diagramms. Das Zeitschema des Maskierers ist im linken Teilbild oben dargestellt. Als Ordinate ist SL_T^* aufgetragen, der Pegel über der Hörschwelle, aus dem der Testton jeweils von 3 ms Dauer ausgeschnitten ist. Von Teilbild zu Teilbild ändert sich die Testtonfrequenz, Parameter ist der Pegel des Maskierers. Während für Testtonfrequenzen von 0,8 kHz und 1 kHz die Kurven ähnlich verlaufen, jedoch unterschiedliche Höhenlage besitzen, ist für eine Testtonfrequenz von 1,6 kHz sowohl der Abstand der beiden Kurven voneinander als auch die Differenz zwischen dem Minimum und Maximum der Mithörschwellen-Periodenmuster größer. Dies hängt mit dem nichtlinearen Auffächern der oberen Flanke zusammen, das wir in Abschn.3.2 kennengelernt haben. In allen Kurven verdeutlicht der steile Anstieg, daß sich die Vorverdeckung geringer auswirkt als die Nachverdeckung. Dennoch ist das Abklingen der Verdeckung im Bereich der Nachverdeckung kürzer, als wir dies in Abb.9.7 für eine Dauer des Maskierers von 200 ms kennengelernt haben. Für den in Abb.9.8 dargestellten Fall führt die Maskiererdauer von 50 ms zu einem schnelleren Abklingen der Nachverdeckung als für 200 ms, jedoch weniger schnell als bei 5 ms Maskiererdauer.

Mit Veränderung der Modulationsfrequenz ändert sich auch die Form der Mithörschwellen-Periodenmuster etwas: Bei hohen Modulationsfrequenzen unterscheidet sich die Steilheit des Abfalls der Nachverdeckung kaum von der Steilheit des

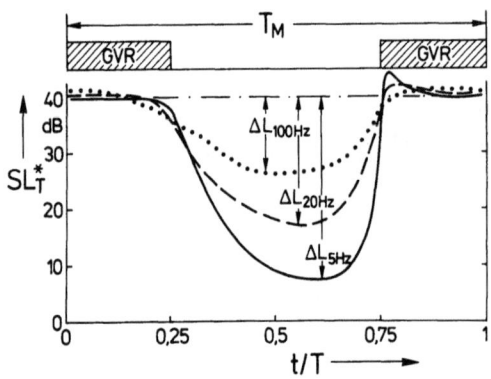

Abb.9.9. Mithörschwellen-Periodenmuster, hervorgerufen von Gleichmäßig Anregendem Rauschen, das mit 5 Hz, 20 Hz und 100 Hz rechteckförmig vollständig amplitudenmoduliert ist. Gleiche Darstellung wie in Abb.9.8 (f_T = 3 kHz, T_T = 3 ms). Man beachte: T = 200 ms für f_{mod} = 5 Hz (durchgezogen), T = 50 ms für f_{mod} = 20 Hz (gestrichelt) und T = 10 ms für f_{mod} = 100 Hz (punktiert)

Anstiegs der Vorhörschwelle. In Abb.9.9 sind als Beispiel dafür die Mithörschwellen-Periodenmuster aufgetragen, die durch Gleichmäßig Verdeckendes Rauschen mit 60 dB Pegel erzeugt werden, das mit Modulationsfrequenzen von 5 Hz, 20 Hz und 100 Hz rechteckförmig in der Amplitude moduliert ist. Der 3 kHz-Testtonimpuls hat eine Dauer von 3 ms und wird mit einer Folgefrequenz dargeboten, die gleich groß ist wie die Modulationsfrequenz. Der Pegel über Ruhehörschwelle SL_T^* des Testtonimpulses ist in Abb.9.9 als Funktion der relativen zeitlichen Lage t/T innerhalb einer Periode dargestellt. Die absolute Zeitdauer der Periode ändert sich für verschiedene Modulationsfrequenzen. Die Differenzen zwischen Maximum und Minimum innerhalb der Periodenmuster sind mit ΔL bezeichnet. Nach t/T = 0,75 tritt teilweise ein Überschwingen des Verlaufes auf, der mit dem in Abb.9.5 dargestellten Effekt zusammenhängt.

Die Veränderung der Werte ΔL durch Veränderung der Modulationsfrequenz wird in Darbietung 9.9 verdeutlicht.

9.5 Mithörschwellen-Zeitmuster

Rauschvorgänge haben eine Zeitstruktur, die keine Periode enthält. Soll trotzdem der Effekt der Verdeckung, wie er von Ausschnitten aus Rauschen erzeugt wird, psychoakustisch gemessen werden, so kann dies mit Hilfe von Pseudorauschen aus Zufallsfolgen realisiert werden. Solche Rauschen wiederholen sich nach einer Periode von 3 oder 4 Sekunden. Im letztgenannten Falle kann die Periode des Rauschens von der Versuchsperson nicht mehr wahrgenommen werden. Mit Hilfe eines Testimpulses, der zu einer vorgegebenen Zeit innerhalb der Periode dieses Rauschens dargeboten wird, kann der Verdeckungseffekt wie beim Mithörschwellen-Periodenmuster bestimmt werden. Für einen kleinen Ausschnitt von 200 ms ist dies in Abb.9.10 mit einem 3 kHz-Testtonimpuls von 2 ms Dauer dargestellt. Verdeckender Schall ist ein 32 Hz breites Pseudorauschen bei 4 kHz. Die durchgezogene Kurve zeigt den Logarithmus der Umhüllenden des Schalldruckverlaufes als Funktion der

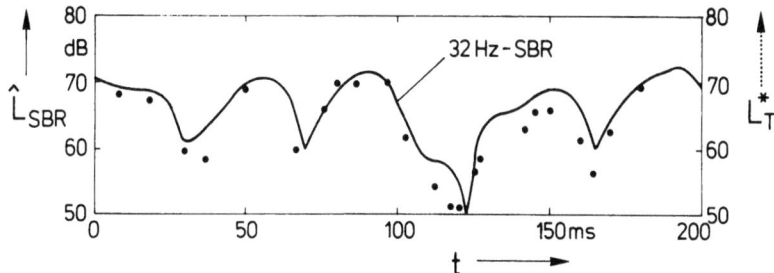

Abb.9.10. Mithörschwellen-Zeitmuster hervorgerufen von einem 32 Hz breiten Rauschen bei 4 kHz, dessen Spitzenschalldruck-Zeitverlauf im Pegelmaß ($\hat{L}_{SBR}$) dargestellt ist. Die Mithörschwellen L_T^* eines 2 ms langen 3 kHz-Testtonimpulses sind für diskrete Zeiten t als Punkte eingezeichnet

Zeit. Dieser Wert ist als Spitzenpegel des Schmalbandrauschens, $\hat{L}_{SBR}$, gekennzeichnet. Bei einer Bandbreite von 32 Hz des verdeckenden Schmalbandrauschens werden Einbrüche und Maxima im Verlauf der Hüllkurve sehr deutlich. Zu verschiedenen Zeiten t wurde die Mithörschwelle des 3 kHz-Tonimpulses gemessen. Die Frequenz von 3 kHz wurde gewählt, damit einerseits Testton und Maskierer vom Gehör gut unterschieden werden können und andererseits die Werte für den Mithörschwellenpegel L_T^* im Mittel mit den Werten des Spitzenschalldruckpegels übereinstimmen. Der Vergleich zwischen den als Punkten angegebenen Mithörschwellen und der durchgezogenen Kurve zeigt, daß die Übereinstimmung nicht nur im Mittel erreicht ist, sondern daß die Mithörschwelle der zeitlichen Struktur des maskierenden Schalles sehr genau folgt. Die Auswertung ergab einen Korrelationskoeffizienten von 0,85. Je kleiner die Bandbreite des verdeckenden Schmalbandrauschens wird, umso besser ist die Korrelation. Bei großen Bandbreiten wird sie schlechter, weil sich der Schalldruckzeitverlauf so rasch ändert, daß die Mithörschwelle wegen der Nachverdeckung diesem Zeitverlauf nicht mehr folgen kann.

10. Lautheit zeitabhängiger Schalle

Im allgemeinen sind natürliche Schalle, deren Lautheit bestimmt werden soll, stark von der Zeit abhängig. Die Sprache ist ein typisches Beispiel dafür. Aber auch Maschinengeräusche, die impulsförmig sind oder die sich rhythmisch wiederholen, sind Schalle, die nicht mit dem eingeschwungenen Zustand beschrieben werden können. Auch können Schalle, die zeitlich dicht aufeinanderfolgen, sich gegenseitig in der Lautheit drosseln. Demnach interessieren wir uns im Folgenden für die Lautheit von einzelnen Schallimpulsen, von Schallimpulsfolgen sowie für die folgegedrosselte Lautheit.

10.1 Lautheit von Schallimpulsen und Schallimpulsfolgen

Aus dem Verlauf der in Abb.9.2 angegebenen Kurven für die Mithörschwellen kann gefolgert werden, daß auch die Lautheit eines Tonimpulses mit abnehmender Impulsdauer abnehmen muß. Die Verringerung der Lautheit eines 2 kHz-Tones mit einem Pegel von 57 dB ist in Abb.10.1 in Abhängigkeit von der Impulsdauer T_i dargestellt. Die Frequenz 2 kHz ist gewählt, damit im Gegensatz zu 1 kHz bei größerer Frequenzgruppenbreite noch nach kleineren Impulsdauern hin gemessen werden kann. Ein 2 kHz-Ton hat bei großer Dauer und bei einem Schallpegel von 57 dB eine Lautheit von etwa 4 sone (vergl.Abb.5.4). Bei Verringerung der Dauer bleibt die Lautheit zunächst konstant. Ab etwa 100 ms nimmt sie aber - wie Abb.10.1 zeigt - deutlich ab. Bei einer Dauer von 10 ms ist sie fast auf die Hälfte abgefallen. Die spektrale Verbreiterung des 2 kHz-Tones ist bei einer Dauer von 1 ms jedoch schon so groß, daß dort kein sinnvoller Meßwert angegeben werden kann.

In vielen Fällen interessiert nicht nur die Lautheit, sondern auch der Lautstärkepegel. Dieselbe Abhängigkeit von der Tonimpulsdauer ist in Abb.10.2 für den Lautstärkepegel anstelle der Lautheit dargestellt. Der Verlauf der Kurve ist entsprechend dem Zusammenhang zwischen Lautheit und Lautstärkepegel verändert, gilt jedoch für beliebige Tonfrequenzen und kann daher in der Pegellautstärke ausgedrückt werden: Die Pegellautstärke L_N nimmt in erster Näherung um etwa 10 phon je Verzehnfachung der Impulsdauer zu. Der Schnittpunkt einer Näherungsgeraden,

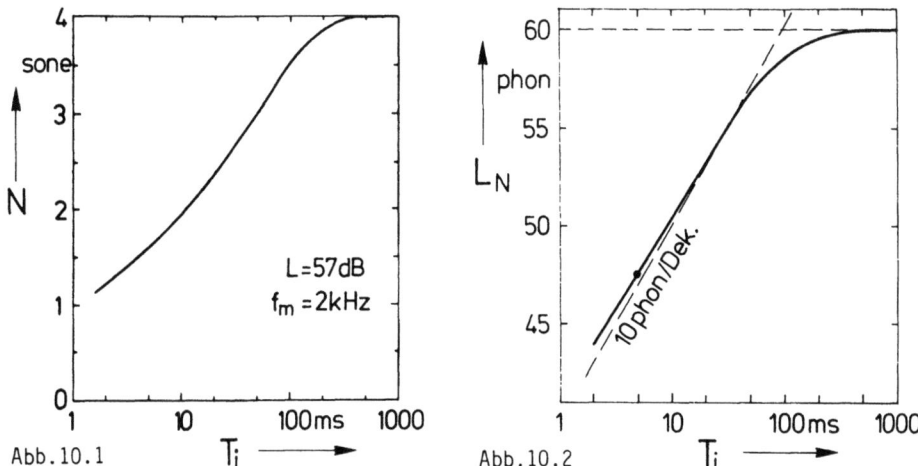

Abb.10.1 und 10.2. Abhängigkeit der Lautheit (Abb.10.1) und der Pegellautstärke L_N (Abb.10.2) eines 2 kHz-Tonimpulses, der aus einem Dauerton mit dem Schallpegel L = 57 dB ausgeschnitten ist, in Abhängigkeit von seiner Dauer T_i. Gestrichelt: Näherungsgeraden

die diesem Gesetz gehorcht, und der horizontalen Geraden durch den bei großen Impulsdauern erreichten Wert liegt bei etwa 100 ms.

Darbietung 10.1 demonstriert die Abnahme der Lautheit mit abnehmender Impulsdauer.

Ausgehend von einem einzelnen 2 kHz-Tonimpuls von 5 ms Dauer, der etwa 47,5 phon Pegellautstärke besitzt (als Punkt in Abb.10.2 markiert), kann durch Steigerung der Pulsfolgefrequenz ebenfalls ein Übergang zum Dauerton erreicht werden. Abb.10.3 zeigt die zugehörige Abhängigkeit: Bei kleinen Pulsfolgefrequenzen f_p bleibt der Wert von 47,5 phon erhalten. Mit wachsender Pulsfolgefrequenz steigt die Pegellautstärke an. Sie erreicht schließlich bei einer Pulsfolgefrequenz von 200 Hz (dies entspricht dem Dauerton) den Wert von 60 phon, wie wir ihn aus Abb.10.2 bereits kennen. Die in Abb.10.2 gestrichelt eingetragenen Gesetzmäßigkeiten lassen sich auf Abb.10.3 übertragen. Die Grenzdauer von 100 ms entspricht hier einer Grenz-

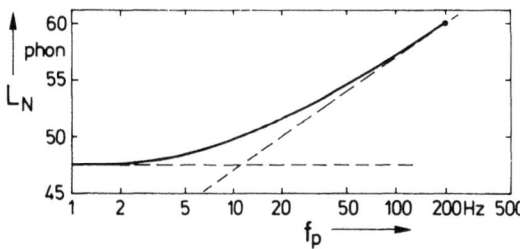

Abb.10.3. Zunahme der Pegellautstärke L_N einer Tonimpulsfolge, die aus einem 2 kHz-Ton mit dem Pegel 57 dB ausgeschnitten wird, als Funktion der Pulsfolgefrequenz f_p

pulsfolgefrequenz von 10 Hz. Der Verlauf der durchgezogenen Kurve wird jedoch von den gestrichelt eingetragenen Geraden nur recht grob angenähert. Die Benützung der Pegellautstärke als Ordinate weist darauf hin, daß ähnliche Gesetzmäßigkeiten für alle Tonimpulsfolgen im hörbaren Frequenzbereich gelten.

10.2 Folgegedrosselte Lautheit

Wenn einem ersten Schall ein zweiter Schall folgt, so kann nicht nur der erste Schall den zweiten wegen der Nachverdeckung verdecken, sondern auch der zweite Schall kann, wenn er laut genug ist, die Lautheit des ersten reduzieren. Wir kennen diesen Effekt von der Vorverdeckung. Die Vorverdeckung, die jedoch nur bis 20 ms "reicht", ist der Grenzwert der zu beschreibenden Folgedrosselung bei der Lautheit. In Abb.10.4 ist ein Beispiel für einen 5 ms langen 1 kHz-Ton mit 60 dB Pegel dargestellt. Dieser Testimpuls wird von Gleichmäßig Anregendem Rauschen, das im Abstand Δt auf das Ende des kurzen Tonimpulses folgt, gedrosselt. Die gedrosselte Lautheit, die durch Vergleich mit der Lautheit eines nicht folgegedrosselten Tonimpulses in demselben oder auch im anderen Ohr gemessen werden kann, ist als Ordinate aufgetragen. Die gedrosselte Lautheit N ist dabei die Lautheit eines gleich lauten Tonimpulses gleicher Frequenz und Dauer, der jedoch nicht gedrosselt wird. Dies führt zu dem Grenzwert von knapp 2 sone, der bei sehr großem zeitlichen Abstand Δt erreicht wird. Bei Verkürzung des zeitlichen Abstandes auf weniger als 100 ms fällt die gedrosselte Lautheit ab; sie ist bei $\Delta t = 35$ ms bereits auf die Hälfte abgesunken. Bei einem zeitlichen Abstand von etwa 5 ms verschwindet der Ton, dadurch wird die Lautheit 0; die Vorverdeckung ist gerade erreicht. Auch bei diesem Experiment kann nicht davon ausgegangen werden, daß das Gehör "in die Zukunft hören" kann. Vielmehr braucht das Gehör zum Aufbau der Lautstärkeempfindung eine geraume Zeit. Der laute Schall des Gleichmäßig Anregenden Rauschens scheint den Aufbau der Lautheit des kurzen Tonimpulses zu stören bzw. zu unterbrechen: Die Lautheit des Tonimpulses wird durch das nachfolgende starke Geräusch gedrosselt. Das Ergebnis dieses Experimentes macht besonders deutlich, daß zum Aufbau von Empfindungen Zeiten der Verarbeitung notwendig sind. Ursache und Wirkung sind auch hier zeitlich versetzt.

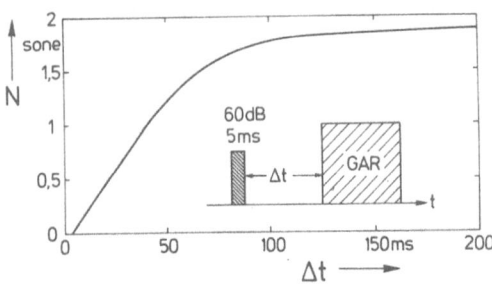

Abb.10.4. Folgegedrosselte Lautheit N eines 5 ms langen 2 kHz-Tonimpulses in Abhängigkeit vom zeitlichen Abstand Δt, nach dem ein lautes Gleichmäßiges Anregendes Rauschen folgt

In welchem Maße die Lautheit folgegedrosselt werden kann, veranschaulicht Darbietung 10.4.

11. Rauhigkeit

In den Abschnitten 5.1 und 7 wurde gezeigt, daß die Amplitudenmodulation eines Sinustones auch bei höheren Modulationsfrequenzen hörbar werden kann, wenn der Modulationsgrad groß genug ist. Während bei tiefen Modulationsfrequenzen eine Lautstärkeschwankung das Kriterium für die Hörbarkeit ist, empfindet die Versuchsperson bei höheren Modulationsfrequenzen eine Rauhigkeit des Schalles. Die Rauhigkeit ist dann am größten, wenn die Schwankungsfrequenz bei etwa 70 Hz liegt, die Seitenlinien der Amplitudenmodulation jedoch noch nicht getrennt hörbar werden. Für einen 1000 Hz-Ton wird das Rauhigkeitsmaximum bei Modulationsfrequenzen um 70 Hz erreicht. Zur Festlegung der Empfindungsfunktion für die Rauhigkeit wird einem 1 kHz-Ton, der mit m = 1 und f_{mod} = 70 Hz sinusförmig in der Amplitude moduliert ist und einen Pegel von 60 dB besitzt, die Rauhigkeit von 1 asper zugeordnet.

In Abb.11.1 ist die Rauhigkeit R eines 1 kHz-Tones, der mit 70 Hz sinusförmig amplitudenmoduliert ist, in Abhängigkeit vom Modulationsgrad aufgetragen. Der Modulationsgrad kann sinnvollerweise nicht über den Wert 1 hinaus gesteigert werden. Eine Veränderung des Modulationsgrades um den Faktor 2 auf 0,5 bewirkt bereits eine starke Reduktion der Rauhigkeit von 1 asper auf 0,3 asper. Wird der Modulationsgrad noch einmal um einen Faktor 2 auf 0,25 reduziert, so erreicht die Rauhigkeit bereits so kleine Werte, daß ein Teil der Versuchspersonen diesen Schall als glatt und nicht mehr als rauh bezeichnet. Im Durchschnitt wird von den Versuchspersonen eine Rauhigkeit von weniger als 0,1 asper angegeben. Die in Abb.11.1 benützten Skalen sind beide logarithmisch. Der Anstieg der Rauhigkeit mit wachsendem Modulationsgrad entspricht demnach in guter Näherung dem Gesetz

$$R \sim m^{1,6} . \tag{11.1}$$

Diese Abhängigkeit gilt auch für modulierte Töne anderer Mittenfrequenzen. Die Abhängigkeit der Rauhigkeit vom Schalldruckpegel ist verhältnismäßig gering. Bei einer Erhöhung des Schalldruckpegels der Sinustöne von 40 dB nach 90 dB steigt die Rauhigkeit beim Modulationsgrad 0,5 etwa um den Faktor 2 an.

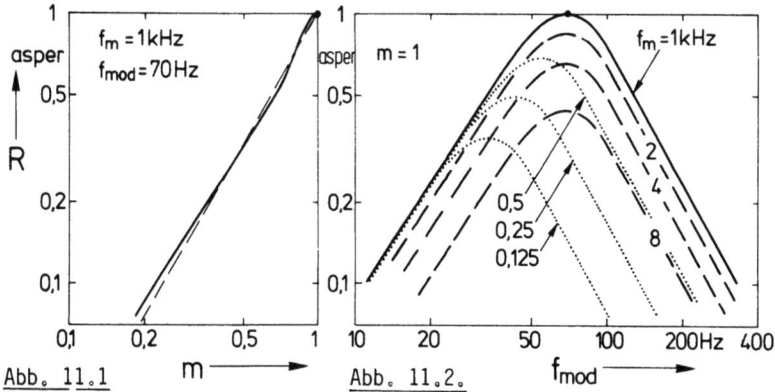

Abb. 11.1 und 11.2. Rauhigkeit R eines sinusförmig amplitudenmodulierten Tones in Abhängigkeit vom Modulationsgrad m für eine Trägerfrequenz von 1 kHz und eine Modulationsfrequenz von 70 Hz (Abb.11.1) bzw. in Abhängigkeit von der Modulationsfrequenz f_{mod} mit der Trägerfrequenz f_m als Parameter (Abb.11.2)

Für verschiedene Trägerfrequenzen f_m hängt die Rauhigkeit eines amplitudenmodulierten Sinustones stark und in charakteristischer Weise von der Modulationsfrequenz ab. Diese Abhängigkeit zeigt Abb.11.2 für Trägerfrequenzen von 125 Hz bis 8 kHz im Oktavabstand. Der Maximalwert der Rauhigkeit, der für Trägerfrequenzen über 1 kHz erreicht wird, ist etwas geringer - insbesondere bei f_m = 8 kHz - als derjenige für die Trägerfrequenz 1 kHz. Der Bandpaßcharakter der Abhängigkeit der Rauhigkeit von der Modulationsfrequenz bleibt für alle Trägerfrequenzen erhalten. Das Maximum wird jedoch bei kleinen Trägerfrequenzen schon bei kleineren Modulationsfrequenzen erreicht. Dies bedeutet, daß ein tiefer Ton, der in der Amplitude moduliert ist, nur eine geringe Rauhigkeit erzeugen kann. Während sich das Rauhigkeitsmaximum unter f_m = 1 kHz mit abnehmender Trägerfrequenz nach kleineren Modulationsfrequenzen verschiebt, verbleibt es für größere Trägerfrequenzen bei f_{mod} = 70 Hz, obwohl es in seinem Wert abnimmt. Die Abhängigkeit der Rauhigkeit von der Modulationsfrequenz ist also für $f_m \geq$ 1 kHz unabhängig von der Trägerfrequenz. Dort wird die erreichbare maximale Rauhigkeit offenbar durch das begrenzte zeitliche Auflösungsvermögen des Gehörs limitiert, während bei tiefen Trägerfrequenzen die Frequenzselektivität des Gehörs die Rauhigkeit bei höheren Modulationsfrequenzen reduziert.

Die Abhängigkeit der Rauhigkeit vom Modulationsgrad wird in Darbietung 11.1 demonstriert. Darbietung 11.2 verdeutlicht die Abhängigkeit der Rauhigkeit von der Modulationsfrequenz.

Auch ohne zusätzliche Amplitudenmodulation klingen schmale spektrale Ausschnitte aus Rauschen rauh. Für Bandbreiten des Rauschens um 50 Hz tritt dieser Effekt besonders stark in Erscheinung. Auch frequenzgruppenbreites Rauschen wird als rauh empfunden. Lediglich bei hohen Mittenfrequenzen, bei denen die Frequenzgruppenbreite 1 kHz überschreitet, wird die Rauhigkeit von frequenzgruppenbreitem Rauschen verhältnismäßig gering. Wird solch ein Rauschen jedoch zusätzlich in der Amplitude moduliert, so entstehen ähnliche Abhängigkeiten der Rauhigkeit vom Modulationsgrad bzw. von der Modulationsfrequenz, wie wir sie in Abb.11.1 bzw.11.2 kennengelernt haben.

Breitbandige Rauschen zeigen allerdings die Tendenz zu einer flacheren Abhängigkeit der Rauhigkeit vom Modulationsgrad im Vergleich zu der in Abb.11.1 angegebenen. Der in Gl.11.1 angegebene Exponent wird kleiner, so daß für Breitbandrauschen näherungsweise gilt:

$$R \sim m^{1,3} . \tag{11.2}$$

Größere Rauhigkeiten als amplitudenmodulierte Töne besitzen stark frequenzmodulierte Töne. Mit ihnen lassen sich Rauhigkeiten bis zu 4 asper erreichen. Dies entspricht Rauhigkeitswerten, die sich in Extremfällen auch mit stark amplitudenmoduliertem Breitbandrauschen erzeugen lassen.

12. Subjektive Dauer

Durch Messung von Verhältniswerten (Verdopplung und Halbierung) kann auch die Empfindungsfunktion der Empfindungsgröße "Subjektive Dauer" bestimmt werden. Wird dem für die physikalische Dauer von 1 s (1 kHz-Ton, 60 dB Schallpegel) erreichten Wert der Subjektiven Dauer der Wert 1 dura zugeordnet, so ergibt sich der in Abb.12.1 dargestellte Zusammenhang zwischen der Subjektiven Dauer D und der physikalischen Dauer des Testtones T_i. Ein proportionaler Zusammenhang wird durch die gestrichelt eingetragene Gerade charakterisiert. Dieser Zusammenhang ist in weiten Grenzen näherungsweise vorhanden. Für physikalische Dauern unter 30 ms weicht die Kurve jedoch mehr und mehr von dieser Proportionalität ab. Sie zeigt die Tendenz, daß bei weiterer Verkürzung der physikalischen Dauer die Subjektive Dauer nur noch wenig abnimmt. Da sich für Weißes Rauschen dieselbe Abhängigkeit von der physikalischen Dauer ergibt, sich dort aber die spektrale Zusammensetzung auch bei Verkürzung der Dauer nach sehr kleinen Werten nicht ändert, muß dieser Effekt als eine Eigenschaft des Gehörs angesehen werden. Er wird jedenfalls nicht von einer spektralen Verbreiterung hervorgerufen.

Ist der Zusammenhang zwischen der Subjektiven Dauer und der physikalischen Dauer eines Impulses schon erstaunlich, so überraschen Ergebnisse von Vergleichen

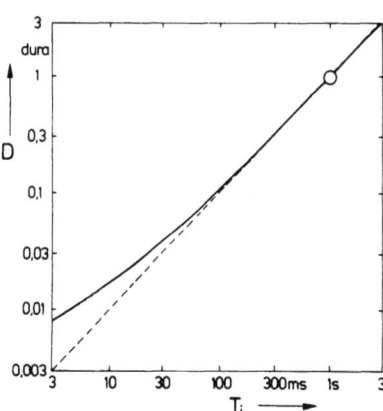

Abb.12.1. Subjektive Dauer D als Funktion der Impulsdauer T_i für 1 kHz-Tonimpulse

zwischen Pausen- und Impulsdauern noch mehr. Abbildung 12.2 zeigt das Ergebnis von subjektiven Vergleichsmessungen. Das schematisch eingezeichnete Zeitdiagramm illustriert den Versuchsablauf: Die Subjektive Dauer eines Impulses der physikalischen Dauer T_i ist zu vergleichen mit der Subjektiven Dauer, die eine Pause mit der Dauer T_p erzeugt, wenn sie zwischen zwei je 0,8 s lange Impulse eingebettet ist. Ergebnisse von subjektiven Messungen, die sowohl mit der Methode des Angleichens als auch mit der Methode des Abfragens gewonnen wurden, sind in Abb.12.2 für 3,2 kHz-, für 200 Hz-Töne und für Weißes Rauschen dargestellt. Gleichheit von Impulsdauer und Pausendauer charakterisiert die dünn eingetragene 45°-Gerade.

Nur für Pausendauern und Impulsdauern von 1 s und mehr entspricht der Zusammenhang den Erwartungen: Gleiche Subjektive Dauer wird bei gleicher Dauer von Impuls und Pause erreicht. Dies ist aber nicht der Fall bei kleineren Impulsdauern. Für Ausschnitte aus einem 3,2 kHz-Ton ergibt sich z.B., daß eine Impulsdauer von 100 ms die gleiche Subjektive Dauer hervorruft wie eine Pausendauer von etwa 400 ms. Für 200 Hz bzw. Weißes Rauschen ist dieser Effekt nicht ganz so ausgeprägt. Es zeigt sich jedoch die gleiche Tendenz, derzufolge die physikalische Dauer einer Pause im Vergleich zu derjenigen eines Impulses wesentlich verlängert werden muß, um gleiche Subjektive Dauer hervorzurufen. Ein Impuls aus Weißem Rauschen mit einer Dauer von 10 ms erzeugt die gleiche subjektive Dauer wie eine Pause im Weißen Rauschen von etwa 20 ms.

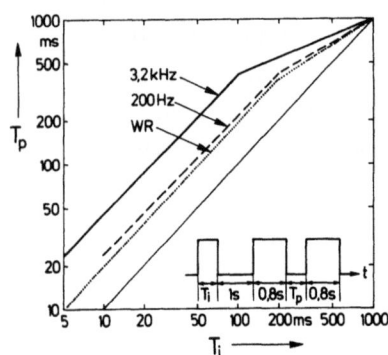

Abb.12.2. Pausendauer T_p, welche die gleiche Subjektive Dauer hervorruft wie die Impulsdauer T_i. Parameter: Schallart. Die Skizze zeigt den zeitlichen Ablauf der Darbietung für die Vergleichsmessung

In welchem Maße diese Effekte mit der Nachverdeckung in Zusammenhang gebracht werden können, wird in Kap.18 diskutiert. Die Abhängigkeit der Subjektiven Dauer vom Lautstärkepegel ist für Werte über 20 phon so gering, daß sie meist vernachlässigt werden kann.

Die Diskrepanz der Subjektiven Dauer von Impulsen und Pausen bei gleicher physikalischer Dauer verdeutlicht Darbietung 12.2.

Teil IV: **Funktionsschemata und Funktionsmodelle**

Funktionsschemata sind in Blockschaltbildern realisierte Vorstellungen über das Zustandekommen von Hörempfindungen aus den physikalischen Daten des Schallreizes. Eingangsgrößen dieser Funktionsschemata sind also die einzelnen Reizgrößen, Ausgangsgrößen sind die Empfindungsgrößen, deren Zusammenhang mit den Reizgrößen psychoakustisch ausgemessen wurde. Die Funktionsschemata haben den großen Vorteil, daß sie das Zustandekommen der zum Teil sehr komplizierten Zusammenhänge zwischen Reizgrößen und Empfindungsgrößen veranschaulichen. In manchen Fällen ist es zweckmäßig, solch ein Funktionsschema auch in elektronischen Schaltungen zu realisieren. Auf diese Weise entstehen Funktionsmodelle; sie finden in der Praxis Anwendung z.B. als Meßgeräte für die Lautstärkeempfindung, als Tonhöhenschwankungsmesser oder auch als vorverarbeitende Systeme bei der automatischen Spracherkennung.

In vielen Fällen führen die Funktionsschemata nicht zu einem einfachen Zusammenhang zwischen Reizgrößen und Empfindungsgrößen. Es treten vielmehr Zwischengrößen oder Hilfsgrößen auf. Kommen diese Hilfsgrößen nicht nur bei der Entwicklung einer einzigen Empfindungsgröße, sondern bei mehreren Empfindungsgrößen vor, so werden sie getrennt bezeichnet. Die Anregung, die Erregung und auch die Spezifische Lautheit sind solche Zwischengrößen. Mit ihrer Hilfe kann das Zustandekommen sowohl von Empfindungsstufen als auch von Empfindungsgrößen beschrieben werden.

Funktionsschemata sind nicht nur für das Verständnis über das Zustandekommen von Hörempfindungen nützlich. Mit ihrer Hilfe können auch sehr viele spezielle Abhängigkeiten von Empfindungsstufen oder Empfindungsgrößen aus wenigen Daten abgeleitet werden. Auf das Einprägen von vielen Einzelheiten und Abhängigkeiten kann also verzichtet werden. An seine Stelle tritt das Funktionsschema mit seinen wenigen grundsätzlichen Voraussetzungen und seinem weiten Anwendungsbereich.

13. Anregung und Erregung

Die Frequenzselektivität des Gehörs kann in grober Näherung durch Aufteilung des Schalles in diejenigen Anteile nachgebildet werden, die in die Frequenzgruppen fallen. Diese Näherung führt zur Anregung. Wird die endliche Steilheit der im Gehör vorhandenen Frequenzselektivität entsprechend derjenigen von Filtern ebenfalls berücksichtigt, so führt dies zu der Zwischengröße Erregung. Meist werden diese Größen nicht als lineare Größen, sondern - wie beim Schallpegel auch - in logarithmischen Größen dargestellt. Der Anregungs- oder Frequenzgruppenpegel und der Erregungspegel sind die entsprechenden Größen, welche in vielen Funktionsschemata als Zwischengrößen eine sehr wichtige Rolle spielen. Die Schallintensität I_G, die in eine Frequenzgruppe fällt, wird als Anregung, der zugehörige Pegel als Anregungspegel L_G bezeichnet. Da die Breite der Frequenzgruppe von der Frequenz abhängt, muß dies auch bei der Anregung berücksichtigt werden. Sie ist definiert als

$$I_G(f) = \int_{f - \frac{1}{2}\Delta f_G(f)}^{f + \frac{1}{2}\Delta f_G(f)} \frac{dI}{df} \cdot df \qquad (13.1)$$

und gibt die in die Frequenzgruppe fallende Intensität in Abhängigkeit von der Frequenz f an. Wir haben schon kennengelernt, daß die Tonheitsskale zur Beschreibung der Eigenschaften des Gehörs wesentlich geeigneter ist als die Frequenzskale. Da die Tonheit z eine eindeutige Funktion der Frequenz f ist, kann Gl.(13.1) auch umgeschrieben werden, so daß die Frequenzgruppenintensität I_G in Abhängigkeit von der Tonheit auftritt:

$$I_G(z) = \int_{z - 0{,}5 \text{ Bark}}^{z + 0{,}5 \text{ Bark}} \frac{dI}{dz} \cdot dz. \qquad (13.2)$$

Der Frequenzgruppen- oder Anregungspegel ergibt sich dann gemäß folgender Beziehung:

$$L_G = 10 \cdot \lg(I_G/I_0) \text{ dB}. \tag{13.3}$$

I_G/I_0 wird als Anregungsgrad bezeichnet.

Die Anregung kann verstanden werden als der Anteil der gesamten Schallintensität, der in ein Frequenzfenster der Breite der Frequenzgruppe fällt. Die Transformation der Frequenz in die Tonheit führt die frequenzabhängige Fensterbreite in eine tonheitsunabhängige Fensterbreite von 1 Bark über. Das Fenster wird also über der Tonheitsachse kontinuierlich verschoben. Ein Schmalbandrauschen mit der Breite einer Frequenzgruppe erzeugt demnach einen Anregungsgrad, der über der Tonheit z eine dreieckförmige Gestalt hat. Für einen Sinuston ergibt sich dagegen ein rechteckförmiger Anregungsgrad mit der Breite 1 Bark (vergl.Abb.13.2).

Die Zwischengrößen Erregungsgrad und Erregungspegel stellen eine bessere Näherung für die Frequenzselektivität des Gehörs dar, die nicht rechteckförmig mit unendlich steilen Flanken an den Grenzen der Frequenzgruppen angenommen werden kann. Die Mithörschwellen mit ihren oberen und unteren Flanken weisen darauf hin. Ihr Verlauf wird für die Bestimmung des Erregungspegel-Tonheitsmusters herangezogen. Dabei wird die Kernerregung der Anregung gleichgesetzt. Die Flankenerregung dagegen verläuft entsprechend den Mithörschwellen, wie wir sie beispielsweise in Abb.3.3 kennengelernt haben. Da wir nicht wissen, welche Größe letztlich die Sinneszellen erregt, wird die Notwendigkeit, der Erregung eine Dimension zu geben, durch die Definition des Erregungsgrades E/E_0 bzw. des Erregungspegels

$$L_E = 10 \cdot \lg(E/E_0) \text{ dB} \tag{13.4}$$

umgangen. Beim Übergang vom Anregungspegel auf den Erregungspegel wird gleichzeitig noch der Frequenzgang des Übertragungsmaßes a_0 des Gehörs eingeführt, der unten diskutiert wird.

Der Erregungspegel wird aus dem Anregungspegel in Abhängigkeit von der Tonheit am einfachsten dadurch gewonnen, daß der Anregungspegel im Bereich der Kernerregung bestimmt wird. Dort ist der Anregungspegel identisch mit dem Erregungspegel. Endet die Schallintensitätsdichte in Abhängigkeit von der Tonheit z abrupt (z.B. bei Tiefpaßrauschen) oder sind einzelne Töne vorhanden, so wird der Maximalwert des Anregungspegels als Erregungspegel benützt. Von dieser Stelle bzw. von der Mitte dieses Bereiches aus werden die Flankenerregungen angesetzt. Sie sind definiert als parallel zur Ordinate verschobene Mithörschwellen. Sie werden so verschoben, daß die Flankenerregungspegel an die Kernerregungspegel ohne Sprung anschließen, also versetzt um das Verdeckungsmaß a_V, d.h. um den Unterschied zwischen Frequenzgruppenpegel und Mithörschwelle im Bereich der Kernerregung.

Die Ruhehörschwelle wird ebenfalls als eine Mithörschwelle angesehen, die von internem Rauschen verursacht wird. Dieses interne Rauschen ist bei mittleren und hohen Frequenzen frequenzunabhängig, bei tiefen Frequenzen steigt es jedoch stark an und ist für den Anstieg der Ruhehörschwelle in diesem Bereich verantwortlich. Das Rauschen bei mittleren und hohen Frequenzen wird durch die Spontanaktivität der neuronalen Verarbeitung verständlich. Bei tiefen Frequenzen wird durch die im Körper vorhandenen Geräusche (Herztätigkeit, spontane Muskeltätigkeit usw.) eine akustische Anregung erzeugt. Diese kann sogar vergrößert werden, indem z.B. der Gehörgang abgedichtet wird. In diesem Fall kann im Gehörgang der von Körpervibrationen entstehende Schalldruckpegel bei tiefen Frequenzen gemessen werden. Er ist größer als bei offenem Gehörgang und erzeugt eine höher liegende Ruhehörschwelle.

Wegen der Kopfform, der Länge des Gehörgangs und der Übertragungseigenschaften des Mittelohres ergibt sich ein Frequenzgang des Übertragungsmaßes für das Gehör, der durch die zugehörige Dämpfung a_0 gekennzeichnet wird. Für exakte Bestimmungen der Erregungspegel aus den Anregungspegeln muß a_0 berücksichtigt werden. Auch bei der Berechnung der Lautheit spielt a_0 eine wichtige Rolle. Aus didaktischen Gründen wird a_0 jedoch vielfach vernachlässigt. In Abb.13.1 ist a_0 als Funktion der Frequenz (unten) bzw. der Tonheit (oben) aufgetragen. Die durchgezogene Linie gilt für das ebene Schallfeld, die punktiert eingetragene Kurve für das diffuse Schallfeld. Das zugehörige Übertragungsmaß wird mit a_{0D} bezeichnet. Nach tiefen Frequenzen sind beide Dämpfungen von der Frequenz unabhängig und haben den Wert 0. Diese Abhängigkeit von a_0 muß bei dem Übergang vom Anregungspegel auf den Erregungspegel mitberücksichtigt werden.

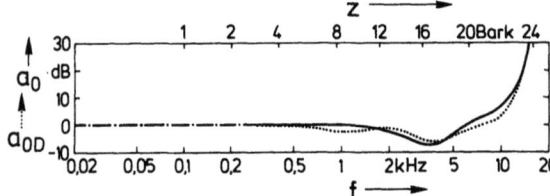

Abb.13.1. Übertragungsmaß a_0 (ebenes Schallfeld) und a_{0D} (diffuses Schallfeld) in Abhängigkeit von der Frequenz f bzw. der Tonheit z

In Abb.13.2 ist für drei verschiedene Schalle - ohne Berücksichtigung von a_0 - der Übergang von den Reizgrößen zum Erregungspegel dargestellt. Auf dem linken Teilbild ist die Entstehung des Erregungspegels in allen Einzelheiten für Schmalbandrauschen bei 2 kHz (schraffiert) und für Weißes Rauschen dargestellt. Auf der rechten Seite ist dasselbe für 11 Teiltöne veranschaulicht, die Harmonische der Grundfrequenz 500 Hz sind. Die jeweils erste Skizze zeigt die Schall-

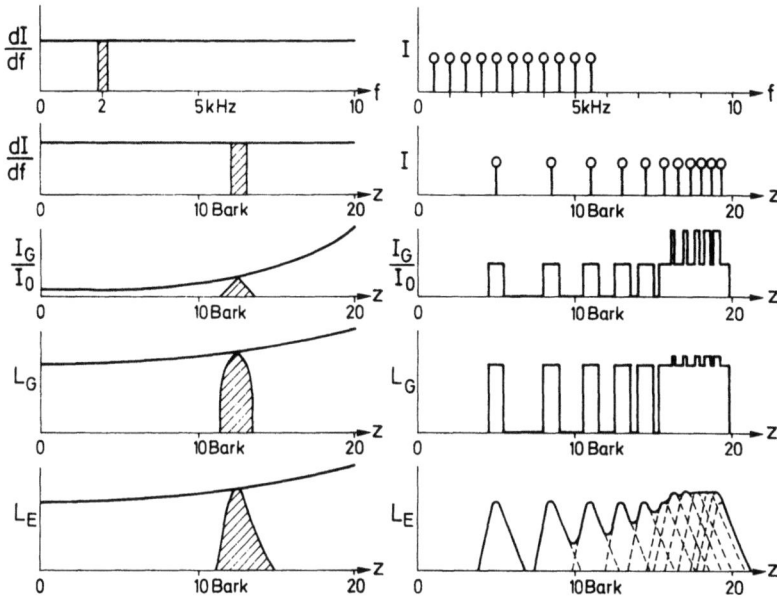

Abb.13.2. Bestimmung von Erregungspegel-Tonheitsmustern aus den Intensitäts-Frequenzmustern über den Anregungsgrad und den Frequenzgruppenpegel für die Schalle Weißes Rauschen und Schmalbandrauschen (links) sowie 11 Ton-Komplex (rechts).

intensitätsdichte bzw. die Schallintensität als Funktion der Frequenz. Die zweite Skizze gibt dieselben Größen als Funktion der Tonheit z an. Dabei wird die Transformation der Frequenz in die Tonheit, wie sie in Abb.4.11 dargestellt ist, benützt. In der jeweils dritten Skizze ist der Anregungsgrad gemäß Gl.(13.3) als Funktion der Tonheit gezeichnet. Während Weißes Rauschen eine kontinuierliche Kurve ergibt, zeichnet sich Schmalbandrauschen mit der Breite einer Frequenzgruppe durch einen dreieckförmigen Verlauf mit der Basisbreite 2 Bark aus. Die Spitze dieses Dreiecks liegt genau bei dem Tonheitswert, der zur Bandmittenfrequenz des Rauschens gehört. Für Sinustöne (rechte Seite) ergibt sich ein Anregungsgrad, der aus Rechtecken besteht. Diese Rechtecke sind voneinander getrennt, solange sich die einzelnen Teiltöne in einem Abstand von mehr als 1 Bark befinden. Ist ihr Abstand kleiner, so entstehen zusätzliche Rechtecke, welche die doppelte Höhe erreichen. Der Übergang vom Anregungsgrad zum Anregungspegel, d.h. Frequenzgruppenpegel (vierte Skizze), entspricht einer Transformation in logarithmische Größen. Der dreieckförmige Verlauf des Anregungsfaktors von Schmalbandrauschen geht über in einen Verlauf, der die Form eines gotischen Fensters aufweist. Die Höhe der zusätzlichen Rechtecke bei Sinustönen reduziert sich auf einen Zuwachs um 3 dB. Die untersten Skizzen in Abb.13.2 schließlich zeigen den Erregungspegel als Funktion der Tonheit. Für Kernerregungen sind Anregungspegel und Erregungspegel identisch. Dementsprechend sind der Erregungspegel und der Frequenzgruppenpegel von Weißem Rauschen direkt ineinander überführbar. Für frequenzgruppenbreites Rauschen dagegen gibt es nur einen einzigen Wert für den Kernerregungspegel. Dieser Wert gehört zur Spitze des "gotischen Fensters". Von ihm aus wird nach kleinen und nach größeren Tonheitswerten der Verlauf der Mithörschwelle angetragen, wie wir ihn in Abhängigkeit von der Frequenz in Abb.3.3 und Abb.3.4 kennengelernt haben und als Funktion der Tonheit z in Abb.13.3 und Abb.13.4 kennenlernen werden. Bei der Skizze für Sinustöne zeigt sich deutlich der Unterschied zwischen dem Anregungspegel und dem Erregungspegel. Kernerregungen sind nur genau in der Mitte der Rechtecke des Anregungspegels vorhanden. Für den tiefsten Teilton wird die Mithörschwelle wiederum als Verlauf des Erregungspegels in der Mitte des Rechtecks (Kernerregung) angesetzt. Dies geschieht auch für die anderen Teiltöne. Dabei zeigt sich, daß die Flankenerregungen sich zum Teil erheblich überlappen. Die Gesetzmäßigkeit, nach der sich Erregungen addieren, ist insbesondere an den Flanken noch nicht vollständig geklärt. Näherungsweise wird so verfahren, daß sich die Flankenerregungen addieren. Dies bedeutet, daß bei Gleichheit der Erregungspegel ein Wert entsteht, der um 3 dB höher liegt als die Ausgangswerte. In den meisten Fällen ist *eine* Erregung dominierend, so daß der Bereich der quantitativ zu Buche schlagenden Überlappung verhältnismäßig klein bleibt. Aus didaktischen Gründen ist in Abb.13.2 beim Übergang vom Anregungspegel auf den Erregungspegel das Übertragungsmaß a_0 nicht berücksichtigt.

Bei der Bestimmung des Verlaufes des Erregungspegels als Funktion der Tonheit spielen Mithörschwellen eine wesentliche Rolle. Diese Mithörschwellen sind für Sinustöne, wie in Abschn.3.2 beschrieben, sehr schwer zu bestimmen. Aus diesem Grunde werden auch für Sinustöne diejenigen Mithörschwellen zur Konstruktion des Erregungspegels benützt, die bei Verdeckung durch maskierendes Schmalbandrauschen entstehen. Solche Mithörschwellen, maskiert durch Schmalbandrauschen der Breite der Frequenzgruppe, wurden für verschiedene Mittenfrequenzen gemessen. Da ihre Flanken für die Flankenerregungen herangezogen werden, sind in Abb.13.3 die Erregungspegel-Tonheitsmuster von Schmalbandrauschen für Schallpegel von 60 dB und für sieben verschiedene Mittenfrequenzen als Funktion der Tonheit aufgetragen und nicht - wie in Abb.3.3 - als Funktion der Frequenz. Die Ruhehörschwelle ist gestrichelt gezeichnet. Der Vergleich der Flankenerregungen der Schmalbandrauschen zeigt, daß die untere Flanke nach kleinen Tonheitswerten hin

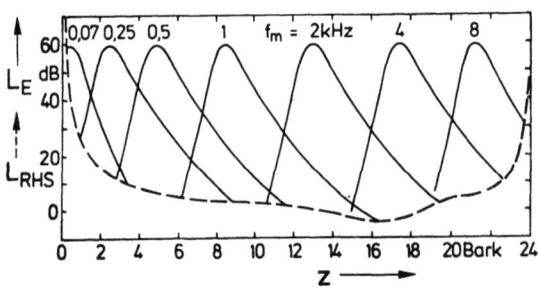

Abb.13.3. Erregungspegel-Tonheitsmuster $L_E(z)$ für Schmalbandrauschen angegebener Mittenfrequenz f_m und Schallpegel L = 60 dB. Gestrichelt: Ruhehörschwelle. a_0 vernachlässigt

bei allen Mustern gleichbleibt. Sie besitzt eine Flankensteilheit von etwa
27 dB/Bark. Die obere Flankenerregung ist lediglich für sehr tieffrequente
Schmalbandrauschen etwas steiler als für Schmalbandrauschen mit Mittenfrequenzen über 200 Hz. Demnach kann für fast alle Fälle der Verlauf der oberen Flanke jeweils durch parallele Verschiebung entlang der Abszissenachse gefunden werden. Die Ruhehörschwelle stellt nach sehr tiefen und nach sehr hohen Frequenzen
eine Begrenzung dar. Aus Abb.13.3 wird deutlich, daß die Transformation auf die
Tonheitsachse den Vorteil mit sich bringt, daß Erregungspegel-Tonheitsmuster
für gleiche Schallpegel im wesentlichen durch Verschiebung in horizontaler Richtung auseinander hervorgehen.

Für ein Schmalbandrauschen bei 1 kHz zeigt Abb.13.4 die Abhängigkeit der Erregungspegel-Tonheitsmuster vom Pegel L_G des frequenzgruppenbreiten Rauschens.
Das Erregungspegel-Tonheitsmuster kann für Schallpegel bis etwa 40 dB noch als
symmetrisch angesehen werden. Bei größeren Pegeln wird der Verlauf zunehmend
asymmetrisch. Die Flankensteilheit an der unteren Flanke bleibt mit 27 dB/Bark
erhalten, während die obere Flanke entsprechend der nichtlinearen Auffächerung
zunehmend flacher wird. Der in Abb.13.4 dargestellte Verlauf für ein Schmalbandrauschen bei 1 kHz Mittenfrequenz hat auch für Rauschen anderer Mittenfrequenzen
Gültigkeit. Die zugehörigen Erregungspegel-Tonheitsmuster entstehen durch parallele Verschiebung nach kleineren oder größeren Tonheitswerten. Es ist lediglich darauf zu achten, daß die Ruhehörschwelle eine Begrenzung darstellt.

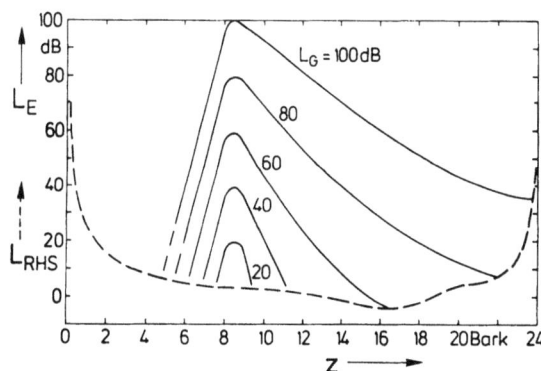

Abb.13.4. Erregungspegel-Tonheitsmuster $L_E(z)$ für Frequenzgruppenrauschen der Mittenfrequenz 1 kHz bei verschiedenen Schallpegeln L_G (Parameter). a_0 vernachlässigt

In vielen Fällen ist ein Rauschen erwünscht, das unabhängig von der Frequenz
eine gleichförmige Anregung besitzt. Für gleichförmige Anregung gilt, daß in jede Frequenzgruppe dieselbe Schallintensität fällt. Aus Weißem Rauschen wird
Gleichmäßig Anregendes Rauschen dadurch erzeugt, daß ein Filter dem Rauschgenerator nachgeschaltet wird, welches den in Abb.13.5 dargestellten Dämpfungsverlauf
aufweist. Der dort angegebene Verlauf errechnet sich aus dem Anstieg der Bandbreite der Frequenzgruppe.

Es gilt:

$$a_{GAR} = 10 \cdot \lg(\Delta f_G(f)/100 \text{ Hz}) \text{ dB}. \tag{13.5}$$

Für Gleichmäßig Anregendes Rauschen ergibt sich ein Erregungspegelverlauf, der, abgesehen vom Frequenzgang a_0 des Gehörs, unabhängig von z ist.

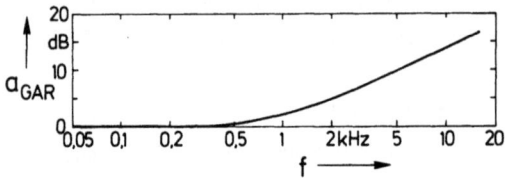

Abb.13.5. Dämpfung a_{GAR} eines Filters zur Erzeugung von Gleichmäßig Anregendem Rauschen als Funktion der Frequenz f

Der Unterschied zwischen Gleichmäßig Anregendem Rauschen und Gleichmäßig Verdeckendem Rauschen hängt mit Eigenschaften des Gehörs zusammen, die im Verdeckungsmaß a_V dokumentiert werden. Der dabei auftretende Zusammenhang soll mit Hilfe des Anregungspegels in Abb.13.6 veranschaulicht werden. Ausgangspunkt ist Gleichmäßig Anregendes Rauschen mit einem Frequenzgruppenpegel L_G = 40 dB. Sein Gesamtpegel (24 Frequenzgruppen) ist demnach (40 + 10·lg 24) dB = 54 dB. Dieses Gleichmäßig Anregende Rauschen wird als verdeckender Schall benützt. Die Verdeckung von Sinustönen ist als Mithörschwelle L_T in Abb.13.6 im unteren Teil des Diagramms strichpunktiert angegeben. Die Differenz zwischen dem Frequenzgruppenpegel L_G (mit dem Anregungspegel identisch) und dem zur Verdeckung notwendigen Testtonpegel L_T repräsentiert das Verdeckungsmaß $a_V = L_T - L_G$. Das Verdeckungsmaß hat bei niederen Frequenzen den Wert von etwa -2 dB. Bei hohen Frequenzen fällt es bis auf -6 dB ab. Die Größe a_V ist im oberen Diagramm von Abb.13.6 in vergrößertem Maßstab herausgezeichnet. Das Verdeckungsmaß von -6 dB ist derjenige Wert, den wir eigentlich erwarten, der jedoch nur bei hohen Frequenzen erreicht wird, weil dort die Frequenzgruppenbreite so groß ist, daß die von Rauschen der Bandbreite der Frequenzgruppe verursachten hörbaren Fluktuationen sehr klein sind. Anteile des

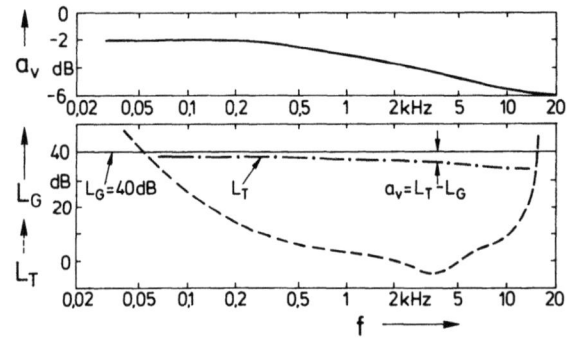

Abb.13.6. Verdeckungsmaß a_V (oben, in vergrößertem Maßstab), Frequenzgruppenpegel L_G (identisch mit Anregungspegel L_A) von Gleichmäßig Anregendem Rauschen sowie zugehörige Mithörschwelle L_T als Funktion der Frequenz f

Rauschens, die entsprechend der Frequenzselektivität des Gehörs als etwa frequenzgruppenbreit angenommen werden können, wirken dort fast wie stationäre Schalle, die keine Fluktuationen enthalten. Bei tiefen Frequenzen ist die Frequenzgruppenbreite jedoch nur 100 Hz, die Frequenzselektivität des Gehörs - absolut gesehen - also besser. Dies bedeutet, daß das Gehör dort auch starke Fluktuationen des in die Frequenzgruppe fallenden Anteils des breitbandigen Rauschens wahrnimmt. Diese Fluktuationen stören das Hörbarwerden tiefer Testtöne. Das Verdeckungsmaß a_V ist daher nur noch -2 dB. Bei hohen und bei tiefen Frequenzen werden Maskierer und Testton als inkohärente Schalle angesehen. Betrachtet wird lediglich die Intensitätsänderung in der Frequenzgruppe. Diese Intensitätsänderung beträgt für a_V = -6 dB gerade 1 dB, wenn der Testton zugesetzt wird. Die Abhängigkeit der Frequenzgruppenbreite von der Frequenz ist also der Grund dafür, daß a_V von der Frequenz abhängt und Gleichmäßig Anregendes Rauschen nicht dieselbe Frequenzabhängigkeit besitzt wie Gleichmäßig Verdeckendes Rauschen.

Der Erregungspegel hängt nicht nur von der Tonheit, sondern auch von der Zeit ab. Beispielsweise unterliegen z.B. Sprachschalle starken zeitlichen Veränderungen. Das Erregungspegel-Tonheits-Zeitmuster kann näherungsweise dadurch bestimmt werden, daß in jeder Frequenzgruppe der in sie hineinfallende Schallpegel (der Anregungspegel) gemessen wird. Für extrem schmalbandige Schalle muß zusätzlich die Flankenerregung berücksichtigt werden. Darüber hinaus muß für abrupt unterbrochene Schalle die Nachverdeckung berücksichtigt werden; die Vorverdeckung spielt dagegen in den meisten Fällen eine untergeordnete Rolle. Bei Sprachschall, wie z.B. bei dem in Abb.13.7 dargestellten Wort "Elektroakustik", spielen die Flankenerregungen eine untergeordnete Rolle. Für Sprachschalle ist die spektrale Verteilung meist weniger selektiv als die Selektivität des Gehörs. Die insbesondere bei kurzzeitigen Explosivlauten zu berücksichtigende Nachverdeckung hat zur Folge, daß die Zeitverläufe immer etwas asymmetrisch sind: Sie zeigen einen raschen Anstieg, aber ein langsameres Abklingen. Eigentlich müßte die Darstellung in Abb.13.7 für 640 einzelne Stellen auf der Tonheitsskale angegeben werden. Soviele Tonheiten können wir voneinander unterscheiden, und die Frequenzgruppe hat ja keine Vorzugslage, sondern schiebt sich - anschaulich ausgedrückt - automatisch dorthin, wo sie am meisten Information aufnehmen kann. Der Einfachheit halber sind die Erregungspegel-Zeitverläufe jedoch nur für die ersten 23 ganzzahligen Tonheiten gezeichnet. Wie links oben in Abb.13.7 angegeben, beträgt der Erregungspegelbereich 30 dB bis 70 dB von Abszissenskale zu Abszissenskale. Das Wort "Elektroakustik" dauert etwa 1 s, als Zeitmaßstab sind 200 ms angegeben. Ohne auf Einzelheiten der Sprachinformation im Erregungspegel-Tonheits-Zeitmuster einzugehen, sei wenigstens auf die Struktur der Vokale hingewiesen, und zwar sowohl bezüglich der vorkommenden Formanten als auch bezüglich der zeitlichen Struktur, welche die Grundfrequenz von etwa 100 Hz (männlicher Sprecher) widerspiegelt. Nicht nur die Explosivlaute treten deutlich in Erscheinung, auch die davor notwendigen Pausen sind sehr deutlich erkennbar.

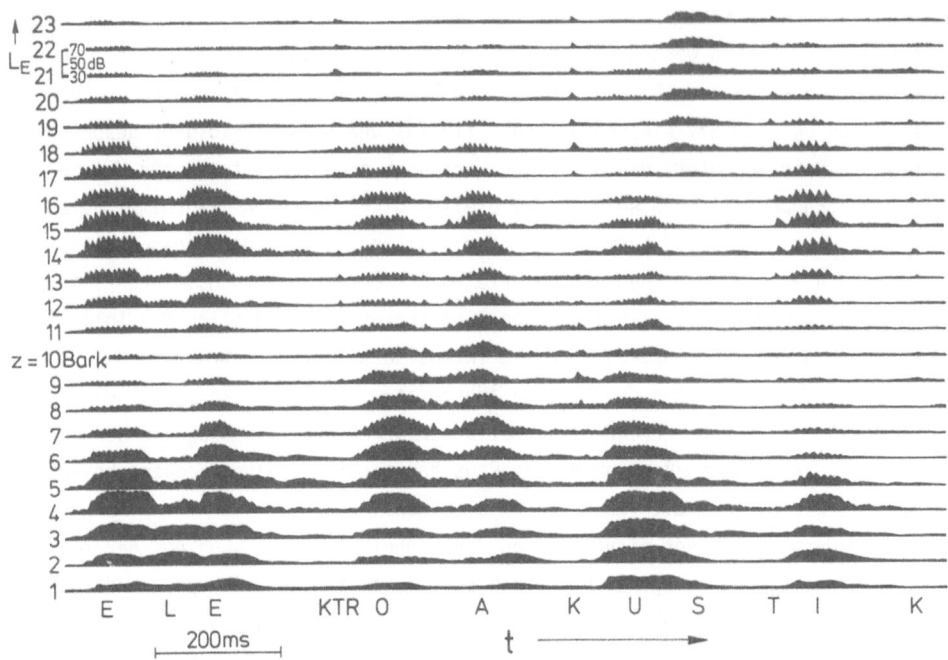

Abb.13.7. Erregungspegel-Tonheits-Zeitmuster des gesprochenen Wortes "Elektroakustik" (realisiert für 23 diskrete Tonheiten bei den ganzzahligen Werten zwischen 1 Bark und 23 Bark)

Erregungspegel-Tonheits-Zeitmuster sind Zwischengrößen, mit deren Hilfe das Zustandekommen wichtiger psychoakustischer Effekte, wie z.B. die gerade wahrnehmbaren Schalländerungen, die Lautheit als Funktion der Bandbreite oder der Zeit und die Virtuelle Tonhöhe, beschrieben werden kann. Auch bei der automatischen Spracherkennung hat sich das Erregungspegel-Tonheits-Zeitmuster als Zwischengröße gut bewährt.

14. Schwellenfunktionsschema für langsame Schalländerungen

Bei allen nachrichtenverarbeitenden Systemen ist die Amplitudenauflösung eine der wichtigsten Eigenschaften. Beim Gehör ist diese Eigenschaft verhältnismäßig schwierig zu messen. Bei tieffrequenten oder schmalbandigen Rauschen tritt deren Eigenmodulation störend auf. Bei Tönen und bei Klängen ist die Eigenmodulation zwar nicht vorhanden, jedoch stören dort Nichtlinearitäten und Schwebungen. Lediglich bei Rauschen, das bei hohen Frequenzen liegt, d.h. bei einer Frequenzgruppenbreite von mehr als 2 kHz, wirkt die Eigenmodulation infolge der großen Bandbreite kaum störend. Dort kann die eben wahrnehmbare relative Intensitätsänderung, der sogenannte Schwellenfaktor $s = \Delta I/I$ und das Schwellenmaß $\Delta L_S = 10\lg(1+\Delta I/I)$ dB direkt gemessen werden. Wie in Abschn.5.1 beschrieben, ergibt sich bei verschwindender Eigenmodulation als wichtiger Wert für das Funktionsschema $s = 0,25$ bzw.

$$\Delta L_S = 1 \text{ dB}. \tag{14.1}$$

Verdeckungsmaß, Schwellenfaktor und Schwellenmaß wurden für den Fall definiert, daß die Schallintensität I und die zusätzliche Schallintensität ΔI in ein und derselben Frequenzgruppe auftreten. In Kap.13 haben wir jedoch diskutiert, daß die Frequenzselektivität des Gehörs durch Annahme von Bandfiltern mit der Bandbreite der Frequenzgruppe und unendlich steilen Flanken nur grob angenähert wird. In Wirklichkeit weisen die Filterflanken endliche Steilheit auf. Sie kann nach tiefen Frequenzen bzw. kleinen Tonheiten hin mit 27 dB/Bark angenähert werden. Nach hohen Frequenzen bzw. großen Tonheiten hin ergeben sich wegen der nichtlinearen Auffächerung Flankensteilheiten, die vom Pegel abhängen. Die Frequenzselektivität des Gehörs wurde im vorhergehenden Abschnitt durch die Erregungspegel-Tonheitsmuster quantitativ angenähert. Das Schwellenfunktionsschema benützt diese Angaben. Es ersetzt die Schallintensitätspegeländerung ΔL_S durch die Erregungspegeländerung ΔL_{ES}. Dadurch kann eine sehr einfache Formulierung für das Schwellenfunktionsschema gefunden werden. Sie lautet: Ändert sich der Erregungspegel L_E, den ein Schall hervorruft, an irgendeiner Stelle der Tonheitsskale um einen Wert, der größer ist als das Schwellenmaß ΔL_{ES}, so wird diese Änderung wahrnehmbar. Bei Schallen, die keine störende Eigenmodulation besitzen, gilt

$$\Delta L_{ES} = 1 \text{ dB}. \tag{14.2}$$

In diesem Funktionsschema wird angenommen, daß der Erregungspegel über der Tonheitsskale von vielen Detektoren, die unabhängig voneinander arbeiten, abgetastet wird. Sind die Erregungspegeländerungen längs der Tonheitsachse gleichphasig (wie bei AM, im Gegensatz zu FM) und in ihrer Größe etwa gleich und schwellennah, so "beeinflussen" sich die Detektoren wegen der Addition der auftretenden Wahrscheinlichkeiten. Für die Beschreibung der wichtigsten Effekte werden sie jedoch als voneinander unabhängig arbeitend angenommen.

Bei Schmalbandrauschen tritt eine störende Eigenmodulation auf, die wir schon diskutiert haben. Diese Eigenmodulation ist deutlich hörbar, d.h., die Detektoren haben auf diese Modulation bereits angesprochen. Das erweiterte Funktionsschema sagt aus, daß eine zusätzliche Modulation dann erkannt wird, wenn sie die bereits vorhandene Eigenmodulation um das Schwellenmaß von 1 dB ändert, d.h. der effektive Modulationsgrad um 12 % anwächst. Auf eine genaue Beschreibung der damit zusammenhängenden Effekte soll hier verzichtet werden. Im Folgenden soll vielmehr die Anwendung des Schwellenfunktionsschemas auf die Amplitudenmodulation, die Frequenzmodulation und auf die Mithörschwelle beschrieben werden.

14.1 Gerade wahrnehmbare Amplitudenmodulation

Die Anwendung des Schwellenfunktionsschemas kann am einfachsten anhand der Darstellung des Erregungspegels über der Tonheit erläutert werden. In Abb.14.1 ist schematisch aufgetragen, wie sich das Erregungspegel-Tonheitsmuster ändert, wenn ein Ton in der Amplitude moduliert wird. Während sich die Kernerregung (der Gipfelpunkt) ebenso wie die Flankenerregung an der unteren Flanke in gleichem Maße ändern, wie sich der Pegel des Tones durch die Modulation ändert, ergibt sich wegen der nichtlinearen Auffächerung an der oberen Flanke ein anderer Zusammenhang. In Abb.3.8 haben wir kennengelernt, daß der Faktor $\Delta L_T/\Delta L_M$ Werte erreichen kann, die deutlich größer als 1 sind. Wenn sich also die Kernerregung um 1 dB ändert, dann ändert sich an der oberen Flanke der Erregungspegel manchmal um 2 dB, um 3 oder sogar 4 dB. Soll das Schwellenfunktionsschema Gültigkeit

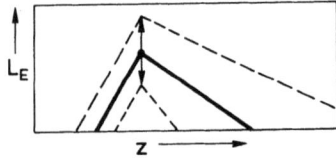

Abb.14.1. Schematische Darstellung der Änderung des Erregungspegel-Tonheitsmusters bei Amplitudenmodulation von Sinustönen

besitzen, so bedeutet dies, daß die Schwelle so eingestellt wird, daß an der oberen Flanke, d.h. dort, wo der Erregungspegel sich am meisten ändert, gerade 1 dB Erregungspegeländerung erreicht wird. Die zugehörige Änderung der Kernerregung und damit auch die Pegeländerung des Tones ist sehr viel kleiner und beträgt etwa nur 1/3 oder gar 1/4 der an der oberen Flanke notwendigen Erregungspegeländerung von 1 dB.

Das Absinken des eben wahrnehmbaren Modulationsgrades (Abb.14.2, durchgezogene Kurve) nach höheren Pegeln hängt mit der nichtlinearen Auffächerung zusammen. Dieses Absinken wird für reine Töne gemessen, die keine Eigenmodulation besitzen. Bei sehr großen Schallpegeln von 100 dB wird Amplitudenmodulation gerade wahrnehmbar, wenn der Modulationsgrad 1 % erreicht. Dies bedeutet gegenüber dem bei Pegeln um 40 dB notwendigen Modulationsgrad von 6 % eine Steigerung der Empfindlichkeit um den Faktor 6. Bei so großen Schallpegeln wird - wie oben beschrieben - eine Änderung des Erregungspegels an der oberen Flanke von 1 dB bereits dann erreicht, wenn sich der Schallpegel des Tones und damit der Kernerregungspegel um 1/4 dB ändert. Der zugehörige Modulationsgrad ist 1,5 %. Die noch verbleibende Empfindlichkeitssteigerung von 1,5 % auf 1 % wird auf das Zusammenwirken der Wahrscheinlichkeiten an der oberen Flanke zurückgeführt.

Die nichtlineare Auffächerung tritt bei Pegeln auf, die größer als 40 bis 50 dB sind. Das Ansteigen der durchgezogenen Kurve in Abb.14.2 nach kleinen Pegeln hängt mit der Ruhehörschwelle (eine Mithörschwelle, verdeckt durch unhörbares Rauschen) zusammen. Der Schwellenfaktor ist dort nicht als $\Delta I/I$ bzw. $\Delta E/E$ anzusetzen, sondern als $\Delta I/(I + I_{gr})$ bzw. $\Delta E/(E + E_{gr})$. E_{gr} ist die Grunderregung, die wir jedoch nicht wahrnehmen können.

Das Funktionsschema für eben wahrnehmbare Pegeländerungen läßt sich dadurch nachprüfen, daß dem amplitudenmodulierten Sinuston ein Hochpaßrauschen zugefügt wird, wie dies in der Skizze in Abb.14.2 dargestellt ist. Ist der Pegel des Hochpaßrauschens so gewählt, daß die obere Flanke des Erregungspegel-Tonheitsmusters des Sinustones verdeckt wird, so können die oberen Erregungspegelflanken bei Modulation des Tones nichts mehr zur Hörbarkeit der Modulation beitragen. Der Sinuston selbst ist jedoch sehr gut hörbar. Unter solchen Bedingungen gemessene, gerade wahrnehmbare Amplitudenmodulationsgrade sind in Abb.14.2 als Kreise einge-

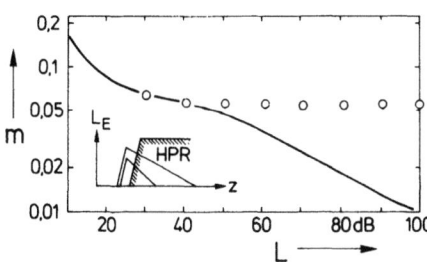

Abb.14.2. Gerade wahrnehmbarer Amplitudenmodulationsgrad m von Sinustönen ohne (durchgezogen) und mit (Kreise) zugesetztem Hochpaßrauschen (entsprechend eingefügter Skizze) in Abhängigkeit vom Schallpegel L der Töne

tragen. Der eben wahrnehmbare Amplitudenmodulationsgrad verhält sich unter diesen Randbedingungen ganz ähnlich wie derjenige für breitbandiges Rauschen. Für Pegel oberhalb 30 dB ist er vom Darbietungspegel unabhängig und beträgt etwa 5 bis 6 %. Dies entspricht einer Pegeländerung von 1 dB. Die Versuchsergebnisse entsprechen denjenigen, die das Funktionsschema voraussagt.

Man beachte in diesem Zusammenhang Darbietung 5.1.

Soll die Wahrnehmbarkeit der Amplitudenschwankung eines beliebigen Schalles vorausgesagt werden, so wird diese Amplitudenschwankung am zweckmäßigsten im Erregungspegel-Tonheitsdiagramm diskutiert. Treten nur Kernerregungen auf, wie dies bei breitbandigem Rauschen der Fall ist, so ergeben sich die Grenzen der Wahrnehmbarkeit mit den Erregungspegeländerungen bei großen Tonheiten, d.h. hohen Frequenzen, um 1 dB. Diese werden hervorgerufen, wenn der Pegel des Rauschens sich um 1 dB ändert. In geringem Maße wird durch das Zusammenwirken der Wahrscheinlichkeiten die Empfindlichkeit noch etwas gesteigert (0,5 dB). Bei schmalbandigen Schallen, die keine störenden Eigenmodulationen besitzen, wird die Wahrnehmbarkeit durch die nichtlineare Auffächerung an der oberen Flanke früher erreicht. Dies tritt - wie oben beschrieben - bei Sinustönen auf, in geringerem Maße auch bei hochfrequenten Schmalbandrauschen.

14.2 Gerade wahrnehmbare Frequenzmodulation

Wenn ein Sinuston in der Frequenz moduliert wird, führt dies dazu, daß sich der dreieckförmige Verlauf seines Erregungspegel-Tonheitsmusters längs der Tonheitsachse hin- und herverlagert. Gehen wir wieder davon aus, daß die Detektoren längs der z-Achse lediglich Pegeländerungen (in unserem Fall Erregungspegeländerungen) registrieren können, so muß nach dem Funktionsschema der Frequenzhub gesucht werden, der zu einer Erregungspegeländerung $\Delta L_E = 1$ dB bei irgendeiner Tonheit führt. Abbildung 14.3 macht deutlich, daß dies an der unteren Flanke des Tonheitsmusters der Fall ist, weil sie die größte Steigung mit 27 dB/Bark besitzt. Das Schwellenmaß ΔL_{ES} von 1 dB wird dann erreicht, wenn gilt:
$2\Delta f \cdot 27$ dB/Bark = 1 dB. Da die Einheit 1 Bark gerade der Frequenzgruppenbreite entspricht, kann die Steigung der unteren Flanke auch mit 27 dB/Δf_G angegeben werden. Der gerade wahrnehmbare Frequenzhub von Sinustönen läßt sich damit leicht berechnen als

$$2\Delta f = \frac{1}{27} \cdot \Delta f_G. \qquad (14.3)$$

Das Funktionsschema verlangt demnach eine Proportionalität zwischen dem eben wahrnehmbaren Frequenzhub und der Frequenzgruppenbreite. Der Proportionalitätsfaktor sollte 27 sein. Dieser Wert stimmt erstaunlich genau mit den

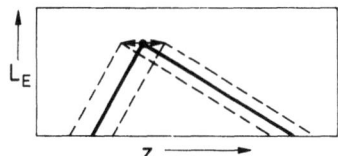

Abb.14.3. Schematische Darstellung der Änderung des Erregungspegel-Tonheitsmusters bei Frequenzmodulation von Sinustönen

gemessenen Daten überein. In Abb.4.9 ist der Faktor zwischen den Abhängigkeiten von Δf_G bzw. $2\Delta f$ von der Frequenz durch den Wert 25 angegeben.

Die große Empfindlichkeit des Gehörs gegen Frequenzänderungen wird demnach nicht durch spezielle Empfänger erreicht, die auf Frequenzänderungen reagieren, sondern durch die steilen Flanken der Frequenzselektivität des Gehörs. Wesentlich ist die Eigenschaft des Gehörs, Erregungspegeländerungen von 1 dB noch auswerten zu können. Mit dieser Empfindlichkeit gegen Amplitudenänderungen zusammen mit den hohen Steilheiten der Frequenzselektivität erreicht das Gehör die große Empfindlichkeit gegen Frequenzänderungen.

Daß auch die oberen Flanken eines Erregungspegel-Tonheitsmusters bei der eben wahrnehmbaren Frequenzmodulation eine Rolle spielen können, wird mit Hilfe von Tiefpaßrauschen nachgewiesen. Die Skizze in Abb.14.4 zeigt Tiefpaßrauschen, dessen obere Grenzfrequenz bei 1 kHz periodisch verschoben wird. Die zugehörigen Erregungspegel-Tonheitsdiagramme machen deutlich, daß sich die Muster wegen der nichtlinearen Auffächerung der oberen Flanke mit wachsendem Pegel verflachen. Da das Tiefpaßrauschen bis zu tiefen Frequenzen, d.h. sehr kleinen Tonheiten, reicht, treten keine untere Flanken auf. Im Bereich kleiner Tonheiten gibt es also nur Kernerregungen, deren Pegel sich bei Grenzfrequenzänderung nicht ändert. Zwar spielen die beim Rauschen auftretenden hörbaren Eigenmodulationen insofern eine Rolle, als der Wert des Frequenzhubes, der notwendig ist, damit die Frequenzmodulation des Rauschens wahrgenommen wird, deutlich größer ist als bei Sinustönen. Die Bestimmung des gerade wahrnehmbaren doppelten Frequenzhubes $2\Delta f$ als Funktion des Pegels des Tiefpaßrauschens bestätigt aber mit seinem überraschenden Ergebnis die Vorhersage des Schwellenfunktionsschemas. Wie das in Abb.14.4 (durchgezogene Kurve) dargestellte Meßergebnis zeigt, steigt die Frequenzstufe $2\Delta f$ für Tiefpaß-

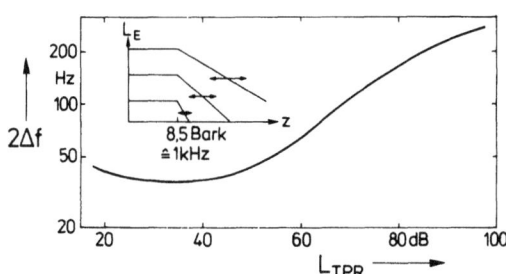

Abb.14.4. Abhängigkeit der Frequenzstufe $2\Delta f$ für Tiefpaßrauschen der Grenzfrequenz 1 kHz vom Pegel L_{TPR}. Die Änderung des Erregungspegel-Tonheitsmusters mit wachsendem Pegel ist skizziert

rauschen mit wachsendem Pegel an. Das Gehör wird also - im Gegensatz zur Erwartung - mit wachsendem Pegel unempfindlicher gegen Frequenzänderungen. Mit Hilfe des Funktionsschemas wird dieser Verlauf einsichtig: Bei größeren Pegeln wird die obere Flanke flacher. Um die gleiche Pegeländerung zu erreichen, muß der Frequenzhub vergrößert werden, wenn diese Verflachung eintritt. Der Verflachung der oberen Flanke von etwa 30 dB/Bark bei kleinen Pegeln nach 6 dB/Bark bei 100 dB, wie dies in Abb.13.4 dargestellt ist, entspricht eine Zunahme des Wertes $2\Delta f$ von 40 Hz bei 30 dB nach 240 Hz bei 100 dB Pegel des Tiefpaßrauschens.

Wie die Hörbarkeit der beschriebenen Frequenzmodulation mit wachsendem Pegel abnimmt, verdeutlicht Darbietung 14.4.

14.3 Schwellenfunktionsschema an der Ruhehörschwelle und bei Mithörschwellen

Die Ruhehörschwelle wird, wie in Kap.13 beschrieben, als eine Mithörschwelle betrachtet, die vom "Eigenrauschen der Versuchsperson" erzeugt wird, das jedoch nicht hörbar ist. Bei mittleren und hohen Frequenzen wird dieses Rauschen intern, d.h. in der neuronalen Verarbeitung, vermutet. Bei tiefen Frequenzen dagegen kann es als akustische Schwingung aufgefaßt werden, die vom Puls und von den Muskelbewegungen im Körper hervorgerufen wird. Bei Verschluß des äußeren Gehörgangs kann mit Hilfe von Sondenmikrofonen der zugehörige Schalldruck im Gehörgang direkt gemessen werden. Nach tiefen Frequenzen steigt dieses Störrauschen im Pegel stark an; dementsprechend steigt auch die Ruhehörschwelle an.

Die Mithörschwelle ergibt sich entweder aus den Kernerregungen oder aus den Flankenerregungen. Da die Erregungspegel-Tonheitsmuster aus Mithörschwellenmessungen hervorgegangen sind und einen wesentlichen Anteil des Funktionsschemas darstellen, muß natürlich rückwärts das Funktionsschema auch den Verlauf der Mithörschwellen beschreiben. Am Beispiel der Mithörschwelle von Sinustönen, verdeckt durch Weißes Rauschen, soll dies quantitativ gezeigt werden. Weißes Rauschen ist ein breitbandiges Rauschen, bei dem nur Kernerregungen auftreten. Bei hohen Frequenzen ist die Eigenmodulation, die in der Frequenzgruppe hervorgerufen wird, kaum störend. Dort beträgt das Schwellenmaß 1 dB bzw. der Schwellenfaktor 0,25. Das zugehörige Verdeckungsmaß ist 6 dB. Bei einer Testtonfrequenz von 5 kHz soll die Mithörschwelle mit Hilfe des Schwellenfunktionsschemas berechnet werden. Die Breite der Frequenzgruppe beträgt dort Δf_G = 1000 Hz. Für einen angenommenen Dichtepegel l_{WR} = 40 dB ergibt sich der Anteil des Rauschens, der in diese Frequenzgruppe bei 5 kHz hineinfällt, zu $L_G = l_{WR} + (10 \cdot lg\ 1000)$ dB = 70 dB. Aus $L_T = L_G + a_V$ ergibt sich mit a_V = -6 dB: L_T = 64 dB. Der Testtonpegel des 5 kHz-Tones müßte also 64 dB betragen, damit er gerade wahrnehmbar wird. Dieser Wert stimmt mit dem in Fig.3.1 angegebenen Meßwert recht gut überein. Allgemein gilt für die Mithörschwelle L_T von Sinustönen, verdeckt durch Weißes Rauschen,

$$L_T(f) = l_{WR} + 10 \cdot \lg[\Delta f_G(f)/Hz] + a_V(f). \qquad (14.4)$$

Bei einer Frequenz des Testtones von 500 Hz muß bei der Berechnung der Mithörschwelle neben der kleineren Frequenzgruppenbreite auch die Eigenmodulation des Rauschens in der Frequenzgruppe berücksichtigt werden. Dort beträgt wegen dieser Eigenmodulation der Schwellenfaktor 0,65, das Schwellenmaß 2 dB und das Verdeckungsmaß -2 dB. Die Mithörschwelle L_T des 500 Hz-Tones, der von einem breitbandigen Weißen Rauschen von 40 dB Dichtepegel verdeckt wird, ist demnach mit der Frequenzgruppenbreite Δf_G = 100 Hz bei f = 500 Hz

$$L_T = 40 \text{ dB} + (10 \cdot \lg 100) \text{ dB} - 2 \text{ dB} = 58 \text{ dB}.$$

Auch dieser berechnete Wert stimmt recht gut mit dem in Abb.3.1 angegebenen Meßwert überein. Für Tiefpaß- oder für Hochpaßrauschen, genauso wie für Bandpaßrauschen gelten neben den gerade beschriebenen Gesetzen der Kernerregung die Gesetze der Flankenerregung. Das Funktionsschema beschreibt den Verlauf dieser Mithörschwellen ebenfalls in zutreffender Weise.

Das Erregungspegel-Tonheitsmuster und das Schwellenfunktionsschema haben sich zur Beschreibung der Eigenschaften des Gehörs sehr gut bewährt. Sie erübrigen in hohem Maße das Auswendiglernen von psychoakustischen Ergebnissen. Mit Hilfe des Funktionsschemas, das nur auf einigen wenigen leicht merkbaren Grundannahmen beruht, lassen sich wesentliche psychoakustische Effekte quantitativ leicht herleiten.

15. Funktionsschema der Lautheit

Zwei Sinustöne gleichen Pegels, deren Frequenzabstand über die Breite der Frequenzgruppe hinaus vergrößert wird, erzeugen eine Lautheit (vergl.Abb.5.9), die größer ist als diejenige, die ein Ton der Bandmittenfrequenz mit einem Pegel hat, welcher der Gesamtintensität beider Töne entspricht. Mit wachsendem Frequenzabstand wächst die Lautheit der beiden Töne an. Aus diesem Ergebnis muß entnommen werden, daß sich die Lautheit nicht aus den einzelnen Spektralanteilen bildet, sondern daß sich diese Spektralanteile insbesondere dann gegenseitig beeinflussen, wenn ihr Frequenzabstand gering ist. Erst bei großem Frequenzabstand, wenn sich die beiden Einzeltöne nicht mehr gegenseitig beeinflussen, wird derjenige Wert erreicht, den wir aus der Addition der beiden Lautheiten erwarten. Offenbar spielt bei der Bildung der Lautheit neben der Frequenzgruppenbreite auch die Steilheit der Filterflanken, d.h. die Frequenzselektivität, mit der das Gehör arbeitet, eine Rolle. Das Erregungspegel-Tonheitsmuster ist ein Maß für die Frequenzselektivität und offensichtlich auch für die Bildung der Lautheit wichtig. Wenn sich zwei Töne bei der Bildung der Gesamtlautheit gegenseitig beeinflussen, obwohl sie spektral getrennt sind, müssen wir davon ausgehen, daß die Gesamtlautheit aus einem Integral über eine noch zu findende Größe gebildet wird, die ebenfalls über der Tonheit z aufzutragen ist. Die Größe muß die Dimension sone/Bark besitzen, damit die Gesamtlautheit als Integral dieser Größe über die Tonheit gebildet werden kann (vergl. Abb.15.1 rechts unten). Wir bezeichnen diese Größe als Spezifische Lautheit und geben ihr das Symbol N'.

In Abb.15.1 ist für ein Gleichmäßig Anregendes Rauschen und für ein schmalbandiges Rauschen der Breite der Frequenzgruppe die Entstehung der Gesamtlautheit nach obengenannten Grundsätzen entwickelt. Die beiden linken Diagramme geben die Anregungspegel, d.h. die Frequenzgruppenpegel L_G als Funktion der Tonheit z an. Für Gleichmäßig Anregendes Rauschen ergibt sich - unter Vernachlässigung von a_0 - bei einem Frequenzgruppenpegel von je 50 dB ein Gesamtpegel von
50 dB + (10·lg 24) dB = 64 dB. Dieser Gesamtpegel des Gleichmäßig Anregenden Rauschens wurde im unteren Bild auf die Frequenzgruppe bei 8,5 Bark, d.h. bei 1000 Hz, konzentriert. Wir vergleichen also ein Gleichmäßig Anregendes Rauschen und ein

frequenzgruppenbreites Rauschen bei 1 kHz, die beide gleiche Schallintensität, d.h. gleichen Pegel, besitzen. Die zugehörigen Erregungspegel-Tonheitsmuster, deren Entwicklung wir schon kennengelernt haben, sind unter Vernachlässigung des Übertragungsmaßes a_0 in den beiden mittleren Bildern von Abb.15.1 dargestellt. Im oberen Teilbild geht der Frequenzgruppenpegel (= Anregungspegel) direkt in den Erregungspegel über. Im unteren Teilbild (für das Schmalbandrauschen) ist lediglich die Kernerregung erhalten geblieben, jedoch sind die beiden Flankenerregungen hinzugekommen. Aus Abb.5.11 können wir entnehmen, daß Gleichmäßig Anregendes Rauschen mit dem Pegel 64 dB eine Lautheit von etwa 20 sone erzeugt. Ein Sinuston des Pegels 64 dB besitzt nach demselben Diagramm eine Lautheit von etwa 5 sone. Da Gleichmäßig Anregendes Rauschen die Tonheitsskale gleichmäßig beaufschlagt, muß im Tonheitsdiagramm der Spezifischen Lautheit ein Rechteck entstehen. Die einzige freie Variable (bei gleichmäßiger Tonheitsbelegung) ist die Höhe dieses Rechtecks. Sie ergibt sich zu 0,85 sone/Bark, damit das Produkt aus 24 Bark·0,85 sone/Bark gerade etwa 20 sone Lautheit ergibt. Ähnliche Überlegungen können für andere Pegel des Gleichmäßig Anregenden Rauschens durchgeführt werden. Nach größeren Pegeln ergibt sich die schon in Abb.5.11 dargestellte Abhängigkeit, nach der die Lautheit des Gleichmäßig Anregenden Rauschens mit dessen Intensität über ein Potenzgesetz mit dem Exponenten 0,23 zusammenhängt. Nach kleineren Pegeln wird die Steigung der Kurve, die in Abb.5.11 punktiert eingetragen ist, steiler. Dort muß zur genauen Festlegung der Lautheit die Ruhehörschwelle mitberücksichtigt werden.

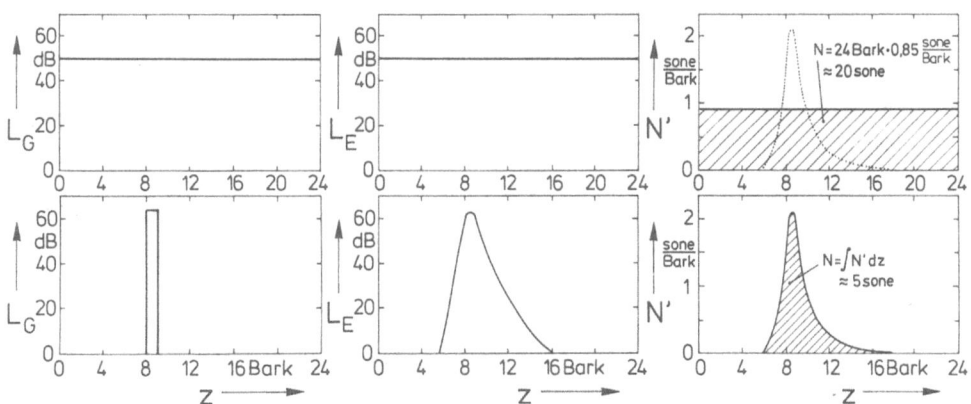

Abb.15.1. Bildung der Lautheit von Gleichmäßig Anregendem Rauschen (obere Reihe) und von frequenzgruppenbreitem Rauschen bei 1 kHz (untere Reihe) mit gleichem Gesamtpegel (64 dB). Links: Frequenzgruppenpegel L_G; Mitte: Erregungspegel L_E; rechts: Spezifische Lautheit N'; jeweils als Funktion der Tonheit z. Die Gesamtlautheit ergibt sich aus den schraffierten Flächen

In Abb.15.1 rechts unten ist der Verlauf der spezifischen Lautheit als Funktion der Tonheit für das Schmalbandrauschen mit dem Gesamtpegel von 64 dB eingetragen. Wir erkennen, daß die Fläche nicht nur in einem schmalen Tonheitsbereich gebildet wird, sondern daß sich Lautheitsanteile weit über den Bereich der Breite von 1 Bark hinaus ausdehnen. Insbesondere nach größeren z-Werten ergeben sich große Anteile, die der oberen Flanke des Erregungspegel-Tonheitsmusters entsprechen. Die Lautheitsverteilung spiegelt also die Erregungsverteilung wider. Entsprechend den Kernerregungen gibt es Kernlautheiten, entsprechend den Flankenerregungen Flankenlautheiten. Der Übergang vom Erregungspegel-Tonheitsmuster in das Spezifische Lautheits-Tonheitsmuster wird in Abschn.15.1 ausführlich erläutert werden. In Abb.15.1 rechts oben ist punktiert der Verlauf der Spezifischen Lautheit als Funktion der Tonheit für das Schmalbandrauschen eingetragen. Wir erkennen aus dem Vergleich der Flächen unter den jeweiligen Kurven, daß das Gleichmäßig Anregende Rauschen wesentlich lauter ist (die Fläche ist viel größer) als das Schmalbandrauschen, obwohl die Schallintensitäten beider Schalle gleich groß sind.

Die Grundannahme des Funktionsschemas zur Bildung der Lautheit ist demnach, daß die Lautheit nicht aus den Spektrallinien oder der spektralen Zusammensetzung des Schalles direkt entsteht, sondern daß die Gesamtlautheit aus dem Integral der Spezifischen Lautheit über der Tonheit entsteht, d.h.

$$N = \int_0^{24 \text{ Bark}} N' \, dz. \tag{15.1}$$

Die Spezifische Lautheit, über der Tonheit aufgetragen, stellt eine Lautheitsverteilung dar. Diese Verteilung ist zwar mit der spektralen Verteilung des Schalles verknüpft, zu ihrer Entwicklung muß jedoch die Frequenzselektivität des Gehörs mitberücksichtigt werden.

In den folgenden vier Abschnitten werden die Spezifische Lautheit und ihre Abhängigkeit von der Ruhehörschwelle und vom Übertragungsmaß a_0, die Entstehung der Lautheit sowohl von stationären als auch von kurzzeitigen oder zeitabhängigen Schallen und schließlich Berechnungs- und Meßverfahren, die auf dem Funktionsschema der Lautheit beruhen, beschrieben.

15.1 Spezifische Lautheit

Die Spezifische Lautheit wird aus der Tatsache abgeleitet, daß Intensitätsempfindungen - die Lautheit gehört dazu - Potenzgesetzen gehorchen. Diesem Gesetz zufolge muß eine relative Lautheitsänderung proportional der relativen Intensitätsänderung sein. Die relative Lautheitsänderung ist in unserem Falle nicht die relative Änderung der Lautheit, sondern die der Spezifischen Lautheit. Die Intensitätsänderung betrachten wir als die Erregungsänderung. Auf diese Weise können wir mit der Proportionalitätskonstanten k den Zusammenhang zwischen der Erregungsgröße und der Spezifischen Lautheit herstellen:

$$\frac{\Delta N'}{N'} = k \frac{\Delta E}{E} . \tag{15.2}$$

Damit die Verhältnisse an der Ruhehörschwelle miteinbezogen werden können, muß eine Grunderregung hinzugefügt werden, die ihrerseits ebenfalls eine Spezifische Grundlautheit hervorruft, die jedoch unhörbar bleibt. Dann ergibt sich eine Differenzengleichung folgender Form:

$$\frac{\Delta N'}{N' + N'_{gr}} = k \frac{\Delta E}{E + E_{gr}} . \tag{15.3}$$

Wird diese Gleichung als Differentialgleichung aufgefaßt, kann sie integriert werden. Die Integrationskonstante wird aus der Forderung abgeleitet, daß für $E = 0$ auch $N' = 0$ sein muß. Die Grunderregung ist Ursache für die Ruhehörschwelle. Da wir sie als Mithörschwelle auffassen und der Schwellenfaktor bekannt ist, gilt:

$$E_{gr} = E_{RHS}/s . \tag{15.4}$$

Damit ergibt sich die gesuchte Spezifische Lautheit als

$$N' = N'_{gr}\left[\left(1 + s \frac{E}{E_{RHS}}\right)^k - 1\right], \tag{15.5}$$

oder mit einer Bezugskonstanten N'_0

$$N' = N'_0 \left(\frac{1}{s} \cdot \frac{E_{RHS}}{E_0}\right)^k \left[\left(1 + s \frac{E}{E_{RHS}}\right)^k - 1\right]. \tag{15.6}$$

Die wichtigste Größe dieser Gleichung ist der Exponent k. Ihn können wir am einfachsten aus der Abhängigkeit der Lautheit von Gleichmäßig Anregendem Rauschen von dessen Pegel entnehmen. Die in Abb.5.11 dargestellten Zusammenhänge zeigen, daß bei großen Pegeln des Rauschens ein Exponent der Größe 0,23 den Zusammenhang gut beschreibt. Da bei großen Pegeln der Einfluß der Ruhehörschwelle vernachlässigbar wird, dann aber Gl.(15.5) in

$$N' \sim \left(\frac{E}{E_0}\right)^k \tag{15.7}$$

übergeht, ist dieser Exponent 0,23 der gesuchte Wert für k. Für Frequenzen in der Umgebung von 1 kHz, bei welchen der Schwellenfaktor $s = 0,5$ gesetzt werden kann, ergibt sich unter Zuhilfenahme der Randbedingung, daß ein 1 kHz-Ton mit einem Pegel von 40 dB gemäß Gl.(15.1) exakt 1 sone ergeben muß, die Gleichung

$$N' = 0,08 \left(\frac{E_{RHS}}{E_0}\right)^{0,23} \left[\left(0,5 + \frac{1}{2} \cdot \frac{E}{E_{RHS}}\right)^{0,23} - 1\right] \frac{sone_G}{Bark}, \tag{15.8}$$

bei welcher R_{HS} die Erregung an der Ruhehörschwelle und E_0 die Erregung ist, die I_0 entspricht. Der Wert 1 wurde durch den Wert (1 - s), d.h. 0,5, ersetzt, damit N' für kleine Werte von E asymptotisch gegen den Wert N' = 0 geht. Der Index G an der Einheit $sone_G$ soll darauf aufmerksam machen, daß es sich um berechnete Lautheiten handelt, die mit Hilfe der Frequenzgruppenpegel bestimmt wurden.

Die Erregung selbst ist weniger wichtig. Wir haben gelernt, mit dem Erregungspegel L_E und nicht mit der Erregung E zu arbeiten. Der Zusammenhang zwischen der Spezifischen Lautheit N' und dem Erregungspegel L_E ist in Abb.15.2 dargestellt. Damit der Parameter frequenz- bzw. tonheitsabhängig wird, ist die Kurvenschar mit der Größe $L_{RHS} - a_0$ beziffert. Sie berücksichtigt einerseits die Ruhehörschwelle (eine bekannte, von der Frequenz abhängige Größe) und andererseits die frequenzabhängige Größe a_0, welche das Übertragungsmaß vom Schallfeld zum Ohr repräsentiert. Dieses Übertragungsmaß a_0 gilt für das ebene Schallfeld. Werden Berechnungen für das diffuse Schallfeld angestellt, so ist ein anderes Übertragungsmaß a_{0D} einzuführen. Beide Werte sind in Abb.15.3 als Funktion der Tonheit z (untere Abszisse) bzw. als Funktion der Frequenz f (obere Abszissenskale) dargestellt (vgl. auch Abb.13.1).

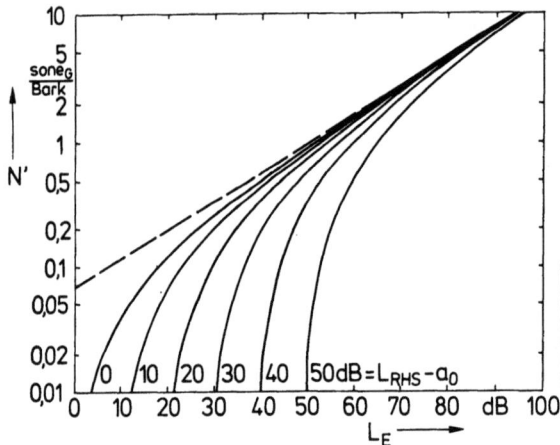

Abb.15.2. Spezifische Lautheit N' als Funktion des Erregungspegels L_E mit der Differenz $L_{RHS} - a_0$ aus Ruhehörschwelle und Übertragungsmaß als Parameter

Gemäß Abb.15.2 steigt die Spezifische Lautheit N' bei kleinen Werten von L_E sehr steil an. Sie erreicht bei großen Werten L_E eine Asymptote, die in Abb.15.2 gestrichelt eingetragen ist und dem Potenzgesetz mit dem Exponenten 0,23 entspricht. Die Kurven für verschiedene Parameterwerte $L_{RHS} - a_0$ gehen dadurch auseinander hervor, daß die Kurve für den Parameter 0 dB der gestrichelt eingetragenen Asymptote entlang nach rechts oben verschoben wird. Dies geschieht so, daß die zweite Asymptote, nämlich der senkrechte Anstieg von kleinen Pegeln her kommend, gerade mit dem entsprechenden Parameterwert übereinstimmt.

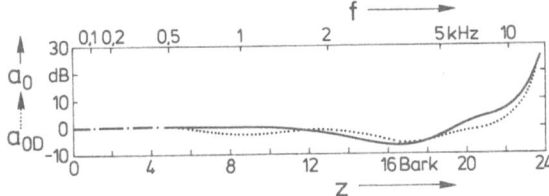

Abb.15.3. Übertragungsmaß a_0 für das ebene Schallfeld bzw. a_{0D} für das diffuse Schallfeld als Funktion der Tonheit z (unten) bzw. der Frequenz f (oben)

Neben dem Erregungspegel ist die Spezifische Lautheit eine sehr wichtige Zwischengröße. Mit Ihrer Hilfe kann die Lautheit von beliebigen Schallen, auch die von gedrosselten, berechnet werden. Die Spezifische Lautheit wird auch zur Bestimmung der Schärfe benützt.

15.2 Lautheit stationärer Schalle

Bei der einleitenden Diskussion über das Zustandekommen der Lautheit, wie es in Abb.15.1 veranschaulicht ist, wurde der Verlauf der Ruhehörschwelle bzw. das Übertragungsmaß a_0 aus didaktischen Gründen nicht berücksichtigt. Abbildung 15.4 zeigt den Verlauf des Erregungspegels über der Tonheit für die beiden Schalle (Gleichmäßig Anregendes Rauschen bzw. frequenzgruppenbreites Schmalbandrauschen mit einem Pegel von jeweils 64 dB) unter Berücksichtigung von a_0. Während sich der Verlauf des Erregungspegels über der Tonheit für das schmalbandige Rauschen (gestrichelt) praktisch nicht geändert hat, spiegelt die durchgezogene Kurve, welche für Gleichmäßig Anregendes Rauschen gilt, sehr deutlich den Verlauf von a_0 über z wider. Anstelle des horizontalen Verlaufs von Abb.15.1 ergibt sich bei 17 Bark eine deutliche Überhöhung. Nach großen z-Werten hin nimmt der Erregungspegel sehr rasch kleine Werte an.

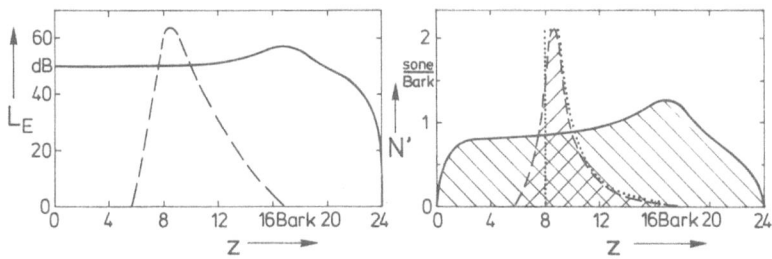

Abb.15.4. Erregungspegel $L_E(z)$ und Spezifische Lautheit $N'(z)$ für Gleichmäßig Anregendes Rauschen (durchgezogen) und Schmalbandrauschen bei 1 kHz (gestrichelt). Im Vergleich zu Abb.15.1 ist hier die Tonheitsabhängigkeit von a_0 und L_{RHS} berücksichtigt. Die beim graphischen Berechnungsverfahren benützte Näherung für Schmalbandrauschen ist punktiert eingetragen

Bei der Transformation des Erregungspegels in die Spezifische Lautheit muß der
Verlauf der Ruhehörschwelle bei tiefen Frequenzen mitberücksichtigt werden. In
Abb.15.2 ist die Ruhehörschwelle Parameter. Dort wird deutlich, was eine Verschiebung der Ruhehörschwelle nach größeren Werten (bei tiefen Frequenzen, d.h. kleinen z-Werten) im Vergleich zu einer Absenkung wegen a_0 (bei hohen Frequenzen, d.h.
sehr großen z-Werten) bedeutet: Wenn sich nur die Ruhehörschwelle ändert, der Erregungspegel aber gleich bleibt, so wird für große Erregungspegel der zugehörige
Wert für die Spezifische Lautheit kaum verändert. Dies bedeutet, daß große Erregungspegel bei tiefen Frequenzen Spezifische Lautheiten erzeugen, die denjenigen
bei mittleren Frequenzen gleichkommen. Dementsprechend zieht sich die Kurve für
Gleichmäßig Anregendes Rauschen, die in Abb.15.4 rechts durchgezogen dargestellt
ist, verhältnismäßig weit in horizontaler Form nach tiefen Tonheitswerten hin.
Erst bei 1,5 Bark, d.h. 150 Hz, wird die Spezifische Lautheit kleiner, so daß bei
0,5 Bark etwa der halbe Wert erreicht wird. Nach großen Tonheitswerten hin fällt
die Spezifische Lautheit nach Durchlaufen eines Maximums über einen etwa 6 Bark
breiten Tonheitsbereich ab. Die Spezifische Lautheit für das 1 kHz-Schmalbandrauschen bleibt gegenüber der Darstellung von Abb.15.1 praktisch unverändert.

Es soll noch einmal darauf hingewiesen werden, daß die Spezifische Lautheit
linear aufgetragen werden muß (im Gegensatz zur Erregung, die als Pegel aufgetragen wird), damit die Integration zur Gesamtlautheit möglich ist. Auf diese Weise
können mit dem Funktionsschema zur Bildung der Lautheit sowohl die Kurven gleicher
Lautstärke (Abb.5.4) als auch die Abhängigkeit des Lautstärkepegels von der Bandbreite (Abb.5.8) sehr gut verifiziert werden.

Der Verlauf der Spezifischen Lautheit über der Tonheit z ist als kontinuierliche
Kurve angegeben. Dies entspricht der feinen Frequenzauflösung des Gehörs. Die Frequenzgruppenbreite, die zur Bestimmung des Anregungspegels und damit zur Festlegung
der Kernlautheit benützt wird, ist eine verschiebbare Größe, wie in Kap.13 bei
der Definition der Anregung deutlich wurde. In vielen praktischen Fällen wird die
Tonheitsskale jedoch nicht in viele überlappende Filter aufgeteilt. Vielmehr werden Filterbänke benützt, bei denen jeweils die obere Grenzfrequenz des unteren Filters mit der unteren Grenzfrequenz des oberen Filters übereinstimmt. In diesem Fall
entstehen 24 aneinandergereihte Frequenzgruppenfilter. Bei der Benützung solcher
Filter ergeben sich anstelle einer kontinuierlichen Kurve 24 diskrete Werte. Sie
bilden eine gute Näherung des Verlaufs der Spezifischen Lautheit und können zur
Bestimmung der Gesamtlautheit sehr gut benützt werden.

15.3 Lautheit stark zeitabhängiger Schalle

Das Funktionsschema zur Bildung der Lautheit kann für zeitlich stark strukturierte
Schalle erweitert werden, wenn für den Erregungspegel und die Spezifische Lautheit
zeitabhängige Größen benützt werden. Der Verlauf der Mithörschwelle bei der Vor-

verdeckung, Simultanverdeckung und der Nachverdeckung gibt einen Hinweis dafür, wobei die Vorverdeckung im Vergleich zur Nachverdeckung vernachlässigt werden kann. Die Entstehung der Lautheit von kurzen Tonimpulsen veranschaulicht Abb.15.5. Zur Vermeidung von Ein- und Ausschaltknacken werden sie über Frequenzgruppenfilter geleitet. Ihre Pegelverläufe sind in Abb.15.5 oben für Impulsdauern von 3, 10, 30, 100 und 200 ms dargestellt. Die Spezifische Lautheit, die z.B. für einen 2 kHz-Tonimpuls bei 13 Bark auftritt, schwingt ebenfalls sehr rasch ein. Das Abklingen dagegen dauert wesentlich länger und ist - entsprechend Abb.9.7 - von der Dauer des Tonimpulses abhängig: Bei 3 ms Impulsdauer ist das Abklingen der Spezifischen Lautheit zunächst sehr steil, dann flacher. Für Dauern größer als 30 ms verflacht sich das Abklingen schon von Anfang an. Die Gesamtlautheit N wird nun nicht nur dadurch gebildet, daß über die Spezifische Lautheit als Funktion der Tonheit integriert wird; die Gesamtlautheit wird vielmehr durch eine zusätzliche zeitliche, wenn auch unvollständige Integration in ihrem zeitlichen Anstieg stark gehemmt und verzögert. Dies wird dadurch erreicht, daß die Zeitfunktionen - wie sie in der Mitte von Abb.15.5 dargestellt sind - über Tiefpässe geleitet werden. Der Maximalwert, den diese Funktionen (Abb.15.5 unten) erreichen, entspricht der von der Versuchsperson angegebenen Lautheit. Für 200 und für 100 ms ist dieser Wert N_{max} fast gleich. Die für 30, 10 und 3 ms erreichten Maximalwerte sind dagegen deutlich kleiner. Zwischen 100 ms und 10 ms ergibt sich ein Unterschied um den Faktor 2. Dies entspricht den Werten, die für die Lautheit von Schallimpulsen in Abhängigkeit von der Impulsdauer (Abb.10.1 und Abb.10.2) gemessen wurden. Dort ergab sich - von der Impulsdauer fast unabhängig - bei Verkleinerung der Dauer um einen Faktor 10 eine Reduzierung der Lautheit um einen Faktor 2. Dies wird vom Funktionsschema bestätigt, denn beim Übergang der Impulsdauer von 30 ms auf 3 ms finden wir in Abb.15.5 diesen Faktor 2 für das Verhältnis der entstandenen Maximalwerte ebenfalls.

Das Funktionsschema - wie es in Abb.15.5 veranschaulicht und in Abb.15.15 auch ausführlicher dargestellt ist - sagt aus, daß die dem Zeitverlauf des Reizes rasch folgenden Spezifischen Lautheiten N' zunächst über die Tonheit addiert werden.

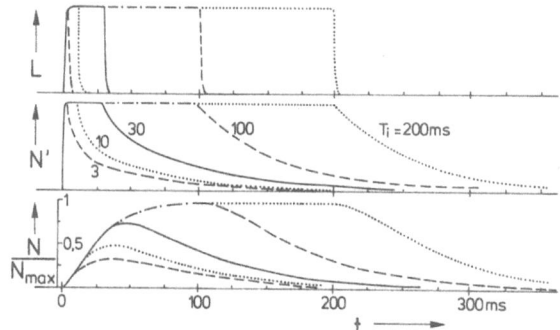

Abb.15.5. Zur Veranschaulichung der Wirkungsweise des Funktionsschemas (vergl.Abb.15.23) zur Bildung der Lautheit stark zeitabhängiger Schalle sind der Schalldruckpegel L, die Spezifische Lautheit N' und die Gesamtlautheit N/N_{max} jeweils als Funktion der Zeit t für Tonimpulse verschiedener Dauer T_i dargestellt

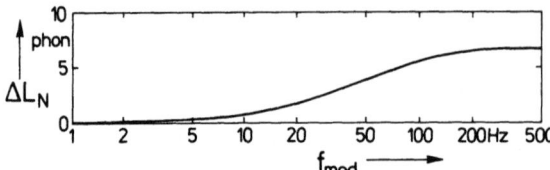

Abb.15.6. Zuwachs ΔL_N der Pegellautstärke, den ein 1500 Hz-Ton mit 60 dB Pegel bei einem Frequenzhub von ± 800 Hz in Abhängigkeit von der Modulationsfrequenz f_{mod} erzeugt

Erst danach wird die Summe - entsprechend der längere Zeit in Anspruch nehmenden Verarbeitung in höheren Zentren - mit Hilfe von Tiefpässen zeitlich unvollständig integriert. Dieses Verhalten kann nachgeprüft werden, indem die Lautstärke von stark frequenzmodulierten Schallen gemessen wird. Bei einem Frequenzhub von ± 800 Hz und einer Mittenfrequenz von 1500 Hz wurden Lautstärkevergleichsmessungen durchgeführt. Die Pegellautstärke L_N wächst in Abhängigkeit von der Modulationsfrequenz - wie in Abb.15.6 dargestellt - an. Das Funktionsschema sagt voraus, daß der Anstieg des Lautstärkepegels erst bei großen Modulationsfrequenzen von etwa 30 Hz erfolgen darf. In diesem Bereich werden die Nachverdeckungen wirksam, so daß die Lautheitsanteile in benachbarten Tonheitsbereichen erhalten bleiben und der FM-Ton wie ein breitbandiger Schall wirkt. Im Bereich tiefer Modulationsfrequenzen - bei etwa 5 Hz - ist dies nicht der Fall, weil die Spezifische Lautheit den Schwankungen des FM-Signals noch fast vollständig folgen kann. Bei diesen Modulationsfrequenzen darf also kein Lautstärkezuwachs auftreten, obwohl die Grenzdauer der Lautheitsbildung (vergl.Abb.10.1) bei etwa 100 ms zu suchen ist. Zur Veranschaulichung des zeitlichen Zusammenwirkens der entstehenden Spezifischen Lautheiten sind in Abb.15.7 die wesentlichen Zeitfunktionen für zwei um den Faktor 10 verschiedene Modulationsfrequenzen aufgetragen. Die Ergebnisse psychoakustischer Messungen und die Ergebnisse aus den Funktionsmodellen zeigen gute Übereinstimmung, so daß die Struktur des Funktionsschemas nach Abb.15.5 bzw. Abb.15.15 bestätigt ist.

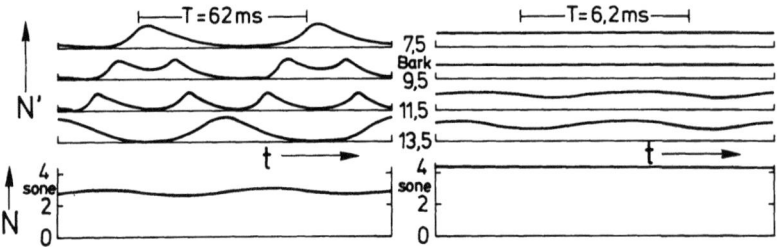

Abb.15.7. Veranschaulichung der Addition der bei verschiedenen Tonheiten (in Bark) entstehenden Spezifischen Lautheiten N' zur Gesamtlautheit N innerhalb einer Periode T eines FM-Tones der Modulationsfrequenz $f_{mod} = 1/T$ von 16 Hz (links) und 160 Hz (rechts). f_m = 1500 Hz; Δf = ± 800 Hz; L = 60 dB

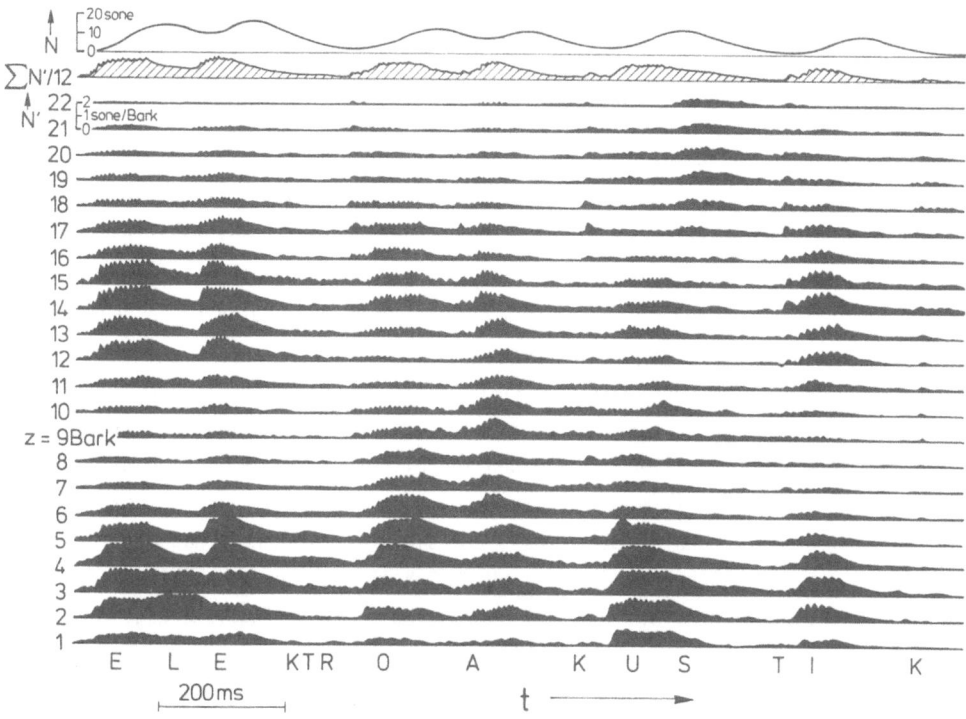

Abb.15.8. 22 Spezifische Lautheiten N', ihre Summe Σ N' (durch 12 geteilt) und ihre Gesamtlautheit N sind für das gesprochene Wort "Elektroakustik" jeweils als Funktion der Zeit t aufgetragen

Das Zustandekommen der Lautheits-Zeitfunktion für komplizierte und zeitlich stark strukturierte Schalle, wie z.B. Sprache, ist in Abb.15.8 veranschaulicht. Für 22 ganzzahlige Tonheitswerte von 1 Bark bis 22 Bark ist die mit einem Funktionsmodell gemessene Spezifische Lautheit als Funktion der Zeit für das gesprochene Wort "Elektroakustik" aufgetragen. Als zweitoberste Zeitfunktion ist die Summe der Spezifischen Lautheiten aufgetragen. Der Wert wurde durch 12 dividiert, damit er darstellbar bleibt. Die demgegenüber verhältnismäßig träge Gesamtlautheit als Funktion der Zeit zeigt die oberste Kurve. Die Vokale treten deutlich als Maxima hervor. Die zeitliche Verzögerung zwischen der Summenlautheit Σ N'/12 und der Gesamtlautheit N ist deutlich erkennbar. Maßgebend für die Lautheit gesprochener Sprache sind die Vokale. Konsonanten und Verschlußlaute sind für die Verständlichkeit sehr wichtig, zur Lautheit der Sprache tragen sie jedoch wenig bei. Maßgeblich für die Lautstärkeempfindung sind die Maxima der Lautheits-Zeitfunktion $N(t)$.

15.4 Berechnungs- und Meßverfahren der Lautheit

Um die Anwendung des Funktionsschemas zur Bildung der Lautheit von stationären Schallen zu vereinfachen, wurde ein graphisches Lautheitsberechnungsverfahren entwickelt. Zu seiner Anwendung muß die spektrale Verteilung des Schalles in Frequenzgruppenpegeln oder in Terzpegeln bekannt sein. Da Frequenzgruppenfilter nur selten zur Verfügung stehen, ist die Anwendung von Terzfiltern gebräuchlicher. Die Bestimmung des Spezifische Lautheits-Tonheitsmusters wird mit Hilfe eines graphischen Verfahrens im Vergleich zu den oben beschriebenen Transformationen wesentlich vereinfacht und damit die genaue Bestimmung der Lautheit von Schallen beliebiger spektraler Zusammensetzung ermöglicht.

Dazu wird der Verlauf der Spezifischen Lautheit, die ein Schmalbandrauschen erzeugt, durch einen Kurvenzug angenähert, der aus drei Teilen zusammengesetzt ist: Einem senkrechten Anstieg bei kleinen Tonheitswerten, einem horizontalen Stück, das die Kernlautheit mit der Breite von 1 Bark darstellt, und einem nach größeren Tonheitswerten abfallenden Teil, der die Flankenlautheit nachbildet. In Abb.15.9 ist für einen 1 kHz-Ton mit 70 dB Schallpegel der zugehörige Kurvenzug punktiert eingetragen. Die obere Flankenlautheit ist geringfügig gegenüber dem Verlauf, der in Abb.15.4 rechts gestrichelt dargestellt ist, in der Weise verändert, daß die Gesamtfläche unter der Kurve erhalten bleibt. Das Berechnungsverfahren ist international empfohlen worden (ISO Rec. 532). Es soll anhand von Abb.15.9 für ein Geräusch, das in der Nähe einer Holzverarbeitungsmaschine in einer Fabrikhalle gemessen wurde, demonstriert werden. Der Schallpegel des Geräusches beträgt 73 dB, der A-bewertete Schallpegel 68 dB(A).

Alle dünn gezeichneten Linien in Abb.15.9 gehören zur genormten Schablone, von denen je 5 (Terzpegelbereich bis maximal 35 dB, 50 dB, 70 dB, 90 dB und 110 dB) für zwei Arten von Schallfeldern (ebenes Schallfeld, diffuses Schallfeld) zur Verfügung stehen. Stellvertretend für die 10 Kurvenblätter sind in Abb.15.11 und Abb.15.12 solche für das ebene Schallfeld (Maximalwert 50 dB bzw. 90 dB) dargestellt. Mit diesem Verfahren lassen sich sowohl Lautheiten als auch Lautstärkepegel berechnen. Damit sie von subjektiven Meßergebnissen unterschieden werden können, werden sowohl den Symbolen als auch den Einheiten Indizes angefügt: ein "G" als Hinweis auf die dem Verfahren zugrunde liegende Frequenzgruppe und ein "F" bzw. ein "D" für freies Schallfeld bzw. diffuses Schallfeld.

Die Kurvenblätter tragen als untere Abszisse die Grenzfrequenzen der Terzfilter, als obere Abszisse sind deren Mittenfrequenzen angegeben. Die gemessenen Terzpegel des Geräusches sind im Diagramm (Abb.15.9) als dick durchgezogene horizontale Linien eingetragen. Dabei werden die Mittenfrequenzen der Terzfilter und die Leitern bei diesen Werten, welche den Terzpegel als Parameter tragen, benützt. An jedem linken Ende eines horizontalen Balkens wird eine senkrechte Linie nach unten eingetragen. An jedem rechten Ende der dicken horizontalen Balken wird eine Kurve

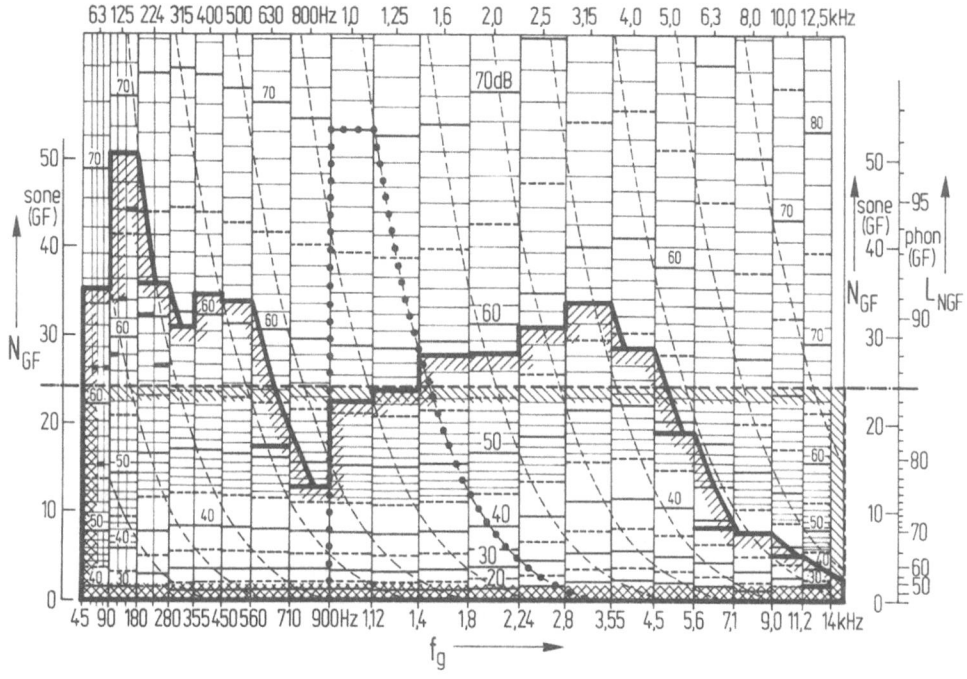

Abb. 15.9. Anwendung des graphischen Verfahrens zur Berechnung der Lautheit $\overline{N}_{GF}$ = 24 sone(GF) und der Pegellautstärke L_{NGF} = 86 phon(GF) eines Geräusches mit dem Schallpegel von 73 dB. Teillautheiten entsprechen Teilflächen, die Gesamtlautheit der Gesamtfläche! (Punktiert: 1 kHz, 70 dB)

nach unten eingetragen, welche parallel zu den im Diagramm gestrichelt angegebenen Kurvenzügen verläuft. Auf diese Art und Weise entsteht eine Fläche, welche durch die untere Abszisse, die linke und die rechte Begrenzung des Diagramms sowie durch den entstandenen Kurvenzug begrenzt ist. Diese Fläche ist in ihrer Begrenzung durch die nach rechts oben zeigende Schraffur gekennzeichnet. Sie entspricht der Gesamtlautheit des Geräusches. Zur Bestimmung der Größe dieser Fläche wird ein flächengleiches Rechteck mit der Breite des Diagramms als Basis gebildet. Die Höhe dieses Rechteckes ist ein Maß für die Fläche. Die nach links oben zeigende Schraffur kennzeichnet die so gewonnene Fläche, deren obere Begrenzungslinie gestrichelt eingetragen ist. Aus ihrer Höhe kann an den links und rechts angegebenen Skalen in Abb. 15.9 die berechnete Lautheit N_{GF} mit 24 sone(GF) bzw. der berechnete Lautstärkepegel L_{NGF} mit 86 phon(GF) abgelesen werden. Da es sich um ein breitbandiges Geräusch handelt, tritt - wie zu erwarten - eine erhebliche Differenz der Zahlenwerte für den Schallpegel von 73 dB und dem berechneten Lautstärkepegel von 86 phon GF auf. Gegenüber dem A-bewerteten Schallpegel von 68 dB(A) ist die Differenz noch größer.

Die Annäherung der Frequenzgruppen durch Terzfilter ist nur im Frequenzbereich oberhalb etwa 300 Hz noch zu vertreten. Bei tieferen Frequenzen sind die Terzen deutlich schmäler als die Frequenzgruppen. Um die entsprechenden Frequenzgruppenpegel zu erreichen, müssen die Pegel, die in 2 Terzfiltern (zwischen 180 Hz und 280 Hz) bzw. in 3 Terzfiltern (zwischen 90 Hz und 180 Hz und zwischen 45 Hz und 90 Hz) auftreten, zusammengefaßt werden. In diesen Fällen müssen zur Bildung der angenäherten Frequenzgruppenpegel die Schallintensitäten, die in die Terzen fallen, addiert werden. Ohne Umrechnung der Terzschallpegel in Schallintensitäten, deren Addition und Wiederrückrechnung in Pegelwerte, ist dies mit Hilfe eines kleinen Nomogrammes möglich, das in Abb.15.10 dargestellt ist. Bei seiner Anwendung wird die Differenz zwischen den Pegeln, deren Schallintensitäten addiert werden sollen, gebildet. Diese Differenz ist im Nomogramm unten angegeben und mit $L_1 - L_2$ beziffert, wobei L_1 der größere Pegelwert ist. Auf der oberen Skale ist der Pegelzuwachs angegeben, der zum größeren Pegel L_1 hinzuaddiert werden muß, damit der neue Gesamtpegel entsteht. Dieser neue Pegelwert entspricht der Summe der beiden ursprünglichen Schallintensitäten. Bei gleichen Schallpegeln $L_1 = L_2$ ergibt sich ein Zuwachs $\Delta L = 3$ dB; für eine Differenz $L_1 - L_2 = 2$ dB wird ΔL etwa 2 dB; für $L_1 - L_2 = 6$ dB ergibt sich etwa 1 dB Zuwachs. Bei Differenzen $L_1 - L_2 \geq 10$ dB kann L_2 in den meisten Fällen vernachlässigt werden.

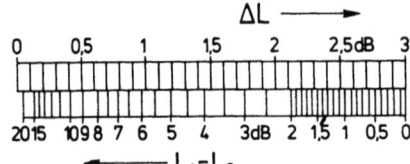

Abb.15.10. Nomogramm zur Addition von inkohärenten Schallen im Pegelmaß

Zur Addition eines weiteren dritten oder vierten Pegelwertes kann dieses Verfahren beliebig oft fortgesetzt werden. Auf diese Weise sind die in den unteren drei Bereichen von Abb.15.9 zusammengefaßten Pegel aus den Terzpegeln, die als kürzere horizontale Balken angegeben sind, entstanden.

Dieses graphische Verfahren hat für den Anwender den großen Vorteil, daß Teillautheiten im Diagramm Teilflächen entsprechen. In vielen Fällen läßt sich aus solch einem Diagramm deutlich erkennen, daß eine Teilfläche dominiert. Zur effektiven Lärmminderung muß zuerst immer derjenige Anteil des Geräusches vermindert werden, der die größte Teilfläche hervorruft. Andererseits wird auch deutlich, daß diejenigen Schallanteile, die unterhalb einer Flankenlautheit liegen, wie z.B. in Abb.15.9 der Terzpegel von 51 dB bei einer Mittenfrequenz von 630 Hz, zur Lautheit gar nichts beitragen, weil sie verdeckt werden. Sie liegen daher unter der Begrenzungskurve.

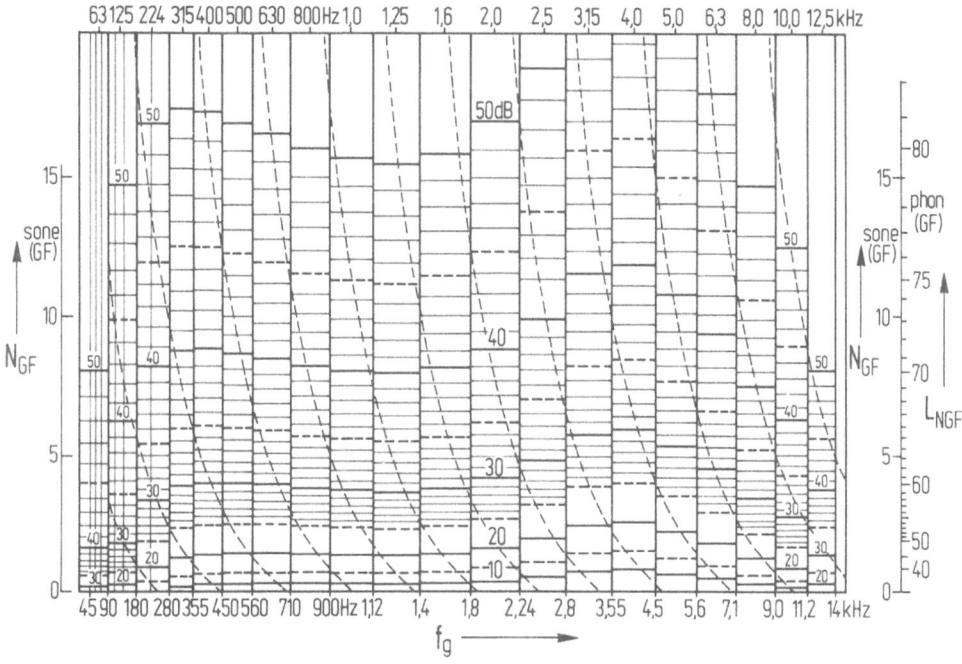

Abb.15.11. Schablone für das graphische Verfahren zur Berechnung der Lautheit (Maximale Terzpegel bei 50 dB; ebenes Schallfeld)

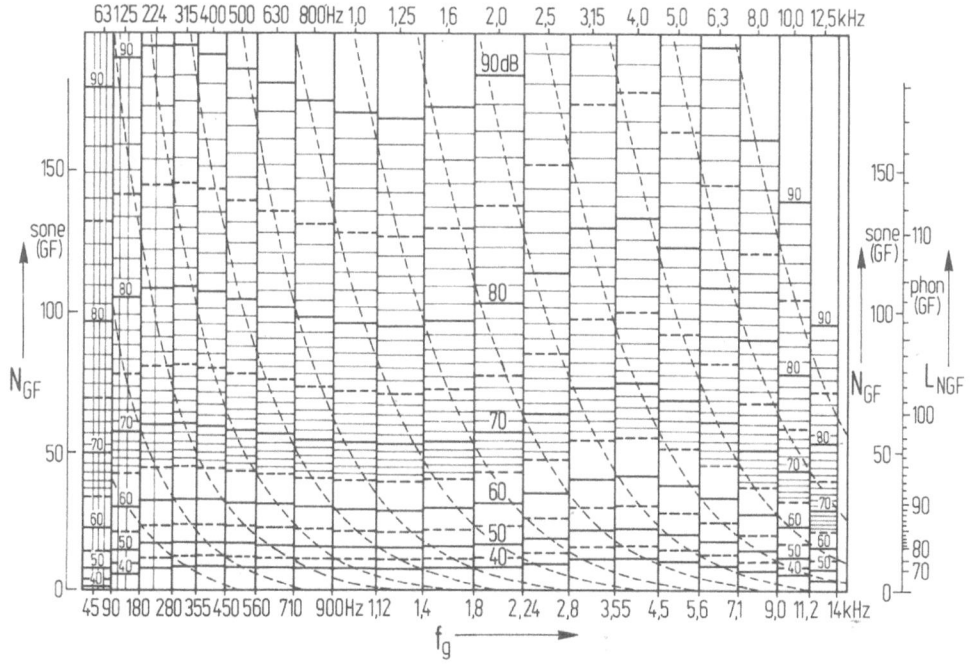

Abb.15.12. Wie Abb.15.11, jedoch maximale Terzpegel bei 90 dB

In diesem Diagramm werden die Eigenschaften des menschlichen Gehörs, die zur Bildung der Lautheit wesentlich beitragen, berücksichtigt. Das Verfahren liefert demnach nicht nur genaue Werte für die zu erwartende Lautheit bzw. den zu erwartenden Lautstärkepegel, es ist auch ein Schlüssel zur zweckmäßigen Lärmbekämpfung.

An zwei Beispielen soll die Anwendung des Verfahrens erläutert werden. Abbildung 15.13 zeigt die Lautheitsdiagramme für Geräusche von zwei Kleinkrafträdern mit gleichem A-bewerteten Schallpegel [L_A = 87 dB(A)]. Sie unterscheiden sich in der spektralen Zusammensetzung und verursachen daher auch verschiedene Lautheiten N_{GF} = 47 sone(GF) bzw. N_{GF} = 65 sone(GF). Die zugehörigen Lautstärkepegel sind ebenfalls angegeben. Der Unterschied zwischen den von beiden Geräuschen hervorgerufenen Lautheiten ist beachtlich: Schall "C" ist um 38 % lauter als Schall "B", obwohl beide denselben A-bewerteten Schallpegel aufweisen. Lärmbekämpfungsmaßnahmen müßten für "B" im Bereich zwischen 0,5 kHz und 1 kHz ansetzen, im Fall "C" dagegen zwischen 1,5 kHz und 3,5 kHz.

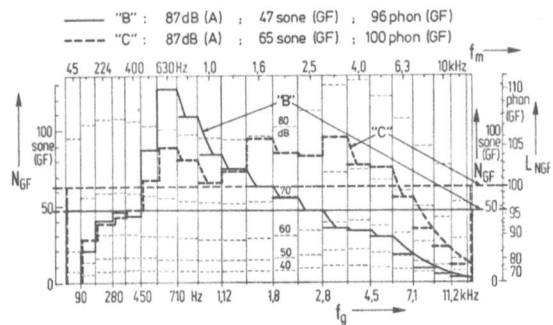

Abb.15.13. Vergleich der von zwei Kleinkrafträdern verursachten Lautheitsmuster, denen gleich A-bewertete Schallpegel zugrundeliegen. Die ermittelten Werte sind oben angegeben. Bei gleichem dB(A)-Wert unterscheiden sich die Lautheiten um 38 %

A-bewertete Schallpegel sind Schallpegel, deren Anteile einer Frequenzbewertung (frequenzabhängige Dämpfung) unterworfen wurden. Durch ein einziges Filter kann dies leicht realisiert werden. Wegen der Einfachheit sowohl der Messung selbst als auch der dazu notwendigen Geräte ist der A-bewertete Schallpegel ein auch bei der Lärmbekämpfung sehr häufig benütztes Maß. In welchem Ausmaß dabei Fehler auftreten können, möge ein zweites Beispiel erläutern (Abb.15.14). Wieder werden zwei Schalle mit gleichem dB(A)-Wert verglichen: Ein schmalbandiger Schall bei 1 kHz und ein breitbandiger Schall, dessen Spektralanteile so gewählt sind, daß sie auf einer Kurve gleichen dB(A)-Wertes liegen. Der schmalbandige und der breitbandige Schall erzeugen denselben A-bewerteten Schallpegel L_A = 80 dB(A). Die Lautheiten aber unterscheiden sich um den Faktor 3,5! Während der Schmalbandschall (in Abb.15.14 punktiert) eine Lautheit N_{GF} = 16 sone(GF) hervorruft, gilt für den Breitbandschall (gestrichelt) N_{GF} = 56 sone(GF). Die zugehörigen Lautstärkepegel betragen

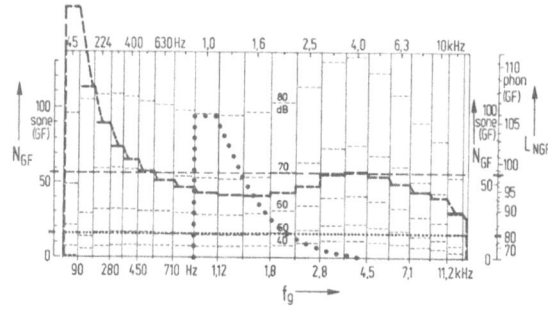

Abb.15.14. Ein breitbandiger Schall spezieller spektraler Zusammensetzung ist - trotz gleichen Wertes für den A-bewerteten Schallpegel - um den Faktor 3,5 (!) lauter als ein schmalbandiger Schall

L_{NGF} = 80 phon(GF) bzw. L_{NGF} = 98 phon(GF). Der A-bewertete Schallpegel ist also kein brauchbares Maß für die Lautheit. Seine Anwendung in der Lärmbekämpfung führt zu schwerwiegenden Fehlern!

Darbietung 15.14 demonstriert dies.

Ein Funktionsmodell ist die Realisierung eines Funktionsschemas (meist mit elektronischen Mitteln). Ein Funktionsmodell zur Bildung der Lautheit besitzt am Eingang ein Mikrofon. An seinem Ausgang ist eine Größe verfügbar (meist eine Spannung oder ein Strom), die der Lautheit als Funktion der Zeit proportional ist. Solch ein Funktionsmodell der Lautheitsbildung ist nichts anderes als ein recht genaues Lautheitsmeßgerät. In Abb.15.15 ist das Blockschaltbild solch eines Funktionsmodelles bzw. Lautheitsmessers dargestellt. Es schließt sich eng an das beschriebene Funktionsschema an, das auch beim graphischen Berechnungsverfahren benützt wird, und berücksichtigt ebenfalls den Frequenzgang des Gehörs, der für ebenes und diffuses Schallfeld unterschiedlich ist. Die Aufteilung in nur 24 aneinandergereihte Frequenzgruppenfilter ist eine Näherung, die sich recht gut bewährt hat. Für kleine batteriebetriebene Geräte ist eine Aufteilung in nur 15 Bandfilter ohne große Einbuße an Genauigkeit noch zu vertreten. Jedem Bandpaß (BP) folgt ein Gleichrichter, ein Tiefpaß (TP) und die Transformation in die Spezifische Lautheit (N'). Die dauerabhängige Nachverdeckung wird in zeitabhängigen nichtlinearen Gliedern [NL(t)] nachgebildet. Die so erzeugten zeitabhängigen Spezifischen Lautheiten werden addiert. Über einen weiteren, jedoch nur einmal vorhandenen Tiefpaß entsteht schließlich die gesuchte Gesamtlautheit N(t). Wenn es sich nicht um rein stationäre Vorgänge handelt, ist die Gesamtlautheit eine Funktion der Zeit.

Funktionsmodelle dieser Art sind sehr genaue Lautheitsmeßgeräte, die sowohl in der Lärmbekämpfung - ähnlich wie das graphische Berechnungsverfahren - als auch bei der Überwachung erwünschter Lautheiten, z.B. bei der Sprachübertragung oder bei Rundfunkprogrammen, eine wichtige Rolle spielen.

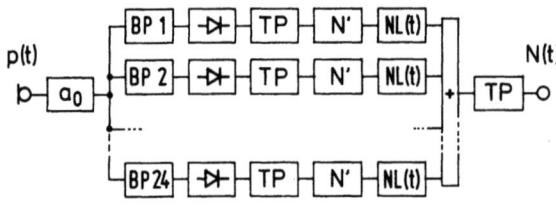

Abb.15.15. Blockschaltbild eines Funktionsmodelles zur Lautheitsbildung

Die von Sprache hervorgerufene Lautstärkeempfindung ist in vielen Fällen eine entscheidende Größe. Das Funktionsmodell liefert die zeitabhängige Lautheit von Sprachschallen. Ein Beispiel dafür gibt Abb.15.16, aus dem deutlich wird, daß die Lautheitsmaxima von den Vokalen hervorgerufen werden. Die Frage, nach welchem Kriterium die Lautheit von Sprache im Vergleich zur Lautheit eines stationären Geräusches beurteilt wird, kann nur von Versuchspersonen beantwortet werden. Messungen mit Rauschen, das die gleiche spektrale Verteilung besitzt wie langzeitgemittelte Sprache, ergaben, daß die Lautheitsspitzen der Sprache für die Empfindung maßgeblich sind: Die Lautstärkeempfindung für Sprache und für sprachsimulierendes Dauerrauschen ist dann gleich groß, wenn - wie in Abb.15.16 gestrichelt dargestellt - die Maxima der Lautheits-Zeitfunktion der Sprache den zeitunabhängigen Wert der Lautheit des Dauerrauschens in einzelnen Fällen kurzzeitig um etwa 10 % überschreiten. Dies bedeutet: Die Lautheitsmaxima der Lautheits-Zeitfunktion eines Sprachschalles - das gleiche gilt für Musik - sind ein sehr brauchbares Maß zur Beschreibung der empfundenen Lautstärke dieser Schalle. Eine irgendwie geartete zeitliche Mittelung der Lautheits-Zeitfunktion ist weder notwendig noch zweckmäßig.

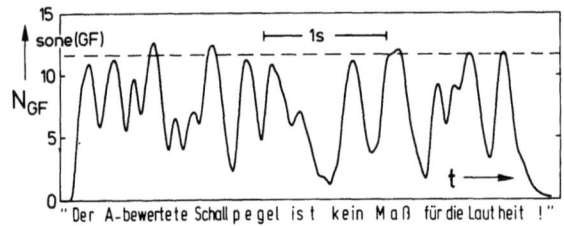

Abb.15.16. Lautheits-Zeitfunktion von Sprache und von einem sprachsimulierenden Dauerrauschen (---) gleicher Lautheit

Abbildung 15.17 zeigt die Lautheits-Zeitfunktion eines Ausschnittes aus einem Werbefunk-Programm. Während der linken Hälfte wird Sprache dargeboten, während der nachfolgenden 40 s Musik. Die Maxima der Lautheits-Zeitfunktion von Sprache sind um mehr als den Faktor 2 höher als die der nachfolgenden Musik, d.h. die Sprache ist mehr als doppelt so laut wie die Musik, was mit dem subjektiven Eindruck sehr gut übereinstimmt. Zur Kontrolle der Lautheit auch über längere Zeiträume eignet sich das Funktionsmodell der Lautheit, d.h. das Lautheitsmeßgerät, demnach ganz besonders.

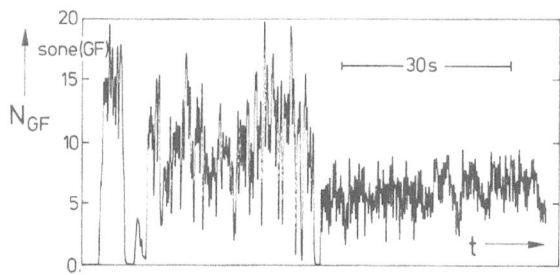

Abb. 15.17. Lautheits-Zeitfunktion von Sprache (linker Teil) und Musik (rechter Teil) eines Ausschnittes aus einem Werbefunkprogramm

16. Bildung der Rauhigkeit

Rauhigkeit entsteht bei Schallen, die eine starke zeitliche Struktur besitzen. Entsprechend Abb.11.2 ergeben sich insbesondere bei periodischen Schwankungen, die Modulationsfrequenzen zwischen 20 Hz und 250 Hz, d.h. Periodendauern der zeitlichen Struktur zwischen etwa 50 ms und 4 ms besitzen, wahrnehmbare Rauhigkeiten. Dies ist ein Bereich, in dem auch Mithörschwellen-Periodenmuster gemessen werden können. In Abb.9.8 und Abb.9.9 sind solche Muster dargestellt. Da die Erregungspegel-Zeitmuster genauso verlaufen wie die Mithörschwellen-Zeitmuster, sind die Pegeldifferenzen ΔL zwischen den Minima und den Maxima für die beiden Muster identisch. Die Differenzen ΔL spielen bei der Rauhigkeit offensichtlich eine maßgebliche Rolle. Die zweite wichtige Größe für die Rauhigkeit ist die Geschwindigkeit, mit der sich der Erregungspegel ändert. Je höher die Modulationsfrequenz f_{mod}, umso größer die Geschwindigkeit der Änderung. Beide Größen zusammengesetzt ergeben das Funktionsschema der Rauhigkeit. Dies besagt, daß die Rauhigkeit proportional dem Produkt aus der Modulationsfrequenz und dem Wert ΔL ist:

$$R \sim f_{mod} \cdot \Delta L. \qquad (16.1)$$

Bei kleinen Modulationsfrequenzen, z.B. 20 Hz, wird das Produkt klein, weil die Modulationsfrequenz klein ist, ΔL aber einen endlichen Maximalwert erreicht. Bei mittleren Modulationsfrequenzen um 70 Hz ist ΔL zwar bereits deutlich kleiner, gleichzeitig aber f_{mod} sehr viel größer geworden. Dort wird die maximale Rauhigkeit erreicht. Bei hohen Modulationsfrequenzen ist zwar die Modulationsfrequenz groß, ΔL jedoch sehr klein, so daß die Rauhigkeit wieder abfällt. Für eine Periodendauer von 4 ms (entsprechend f_{mod} = 250 Hz) ist ΔL nicht mehr meßbar. Bei so hohen Modulationsfrequenzen verschwindet auch die Rauhigkeit.

Der Verlauf der relativen Rauhigkeit R/R_{max}, der mit diesem Ansatz berechnet werden kann, ist in Abb.16.1 punktiert dargestellt. Zum Vergleich ist die in Abb.11.2 für $f_m \geq 1$ kHz angegebene Rauhigkeit als durchgezogene Kurve übernommen. Zwar sind einige Abweichungen zwischen den berechneten und den gemessenen Kurven vorhanden, der Verlauf ist jedoch sehr ähnlich, und größere Abweichungen kommen

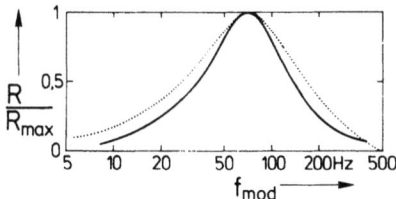

Abb.16.1. Vergleich der psychoakustisch gemessenen (durchgezogen) Abhängigkeit der relativen Rauhigkeit R/R_{max} von der Modulationsfrequenz f_{mod} mit derjenigen, die nach Gl.(16.1) berechnet wurde (punktiert)

nur bei kleinen Modulationsfrequenzen vor. In diesem Bereich geht die Rauhigkeit in die Schwankungsstärke über, eine Empfindungsgröße, die von der Rauhigkeit getrennt beachtet werden kann.

Da ΔL, wie aus Abb.9.8 ersichtlich, auch von der Tonheit z abhängt, kann das Funktionsschema für die Bildung der Rauhigkeit, demjenigen der Lautheit entsprechend, präziser in der Form

$$R \sim f_{mod} \cdot \int_0^{24\ Bark} \Delta L(z) dz \qquad (16.2)$$

ausgedrückt werden.

Auch die Abhängigkeit der Rauhigkeit vom Modulationsgrad läßt sich mit dem Schema recht gut beschreiben. In diesem Fall hängt die berechnete Rauhigkeit nur von ΔL ab, weil f_{mod} konstant ist. Bei kleinem Modulationsgrad ist ΔL klein, bei großem Modulationsgrad wird ΔL groß. Wegen der nichtlinearen Auffächerung der oberen Flanke der Mithörschwellen-Tonheitsmuster folgt die berechnete Rauhigkeit - in Übereinstimmung mit psychoakustischen Meßergebnissen - sowohl in Abhängigkeit vom Modulationsgrad als auch in Abhängigkeit vom Pegel für breitbandiges Rauschen etwas anderen Gesetzmäßigkeiten als für Sinustöne.

17. Bildung der Schärfe

Die Schärfe hängt vor allem von der spektralen Umhüllenden ab, die ein Schall besitzt. Es ist für die Schärfe unbedeutend, ob das Spektrum ein kontinuierliches ist oder sich aus benachbarten Linien zusammensetzt. Die spektrale Umhüllende drückt sich psychoakustisch im Erregungspegel-Tonheitsmuster bzw. im Spezifischen Lautheits-Tonheitsmuster aus. Es hat sich gezeigt, daß der Schwerpunkt der Verteilung der Spezifischen Lautheit über der Tonheitsskale ein brauchbares Maß für die Schärfe ist, wenn das starke Ansteigen der Schärfe nach hohen Frequenzen (vergl.Abb.6.1) zusätzliche Berücksichtigung findet. Wird dem mit Hilfe der Größe g(z) Rechnung getragen, so gilt in guter Näherung ganz allgemein:

$$S = 0{,}11 \cdot \frac{\int_0^{24\ \text{Bark}} N' \cdot g(z) \cdot z\, dz}{\int_0^{24\ \text{Bark}} N'\, dz} \quad \text{acum.} \tag{17.1}$$

Dabei ist das Integral, das im Nenner steht, die Gesamtlautheit N, die wir im Kap.15 bereits kennengelernt haben. Das im Zähler stehende Integral unterscheidet sich von dem im Nenner stehenden abgesehen vom Multiplikator z nur durch einen tonheitsabhängigen Faktor g(z), der als Multiplikator auftritt. Dieser Faktor ist in Abb.17.1 aufgetragen. Demnach ist g für z-Werte bis zu etwa 16 Bark identisch mit dem Wert 1. Erst bei größeren Tonheiten wächst g stark an und erreicht bei 24 Bark den Wert 4. Auf diese Weise wird dem Effekt Rechnung getragen,

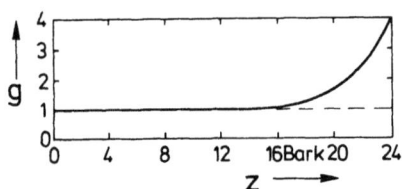

Abb.17.1. Abhängigkeit des zur Berechnung der Schärfe notwendigen Multiplikators g von der Tonheit z

daß die Schärfe von Schmalbandrauschen bei hohen Mittenfrequenzen sehr stark ansteigt. Anschaulich ausgedrückt wird die Schärfe nach Gl.(17.1) als ein gewichtetes erstes Moment der Tonheitsverteilung der Spezifischen Lautheit berechnet. Die Übereinstimmung der psychoakustisch gemessenen Abhängigkeit der Schärfe von den Reizparametern mit den berechneten Werten ist sehr gut.

An Hand von drei Beispielen soll das Berechnungsverfahren und dessen Ergebnis veranschaulicht werden: Abbildung 17.2 links zeigt die Frequenzgruppenpegel L_G eines 1 kHz-Tones, von Gleichmäßig Anregendem Rauschen und von Hochpaßrauschen als Funktion der Tonheit. Auf der rechten Seite sind Abhängigkeiten der gewichteten Spezifischen Lautheit von der Tonheit zusammen mit den zugehörigen Schwerpunkten (Pfeile) dargestellt. Demnach erzeugt ein 1 kHz-Ton eine wesentlich kleinere Schärfe als ein Hochpaßrauschen mit der Grenzfrequenz 3 kHz. Wird dieses Rauschen jedoch nach tiefen Frequenzen hin zu Gleichmäßig Anregendem Rauschen erweitert, so nimmt - in Übereinstimmung mit psychoakustischen Meßergebnissen - die Schärfe erheblich ab, bleibt jedoch über derjenigen des 1 kHz-Tones.

Darbietung 17.2 veranschaulicht diese Zusammenhänge.

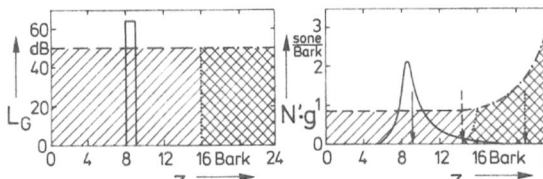

Abb.17.2. Frequenzgruppenpegel L_G (links) und gewichtete Spezifische Lautheit $N' \cdot g$ (rechts) in Abhängigkeit von der Tonheit z für drei Schalle. Die Lage der Schwerpunkte (Pfeile) ist ein Maß für die Schärfe

18. Bildung der Subjektiven Dauer

Bei der Subjektiven Dauer ist am auffälligsten der große Unterschied zwischen den von physikalisch gleich langen Pausen und Impulsen hervorgerufenen Subjektiven Dauern. Sie unterscheiden sich - wie in Kap.12 beschrieben - bis zu einem Faktor 4. In Abb.18.1 ist der Erregungspegel-Zeitverlauf aufgetragen, den Impulse von 30 ms Dauer und Pausen von 120 ms Dauer hervorrufen. Im oberen Teil der Bilder ist der Pegelverlauf dargestellt. Wie in Kap.9 beschrieben, ist der Effekt der Vorverdeckung verhältnismäßig klein im Vergleich zu dem deutlichen Effekt der Nachverdeckung. Entsprechend ist auch im Erregungspegel-Zeitverlauf das Abklingen des Erregungspegels nach dem Abschalten des Reizes wesentlich ausgeprägter als das schnelle Einschwingen. Wie die Doppelpfeile im unteren Teildiagramm verdeutlichen, wird die Impulsdauer des Reizes in der Darstellung des Erregungspegel-Zeitverlaufs vergrößert, die Pausendauer des Reizes in dieser Darstellung jedoch verkleinert, wenn davon ausgegangen wird, daß die Abtastung nicht am Maximum, sondern im unteren Bereich des Erregungspegel-Zeitverlaufes vollzogen wird, etwa dort, wo die Doppelpfeile eingetragen sind. Zwar sind noch nicht genügend psychoakustische Meßergebnisse über die Subjektive Dauer bekannt geworden, als daß das Funktionsschema schon mit großer Genauigkeit angegeben werden könnte. Die bisherigen Meßergebnisse lassen sich jedoch recht gut durch den Ansatz erklären, daß die Subjektive Dauer aus dem Erregungspegel-Zeitverlauf gebildet wird und zwar an einer Stelle, die 10 dB über den Minima liegt, welche die interessierende Stelle umgeben. Dabei ist ein Erregungspegel-Maximum von etwa 50 dB angenommen. Die zeitliche Breite der beiden Doppelpfeile ist etwa gleich groß. Dies bedeutet,

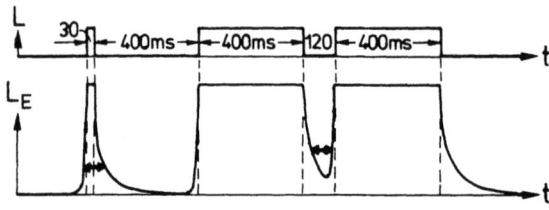

Abb.18.1. Erregungspegel-Zeitverlauf von Schallimpulsen und -pausen der oben dargestellten Struktur. Die Länge der dicken Doppelpfeile charakterisiert die Subjektive Dauer

daß die Subjektive Dauer für einen Impuls von 30 ms etwa genau so groß ist wie die Subjektive Dauer einer Pause von etwa 120 ms, in guter Übereinstimmung mit dem subjektiven Empfinden.

Die Vorstellung, daß die Subjektive Dauer aus dem Erregungspegel-Zeitverlauf 10 dB über dem Minimum abgetastet wird, hat sich nicht nur für die Bestimmung der Abhängigkeiten der Subjektiven Dauer von anderen Parametern als sehr brauchbar erwiesen, sondern auch für die Beschreibung der Empfindung des Rhythmus in der Musik. Für die Notation (a) von Notenlängen und Pausenlängen zeigt Abb.18.2 ein Beispiel. In (b) sind die Zeitdauern aufgetragen, die aufgrund der Notation erwartet würden. Versuchspersonen stellen die Impuls- und Pausendauern jedoch so ein wie in (d) angegeben, um den gewünschten Rhythmus zu erreichen. Das in (c) dargestellte Erregungspegel-Zeitmuster macht deutlich, warum sie dies tun: Die zeitlichen Längen der Doppelpfeile während der Noten (durchgezogen) bzw. während der Pausen (gestrichelt) ergeben gerade den in (b) angegebenen erwünschten Rhythmus.

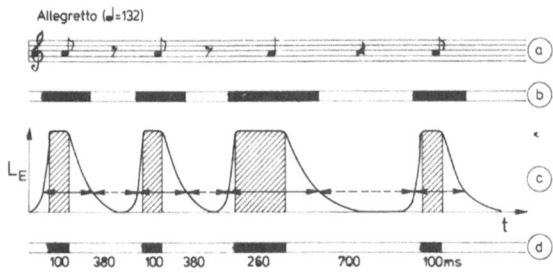

Abb.18.2. Zusammenhang zwischen rhythmischem Empfinden und Erregungspegel-Zeitmuster

Das beschriebene Beispiel wird in Darbietung 18.2 "falsch" und "richtig" demonstriert.

Das Erregungspegel-Zeitmuster erweist sich auch hier als eine sehr wertvolle Hilfe bei der Beschreibung von Hörempfindungen.

Literatur

Deutsche Bücher:

J. Blauert: *Räumliches Hören* (Hirzel, Stuttgart 1974)

L. Cremer: *Vorlesungen über Technische Akustik* (Springer, Berlin, Heidelberg, New York 1971)

E. Meyer, E.G. Neumann: *Physikalische und Technische Akustik*, 2. Aufl. (Vieweg, Braunschweig 1974)

W. Reichardt: *Grundlagen der Technischen Akustik* (Akad. Verlagsgesellschaft, Leipzig 1968)

E. Zwicker, R. Feldtkeller: *Das Ohr als Nachrichtenempfänger*, 2. Aufl. (Hirzel, Stuttgart 1967)

Deutsche Tagungsberichte:

Fortschritte der Akustik (4. Tagung der Deutschen Arbeitsgemeinschaft für Akustik - DAGA '75 -, Physik Verlag, Weinheim 1975)

Fortschritte der Akustik (5. Tagung der Deutschen Arbeitsgemeinschaft für Akustik - DAGA '76 -, VDI-Verlag, Düsseldorf 1976)

Fortschritte der Akustik (6. Tagung der Deutschen Arbeitsgemeinschaft für Akustik - DAGA '78 -, VDE-Verlag, Berlin 1978)

Fortschritte der Akustik (7. Tagung der Deutschen Arbeitsgemeinschaft für Akustik - DAGA '80 -, VDE-Verlag, Berlin 1980)

Fortschritte der Akustik (8. Tagung der Deutschen Arbeitsgemeinschaft für Akustik - DAGA '81 -, VDE-Verlag, Berlin 1981)

Europäische Tagungsberichte ("Gehör"):

Frequency Analysis and Periodicity Detection in Hearing (Symposium 1969 Driebergen, R.Plomp and G.F.Smoorenburg, eds.; A.W.Sijthoff, Leiden 1970)

Hearing Theory (Symposium 1972 Eindhoven, B.L.Cardozo, ed.; IPO Eindhoven 1972)

Facts and Models in Hearing (Symposium 1974 Tutzing, E.Zwicker and E.Terhardt, eds.; Springer Verlag Berlin, Heidelberg, New York 1974)

Psychophysics and Physiology of Hearing (Symposium 1977 Keele, E.F.Evans and J.P.Wilson, eds.; Academic Press, London, New York, San Francisco 1977)

Psychological, Physiological and Behavioural Studies in Hearing (Symposium 1980
  Noordwijkerhout, G.van den Brink and F.A.Bilsen, eds.; Delft University Press,
  Delft 1980)

Internationale Zeitschriften:
Acustica (S. Hirzel Verlag, Birkenwaldstr.44, Postfach 347, 7000 Stuttgart 1)
The Journal of the Acoustical Society of America (Acoustical Society of America,
  335 East 45th Street, New York, N.Y. 10017, USA)
Journal of the Audio Engineering Society (Audio Engineering Society, 60 East
  42nd Street, New York, N.Y. 10165, USA)
Hearing Research (Elsevier/North-Holland Biomedical Press, P.O.Box 211,
  NL-1000 AE Amsterdam, The Netherlands)
Journal of Speech and Hearing (Interstate Printers and Publishers, Inc.,
  19-27 North Jackson Street, Danville, Illinois 61 832, USA).

Größen und Einheiten

a	dB	Dämpfung
a_0	dB	Übertragungsmaß des Gehörs (ebenes Schallfeld)
a_{OD}	dB	Übertragungsmaß des Gehörs (diffuses Schallfeld)
c	m/s	Schallgeschwindigkeit
D	dura	Subjektive Dauer
E/E_0		Erregungsgrad
f	Hz	Frequenz
f_b	Hz	Basisfrequenz, Grundfrequenz eines harmonischen Klanges
f_g	Hz	Grenzfrequenz
f_{go}	Hz	obere Grenzfrequenz
f_{gu}	Hz	untere Grenzfrequenz
f_m	Hz	Mittenfrequenz, Trägerfrequenz
f_{mod}	Hz	Modulationsfrequenz
f_p	Hz	Pulsfrequenz
Δf	Hz	Frequenzdifferenz, Bandbreite, Frequenzhub
$2\Delta f$	Hz	Frequenzstufe
Δf_G	Hz	Breite der Frequenzgruppe
h		relative Häufigkeit
H_f	pu	Frequenztonhöhe
H_v	mel	Verhältnistonhöhe
$\underline{H}$	pu	Virtuelle Tonhöhe
I	W/m^2	Schallintensität
I_0	10^{-12} W/m^2	Bezugsschallintensität
l	dB	Schallintensitätsdichtepegel
L	dB	Schallpegel
L_E	dB	Erregungspegel
L_G	dB	Frequenzgruppenpegel = Anregungspegel
L_N	phon	Pegellautstärke, häufig auch Lautstärkepegel genannt

ΔL	dB	Pegeldifferenz
ΔL_{ES}	dB	gerade wahrnehmbare Erregungspegeländerung
ΔL_s	dB	Pegel-Unterschiedsschwelle, Pegelstufe
L^*	dB	Pegel eines Dauerschalles, aus dem der Schall ausgeschnitten ist (z.B. bei Schallimpulsen)
$\hat{L}$	dB	Pegel des Spitzenschalldruckes (z.B. bei Gauß-Impulsen)
m		Amplitudenmodulationsgrad
N	sone	Lautheit
N'	sone/Bark	Spezifische Lautheit
p	Pa	Schalldruck
$\hat{p}$	Pa	Spitzenwert des Schalldruckes
$\tilde{p}$	Pa	Effektivwert des Schalldruckes
p_0	20µPa	Bezugsschalldruck
R	asper	Rauhigkeit
S	acum	Schärfe
SL	dB	Pegel über Ruhehörschwelle
t	s	Zeit (laufende Koordinate)
t_p	s	schalldruckäquivalente Dauer eines Gaußimpulses
t_v	s	Verzögerungszeit
Δt	s	Zeitdifferenz
T	s	Periodendauer
T_i	s	Impulsdauer
T_p	s	Pausendauer
τ	s	Zeitkonstante einer Exponentialfunktion
z	Bark	Tonheit

Indizes und Abkürzungen

AM	Amplitudenmodulation
FM	Frequenzmodulation
GAR	Gleichmäßig Anregendes Rauschen
GVR	Gleichmäßig Verdeckendes Rauschen
HPR	Hochpaßrauschen
M	Maskierer
RHS	Ruhehörschwelle
SBR	Schmalbandrauschen
T	Test
TPR	Tiefpaßrauschen
V	Vergleichsschall
WR	Weißes Rauschen

Sachverzeichnis

142	A-bewerteter Schallpegel		A-weighted sound pressure level
19	Abfallzeit		decay time
12	Abfragemethode		method of constant stimuli
29	Afferente Faser		afferent fiber
27	Aktionspotential		action potential
33	Altersschwerhörigkeit		presbyacusis
17	Amplitudenmodulation		amplitude modulation
69, 87, 122	Amplitudenmodulationsschwelle		threshold of amplitude modulation
63	Amplitudenstufe		amplitude (step) difference limen
19	Amplitudenverteilung		amplitude distribution
13	Ankerschall		reference sound
112	Anregung		incitation
113	Anregungspegel		critical band level
19	Anstiegszeit		rise time
21	Außenohr		outer ear
24, 29	Äußere Haarzelle		outer hair cell
20	Aussteuerungsgrenze		maximum recording level
18, 37	Bandpaßrauschen		band limited noise
53	"Bark"		
23, 65	Basilarmembran		basilar membrane
16	Bezugsschalldruck		reference sound pressure
16	Bezugsschallintensität		reference sound intensity
128	Bildung der Lautheit		formation of loudness
146	- der Rauhigkeit		- of roughness
148	- der Schärfe		- of sharpness
150	- der Subjektiven Dauer		- of subjective duration
18, 37	Breitbandrauschen		broad band noise
22	Cochlea		cochlea
23	Cortisches Organ		organ of Corti
23	Deckmembran		tectorial membrane
15	"Dezibel"		

37	Dichtepegel	density level
42, 89	Differenztöne	difference tones
74, 114	diffuses Schallfeld	diffuse sound field
35	Drosselung	partial masking
18	Druckimpuls	pressure impulse
74, 114	ebenes Schallfeld	free sound field
29	efferente Faser	efferent fiber
1	Empfindung	sensation
3	Empfindungsgrößen	values of sensation
4	Empfindungsstufen	sensation steps
5	Empfindungsfunktion	stimulus-sensation relation
11	Einregelungsverfahren	method of adjustment
23	Endolymphe	endolymph
112	Erregung	excitation
113	Erregungspegel	excitation level
113	- Tonheitsmuster	- critical band rate pattern
120	- Tonheits-Zeitmuster	- critical band rate-time pattern
116, 122	Flankenerregung	accessory excitation
130	Flankenlautheit	accessory loudness
117	Flankensteilheit	steepness of slope
36	Folgedrosselung	temporal partial masking
104	folgegedrosselte Lautheit	temporally partial masked loudness
26, 40	Frequenzauflösungsvermögen	frequency resolution
46, 49	Frequenzgruppe	critical band
52, 64	Frequenzgruppenbreite	critical band width
112	Frequenzgruppenintensität	critical band intensity
113	Frequenzgruppenpegel	critical band level
50	Frequenzlücke	frequency gap
17	Frequenzmodulation	frequency modulation
54, 87, 124	Frequenzmodulationsschwelle	threshold of frequency modulation
25	Frequenz-Ortstransformation	frequency-place transformation
54, 64	Frequenzstufe	frequency (step) difference limen
60	Frequenztonhöhe	frequency pitch
111	Funktionsmodell	model (hardware)
144	- der Lautheit	- of loudness
111	Funktionsschema	model (diagram)
19	Gaußimpuls	gaussian impulse
82	gedrosselte Lautheit	partially masked loudness
21	Gehörknöchelchen	middle ear bones
128	Gesamtlautheit	total loudness
75, 80, 118	Gleichmäßig Anregendes Rauschen	uniform exciting noise

39, 47	Gleichmäßig Verdeckendes Rauschen	uniform masking noise
94, 103	Grenzdauer	critical duration
7	Grenzwert	threshold value
2	Größengleichung	magnitude equation
13	Größenschätzung	magnitude estimation
59	Grundfrequenz	fundamental frequency
23	Haarzellen	hair cells
9	Halbierung	halfing
25	Helicotrema	helicotrema
31, 34	Hörfläche	auditory sensation area
18	Impuls	impulse
94, 97	Impulspegel	burst level
16	inkohärenter Schall	incoherent sound
22, 67	Innenohr	inner ear
24	innere Haarzelle	inner hair cell
76	interpolierter Lautstärkepegel	interpolated loudness level
115, 122	Kernerregung	main excitation
130	Kernlautheit	main loudness
17	Klang	complex tone
84	Klangfarbe	timbre
54, 68	Knack	click
16	kohärenter Schall	coherent sound
89	Kombinationstöne	combination tones
89	Kompensationsmethode	cancellation method
90	kubischer Differenzton	cubic difference tone
2	Kopfhörer	ear phone
2	Kopfhörer-Entzerrer	equalizer for earphone
74	Kurven gleicher Lautstärke	equal loudness contours
79, 128	Lautheit	loudness
133	- stationärer Schalle	- of steady state sounds
102	- von Schallimpulsen	- of sound impulses
134	- zeitabhängiger Schalle	- of temporally variable sounds
79	Lautheitsaddition	loudness addition
138	Lautheitsberechnungsverfahren	loudness calculation procedure
83, 104	Lautheitsdrosselung	partial masked loudness
79, 81	Lautheitsfunktion	loudness function
128	Lautheitsfunktionsschema	model of loudness formation
82	Lautheitskurve	loudness function
143	Lautheitsmesser	loudness meter
137	Lautheits-Tonheits-Zeitmuster	loudness-critical band rate-time pattern

144	Lautheits-Zeitfunktion	loudness-time function
72	Lautstärke	loudness level
78	- von Bandpaß-Rauschen	- of band pass noise
76	- von Gleichmäßig Anregendem Rauschen	- of uniform exciting noise
6	Lautstärkeempfindung	loudness
68, 73, 82	Lautstärkepegel	loudness level
21	Lymphflüssigkeit	lymphatic fluid
36	Maskierung	masking
59	"mel"	
10	Meßmethoden	procedures of measurement
8, 126	Mithörschwelle	masked threshold
38	- von Breitbandrauschen	threshold masked by broad band noise
41	- von Hochpaßrauschen	- by high pass noise
44	- von Klängen	- by complex tones
40	- von Schmalbandrauschen	- by narrow band noise
41	- von Tiefpaßrauschen	- by low pass noise
42, 44	- von Tönen	- by tones
98	Mithörschwellen-Periodenmuster	Masking-period pattern
100	Mithörschwellen-Zeitmuster	masking-time pattern
21	Mittelohr	middle ear
13	Mittelungsverfahren	averaging procedures
14	Mittelwerte	averages
69, 87	Modulationsgrad	degree of modulation
17	Modulationsindex	modulation index
8	Modulationsschwelle	threshold of modulation
36, 97	Nachhörschwelle	post-masking threshold
36, 93	Nachverdeckung	post-masking (forward masking)
27	neuronale Verarbeitung	neural processing
41, 44	nichtlineare Auffächerung	nonlinear increment of masking patterns
89	nichtlineare Verzerrungen des Gehörs	nonlinear distortions of the ear
21	ovales Fenster	oval window
75	Objektlautstärkepegel	loudness level of test sound
13	Paarvergleich	paired comparison
15	"Pascal (Pa)"	
110	Pausen (subjektive Dauer)	pauses (subjective duration)
68, 73, 82	Pegellautstärke (in phon)	level loudness (in phon)
11, 32	pendelndes Einregeln	method of tracking
23	Perilymphe	perilymph
86	Phaseneffekte	phase effects

73, 82	"phon"	
5	Positionsempfindung	sensation of position
89	quadratische Verzerrung	quadratic distorsion
87	Quasi-Frequenzmodulation	quasi frequency modulation
106, 146	Rauhigkeit	roughness
18	Rauschen	noise
1	Reiz	stimulus
2	Reizgrößen	values of stimulation
4	Reizstufen	steps of stimulus
12, 31, 126	Ruhehörschwelle	threshold in quiet
23	rundes Fenster	round window
151	Rhythmus	rhythm
22	Scala media	
23	Scala tympani	
22	Scala vestibuli	
33	Schädigungsgrenze	limit of hearing conservation
15	Schalldruck	sound pressure
15	Schalldruckpegel	sound pressure level (SPL)
16	Schallintensität	sound intensity
37	Schallintensitätsdichte	sound intensity density
37	- Pegel	- level
16	Schallintensitätspegel	sound intensity level
15	Schallpegel	sound level
68, 72	Schallpegeländerungen	variations of SPL
16	Schallwellenwiderstand	acoustical impedance
84, 148	Schärfe	sharpness
63	Schlagtonhöhe	strike note
19	Schmalbandrauschen	narrow band noise
34	Schmerzgrenze	threshold of pain
22	Schnecke	cochlea
17, 42	Schwebung	beat
121	Schwellenfaktor	factor of JND
121	Schwellenfunktionsschema	model for JNDs
121	Schwellenmaß	logarithmic threshold factor
94	Simultanhörschwelle	simultaneous masking threshold
36	Simultanverdeckung	simultaneous masking
68	Skalen der Lautstärke	scales of loudness
64	- Tonhöhe	- of pitch
15, 18	Spektrale Darstellung	spectral distribution
60	Spektrale Tonhöhe	spectral pitch
130	Spezifische Lautheit	specific loudness

27	Spontanaktivität	spontaneous activity
9	Standardschall	standard sound
75	Standardlautstärkepegel	loudness level of reference sound
109, 150	Subjektive Dauer	subjective duration
140	Teillautheit	partial loudness
138	Terzintervall	third octave interval
41	Tiefpaßrauschen	low pass noise
53, 65, 67	Tonheit	critical band rate
54	Tonhöhe	pitch
6, 54, 57	Tonhöhenempfindung	pitch sensation
60	Tonhöhenfrequenz	frequency corresponding to pitch
61	Tonhöhenverschiebung	pitch shift
18	Tonimpuls	tone burst
21	Trommelfell	tympanic membrane, ear drum
28	Tuningkurve	tuning curve
114	Übertragungsmaß (des Gehörs)	transmission characteristic (of the ear)
8	Unterschiedsschwelle	just noticable difference (JND)
35, 46	Verdeckung	masking
36	- durch Rauschen	- by noise
42	- durch Töne	- by tones
93	- (zeitliche Struktur)	- (temporal structure)
118	Verdeckungsmaß	masking index
9	Verdopplung	doubling
8	Vergleichswerte	comparison values
79	Verhältnislautheit	relative loudness
57, 65	Verhältnistonhöhe	relation pitch
9	Verhältniswerte	ratio values
62	Virtuelle Tonhöhe	virtual pitch
36	Vorhörschwelle	pre-masking threshold
36, 94	Vorverdeckung	pre-masking (backward masking)
14	Wahrscheinliche Schwankung	interquartile range
7	Wahrscheinlichkeitsfunktion	probability function
24	Wanderwelle	traveling wave
38	Weißes Rauschen	white noise
14	Zentralwerte	medians
15, 18	Zeitfunktion	time function

Springer Series in Language and Communication

Editor: W. J. M. Levelt

Volume 1
W. Klein, N. Dittmar
Developing Grammars
The Aquisition of German Syntax by Foreign Workers
1979. 9 figures, 38 tables. X, 222 Seiten.
Cloth DM 44,-. ISBN 3-540-09580-2

Volume 2
The Child's Conception of Language
Editors: A. Sinclair, R. J. Jarvella, W. J. M. Levelt
1978. 9 figures, 5 tables. IX, 268 pages.
Cloth DM 38,-. ISBN 3-540-09153-X

Volume 3
M. Miller
The Logic of Language Development in Early Childhood
Translated from the German by R. T. King
1979. 1 figure, 30 tables. XVI, 478 pages.
Cloth DM 52,-. ISBN 3-540-09606-X

Volume 4
L. G. M. Noordman
Inferring from Language
With a Foreword by H. H. Clark
1979. 4 figures, 25 tables. XII, 170 pages.
Cloth DM 42,-. ISBN 3-540-09386-9

Volume 5
W. Noordman-Vonk
Retrieval from Semantic Memory
With a Foreword by J. C. Marshall
1979. 10 figures, 19 tables. XII, 97 pages.
Cloth DM 32,-. ISBN 3-540-09219-6

Volume 6
Semantics from Different Points of View
Editors: R. Bäuerle, U. Egli, A. v. Stechow
1979. 15 figures, 7 tables. VIII, 419 pages.
Cloth DM 52,-. ISBN 3-540-09676-0

Volume 7
C. E. Osgood
Lectures on Language Performance
1980. 31 figures, 33 tables. XI, 276 pages.
Cloth DM 42,-. ISBN 3-540-09901-8

Volume 8
T. Ballmer, W. Brennenstuhl
Speech Act Classification
A Study in the Lexical Analysis of English Speech Activity Verbs
1981. 4 figures. X, 274 pages.
Cloth DM 57,-. ISBN 3-540-10294-9

Volume 9
D. T. Hakes
The Development of Metalinguistic Abilities in Children
In collaboration with J. S. Evans and W. Tunmer
1980. 6 figures, 8 tables. X, 119 pages.
Cloth DM 38,50. ISBN 3-540-10295-7

Volume 10
R. Narasimhan
Modelling Language Behaviour
1981. 3 figures. XVI, 217 pages.
Cloth DM 56,-. ISBN 3-540-10513-1

Springer-Verlag
Berlin
Heidelberg
New York

MIX
Papier aus verantwortungsvollen Quellen
Paper from responsible sources
FSC® C105338

If you have any concerns about our products,
you can contact us on
ProductSafety@springernature.com

In case Publisher is established outside the EU,
the EU authorized representative is:
**Springer Nature Customer Service Center GmbH
Europaplatz 3, 69115 Heidelberg, Germany**

Printed by Libri Plureos GmbH
in Hamburg, Germany